全球变化与地球系统科学系列
Series in Global Change and Earth System Science

生物地球化学循环
——计算机交互式研究地球系统科学与全球变化

Biogeochemical Cycles
A Computer-Interactive Study of Earth System Science and Global Change

[美] W. L. Chameides　E. M. Perdue　著

张晶　译

SHENGWU DIQIU HUAXUE XUNHUAN

内容简介

本书不仅对地球系统的各个组分(固体地球、大气、海洋及生物圈)进行了介绍,还从化学基本原理出发,介绍了主要化学元素(碳、氮、磷、硫和氧)在这些组分间的全球生物地球化学循环,并利用模型对其进行了数值模拟。本书的第 1 章、第 2 章和第 3 章依次给出生物地球化学循环的介绍和基本原理的回顾(即基本的化学概念、地球系统的相关特点以及系统的关键物理、生物和化学过程)。第 4 章介绍了代表生物地球化学循环的数学形式,由一系列微分方程和解方程技巧表示。第 5 章、第 6 章、第 7 章和第 8 章分别讨论并模拟了全球磷、碳、硫和氮的循环。第 9 章综合了磷、碳、硫和氮的循环,并讨论了大气中氧气的稳定性。总的来说,这是一本较综合全面的生物地球化学循环参考书,其中的模型程序使学生可以与教师进行交互式工作,也可使个人和小组课题在教室外进行。

Abstract

This book not only describes the individual components of the Earth system – the solid Earth, atmosphere, ocean and biosphere, but also gives consideration to the global biogeochemical cycles of major elements (Carbon, Nitrogen, Phosphorus, Sulfur and Oxygen) among these components based on the fundamental chemical principles. Chapters 1, 2 and 3 provide an introduction and review of the fundamentals (i.e., basic chemical concepts, relevant features of the Earth system, the key physical, biological and chemical processes at work in this system). Chapter 4 presents a review of the mathematical formalism used to represent biogeochemical cycles in terms of a system of differential equations and the techniques used to solve these equations. Chapters 5, 6, 7, and 8 contain detailed discussions of the global cycles of P, C, S, and N, respectively. Chapter 9 integrates the cycles of P, C, S, and N in order to investigate the stability of atmospheric oxygen. Overall, this book presents an integrated and comprehensive text on the study of biogeochemical cycles. Moreover, the computer program used in this book allows students to work interactively with the professor, and also serves as the basis for individual and group projects executed outside of the classroom.

中文版序言

地球系统指的是地球大气圈、陆地、水圈、岩石圈、生物圈相互作用、相互影响的物理、化学、生物与人类活动的集合。地球系统科学研究是将全球大气圈、水圈、岩石圈、生物圈作为相互作用的大系统,研究圈层与圈层之间的物理、化学、生物过程,其时间尺度从数年、数十年、百年至数百年,并主张将社会、经济、政治等人类活动包括在内。地球系统科学是跨自然科学与社会科学的学科。

地球系统科学发轫于 20 世纪 80 年代,由于全球环境变化、国际经济和政治等问题,由于对地观测技术和计算机等科学技术的进步,全球变化与地球系统科学的研究工作在近 20 多年里以燎原之势迅速开展。近年来,与地球科学相关的行业部门、研究机构、高等学校、政府机关、国际组织和公众媒体等对具有全球视野和多学科交叉能力的全球变化和地球系统学科背景的综合人才均有迫切的需求。

长期以来,地球科学的发展延续着专门化的学科发展格局,难以培养和造就能够解决涉及地学、生命科学、社会科学等多学科交叉的全球变化与地球系统学科专门人才。尽管我国一些高等院校及科研单位相继成立了以"加强全球变化与地球系统科学学科建设、培养高水平研究人才"为目标的研究与教学机构,然而,在这样一门全新的交叉集成学科建设方面,我们还没有令人满意的全球变化与地球系统学科体系,包括人才培养体系、课程教育体系等。

全球变化与地球系统学科建设不可能一蹴而就,但又必须要解决问题。我认为有以下几个因素需要考虑:

第一是社会需求问题。学科建设,如果不考虑社会需求,学科将不可能持续发展。全球变化与地球系统学科培养的人才,他们的就业主要在两个方面:一部分从事科学研究工作,另外一部分可能分布在各个行业,利用自己在全球变化与地球系统学科领域的专业知识去服务于某些特定行业。对于研究型人才的培养,我认为应该让他们具备对地学各分支学科以及对数学、物理学、化学、生物学、计算机科学和经济学等相关学科提出问题的能力。比如,全球变化与地球系统学科对大气学科有什么要求、对地质学科有什么要求、对计算机学科有什么要求等。这是培养研究型人才的基本要求,人才培养当中要考虑这方面的训练。对于应用型人才的培养,则主要考虑培养具有相应行业延伸的能力。

第二是课程教育问题。基础课程设置，可以和地学每个相应的学科或者包括物理学、数学、计算机科学等基础学科的专家共同来研究并提炼出一些基础科学的授课内容，例如，大气学科支撑全球变化研究到底是哪个方面需要，大气科学对全球变化研究支撑的主要是哪门技术。我们现在不可能把所有的课都上好，都上完。但是我们可以从不同的学科当中筛选出有利于支撑全球变化与地球系统学科的一些基础课。专业课程设置，要考虑具体单位的优势和特色，以及当前教师的研究方向。专业课应当立足于不同方向的选修课，而不一定都成为必修课。我个人比较主张把基础打牢一些，基础课要上牢，专业课不一定上得那么多。总的来讲，课程教育的目的就是让学生具有开展科学研究的能力，举一反三的能力，而不是很多知识。

第三是教材建设问题。如果要对我国全球变化与地球系统学科有所贡献，就一定要出版几本好教材。我们需要组织高等院校、研究单位共同来编写一套教材，这是非常重要的工作。高质量的教材是学科建设的重要标志之一。

北京师范大学全球变化与地球系统科学研究院张晶翻译的《生物地球化学循环——计算机交互式研究地球系统科学与全球变化》是一部适用于高等学校有关专业学生的参考书，同时它也是广大全球变化和地球系统学科相关领域科学工作者和中学地理教师的有益读物。我谨向读者推荐。

全球变化国家重大科学研究计划专家组组长，中国科学院院士

2012年1月

前　言

全球生物地球化学循环处于地球系统科学学科的智力核心。构成这些循环的庞大而复杂的生物、地质和化学过程使得元素在地球各圈层之间发生转化和传输,从而保证地球化学系统发挥正常功能,并决定地球环境总体的化学和物理性质。因此,想要理解全球环境变化及其对地球上生命的意义,需要首先进行全球生物地球化学研究。

然而,要把全球生物地球化学循环这门课程搞清楚,也是该领域教师和学生所面临的巨大挑战。从各学科科学家的角度来讲,生物地球化学循环迫使我们跨越各学科的界限:物理学家需要研究化学和生物,而生物学家需要了解物理和化学,等等。作为地球科学的专家,生物地球化学循环要求我们从整体着眼;比如,大气科学家必须要关注海洋科学、地球物理学、生态学等。对于地球化学循环的研究甚至会使我们不时地面对超自然的和隐喻性的情况,例如,在考虑 James Lovelock 的盖娅假说(Gaia Hypothesis)[①]时,全球生物地球化学循环就被看做是与活的行星生物的新陈代谢一样。

数学与数值模拟给参与生物地球化学循环这门课程的学生和教师提出了另一个挑战。虽然揭开构成生物地球化学循环中生物和非生物过程的奇妙之谜可能是引人入胜的智力训练,但如果没有数学和数值模型,那只能是定性的推论。数学和数值模型的应用将这种定性推论转变为对生物地球化学循环动力学、促进全球变化的倾向、确定过去和未来地球行进方向中作用等方面的定量分析。

本书尝试将生物地球化学循环研究中所有这些重要元素整合在一起,成为一本全面综合的教科书。为了这一目标,第 1 章、第 2 章和第 3 章依次给出生物地球化学循环的介绍和基本原理的回顾(即基本的化学概念、地球系统的相关特点和系统的关键物理、生物和化学过程)。根据读者的科学背景和训练基础,这几章中的部分内容可略过。第 4 章回顾了代表生物地球化学循环的数学

---

① 盖娅假说(Gaia Hypothesis),在 James Lovelock 的《盖娅:地球生命的新视野》(*Gaia: A New Look at Life on Earth*, Oxford University Press, 1979)一书中给出了清楚、确切的说明。该假说提出,地球可以被看成活的生物,可以为了地球生物的利益和生存而发生作用从而影响化学和物理环境。该假说与被更广泛接受的达尔文(Darwinian)说形成尖锐的对比——达尔文说认为,生命是相互竞争的并努力适应危险的环境和在很大程度上无生命的地球。

形式，由一系列微分方程和解方程技巧表示。这些基本概念可通过一个包括人类社会和虚构的"生物地球化学大学"的简单循环来表示。为了进一步帮助读者理解，我们开发了一个计算机程序 BOXES。本书第 4 章结尾处简要介绍了该程序；该程序方便使用的用户环境，使生物地球化学循环数值模型构建变得容易，而不会陷在类似模型繁琐的具体数值计算中。（对微分方程和数值技术掌握很少的学生也会发现自己可以使用 BOXES，而不必完全消化第 4 章的内容。）我们发现这个程序是极有价值的教学工具——使学生可以与教师进行交互式工作，也是个人和小组课题能够在教室外进行的基础。

第 5 章、第 6 章、第 7 章和第 8 章分别讨论全球磷（P）、碳（C）、硫（S）和氮（N）的循环。在每个循环中，BOXES 都用来演示循环的关键特征。第 9 章将 P、C、S 和 N 的循环综合在一起，并讨论了大气中氧气（O_2）的稳定性（在太阳系内，氧气在地球上的存在是独一无二的）。每一章的后面都有习题，其中许多习题可以通过 BOXES 来求解。

本书是从我们在佐治亚理工学院（Georgia Institute of Technology）"全球生物地球化学循环"的教学经验中总结而来的。期间有很多研究生见证了我们在完成这一具有挑战性主题所做的努力，并参与了我们的 BOXES 早期版本的开发；对于他们，我们表示感谢。我们尤其感谢耶鲁大学 A. C. Lasaga 博士，是他在讲座《地球化学循环的动力学处理》（Kinetic Treatment of Geochemical Cycles，发表于 1980 年的 *Geochimica et Cosmochimica Acta*）中为我们提供了 BOXES 数值程序编码的数学公式化表达方式。

W. L. Chameides

E. M. Perdue

佐治亚州亚特兰大

目 录

第 1 章 生物地球化学循环及其在地球系统中的作用 ……………………… 1
  1.1 引言 ……………………………………………………………………… 1
  1.2 开放循环与封闭循环 …………………………………………………… 2
  1.3 我们为什么关心生物地球化学循环? …………………………………… 4
  1.4 我们应该研究哪些元素? ………………………………………………… 5
  建议阅读 ……………………………………………………………………… 7

第 2 章 化学热力学原理 …………………………………………………………… 8
  2.1 引言 ……………………………………………………………………… 8
  2.2 基本要点 ………………………………………………………………… 8
  2.3 酸-碱平衡 ……………………………………………………………… 12
  2.4 相变 ……………………………………………………………………… 17
  2.5 平衡在 CO_2-H_2O-Ca 系统中的应用 ………………………………… 17
    2.5.1 纯碳酸系统 ……………………………………………………… 18
    2.5.2 碳酸钙系统 ……………………………………………………… 20
  2.6 氧化还原性质 …………………………………………………………… 24
    2.6.1 价态 ……………………………………………………………… 24
    2.6.2 氧化还原半反应 ………………………………………………… 26
    2.6.3 氧化还原平衡 …………………………………………………… 28
  2.7 pe-pH 稳定性图 ………………………………………………………… 29
    2.7.1 水的 pe-pH 稳定性图 …………………………………………… 31
    2.7.2 简单硫系统的 pe-pH 稳定性图 ………………………………… 32
    2.7.3 pe-pH 稳定性图中的亚稳态边界 ……………………………… 35
  2.8 结论 ……………………………………………………………………… 36
  建议阅读 ……………………………………………………………………… 36
  习题 …………………………………………………………………………… 37

第 3 章 地球系统 ………………………………………………………………… 38
  3.1 引言 ……………………………………………………………………… 38
  3.2 水圈 ……………………………………………………………………… 40
    3.2.1 海洋底部 ………………………………………………………… 40

       3.2.2 海洋的物理性质 ························· 41
       3.2.3 海洋化学 ······························· 42
       3.2.4 海洋年龄——一个悖论? ················ 44
   3.3 岩石圈 ·· 46
       3.3.1 地壳中的岩石和矿物质 ··················· 47
       3.3.2 板块构造学说 ··························· 48
   3.4 大气圈 ·· 50
       3.4.1 大气的组成 ····························· 51
       3.4.2 大气的物理性质 ························· 53
       3.4.3 大气风与湍流混合 ······················· 55
   3.5 生物圈 ·· 57
       3.5.1 新陈代谢过程 ··························· 57
       3.5.2 生物圈的组成 ··························· 60
       3.5.3 初级生产 ······························· 63
   3.6 结论 ·· 64
   建议阅读 ·· 67
   习题 ·· 67

第 4 章 生物地球化学循环的数学模拟 ···················· 69
   4.1 引言 ·· 69
   4.2 线性箱式模型 ·································· 70
   4.3 简单的例子:生物地球化学大学-世界循环 ········ 70
       4.3.1 C_1,世界的人数 ······················· 71
       4.3.2 C_2,大学的人数 ······················· 72
       4.3.3 $k_{2\rightarrow 1}$,从大学到世界的转移系数 ····· 72
       4.3.4 $k_{1\rightarrow 2}$,从世界到大学的转移系数 ····· 72
   4.4 运用微分方程模拟大学-世界循环 ················ 73
       4.4.1 第一组解 ······························· 75
       4.4.2 第二组解 ······························· 75
       4.4.3 完全一般解 ····························· 76
       4.4.4 例1:稳态解 ···························· 76
       4.4.5 例2:大学创立时期的初始状态 ············ 77
       4.4.6 例3:扰动试验 ·························· 77
       4.4.7 小结 ·································· 78
   4.5 生物地球化学循环中的特征值和特征向量解法 ···· 80
       4.5.1 含 N 个储库的一般问题 ················· 80
       4.5.2 用向量矩阵形式设立问题 ················· 80

        4.5.3 特征值和特征向量问题一般解的获取 ⋯⋯⋯⋯⋯⋯⋯⋯⋯⋯⋯⋯ 82
        4.5.4 应用初始条件获得特定解 ⋯⋯⋯⋯⋯⋯⋯⋯⋯⋯⋯⋯⋯⋯⋯⋯ 84
        4.5.5 特征值和特征向量方法小结 ⋯⋯⋯⋯⋯⋯⋯⋯⋯⋯⋯⋯⋯⋯⋯ 84
    4.6 运用 BOXES 模拟生物地球化学循环的方法 ⋯⋯⋯⋯⋯⋯⋯⋯⋯⋯⋯ 85
    4.7 结论 ⋯⋯⋯⋯⋯⋯⋯⋯⋯⋯⋯⋯⋯⋯⋯⋯⋯⋯⋯⋯⋯⋯⋯⋯⋯⋯⋯⋯ 86
    建议阅读 ⋯⋯⋯⋯⋯⋯⋯⋯⋯⋯⋯⋯⋯⋯⋯⋯⋯⋯⋯⋯⋯⋯⋯⋯⋯⋯⋯⋯ 87
    习题 ⋯⋯⋯⋯⋯⋯⋯⋯⋯⋯⋯⋯⋯⋯⋯⋯⋯⋯⋯⋯⋯⋯⋯⋯⋯⋯⋯⋯⋯⋯ 87

第 5 章 全球磷循环 ⋯⋯⋯⋯⋯⋯⋯⋯⋯⋯⋯⋯⋯⋯⋯⋯⋯⋯⋯⋯⋯⋯⋯⋯ 88
    5.1 引言 ⋯⋯⋯⋯⋯⋯⋯⋯⋯⋯⋯⋯⋯⋯⋯⋯⋯⋯⋯⋯⋯⋯⋯⋯⋯⋯⋯ 88
    5.2 磷的氧化还原性质 ⋯⋯⋯⋯⋯⋯⋯⋯⋯⋯⋯⋯⋯⋯⋯⋯⋯⋯⋯⋯⋯ 90
    5.3 磷循环的生物地球化学反应 ⋯⋯⋯⋯⋯⋯⋯⋯⋯⋯⋯⋯⋯⋯⋯⋯⋯ 91
        5.3.1 磷循环与生物圈的耦合——光合与呼吸 ⋯⋯⋯⋯⋯⋯⋯⋯⋯ 91
        5.3.2 磷循环与岩石圈的耦合——沉积与风化 ⋯⋯⋯⋯⋯⋯⋯⋯⋯ 92
    5.4 磷的循环 ⋯⋯⋯⋯⋯⋯⋯⋯⋯⋯⋯⋯⋯⋯⋯⋯⋯⋯⋯⋯⋯⋯⋯⋯⋯ 93
        5.4.1 C_1:沉积物储库 ⋯⋯⋯⋯⋯⋯⋯⋯⋯⋯⋯⋯⋯⋯⋯⋯⋯⋯⋯⋯ 94
        5.4.2 C_2:陆地土壤储库 ⋯⋯⋯⋯⋯⋯⋯⋯⋯⋯⋯⋯⋯⋯⋯⋯⋯⋯ 94
        5.4.3 C_3:陆地生物储库 ⋯⋯⋯⋯⋯⋯⋯⋯⋯⋯⋯⋯⋯⋯⋯⋯⋯⋯ 94
        5.4.4 C_4:海洋生物储库 ⋯⋯⋯⋯⋯⋯⋯⋯⋯⋯⋯⋯⋯⋯⋯⋯⋯⋯ 94
        5.4.5 C_5:表层海洋储库 ⋯⋯⋯⋯⋯⋯⋯⋯⋯⋯⋯⋯⋯⋯⋯⋯⋯⋯ 95
        5.4.6 C_6:深层海洋储库 ⋯⋯⋯⋯⋯⋯⋯⋯⋯⋯⋯⋯⋯⋯⋯⋯⋯⋯ 95
        5.4.7 $F_{2\to1}$:陆地土壤储库到沉积物储库流量 ⋯⋯⋯⋯⋯⋯⋯⋯⋯ 95
        5.4.8 $F_{2\to3}$:陆地土壤储库到陆地生物储库流量 ⋯⋯⋯⋯⋯⋯⋯ 95
        5.4.9 $F_{3\to2}$:陆地生物储库到陆地土壤储库流量 ⋯⋯⋯⋯⋯⋯⋯ 95
        5.4.10 $F_{2\to5}$:陆地土壤储库到表层海洋储库流量 ⋯⋯⋯⋯⋯⋯⋯ 95
        5.4.11 $F_{5\to4}$:表层海洋储库到海洋生物储库流量 ⋯⋯⋯⋯⋯⋯⋯ 96
        5.4.12 $F_{4\to5}$:海洋生物储库到表层海洋储库流量 ⋯⋯⋯⋯⋯⋯⋯ 96
        5.4.13 $F_{4\to6}$:海洋生物储库到深层海洋储库流量 ⋯⋯⋯⋯⋯⋯⋯ 96
        5.4.14 $F_{5\to6}$:表层海洋储库到深层海洋储库流量 ⋯⋯⋯⋯⋯⋯⋯ 96
        5.4.15 $F_{6\to5}$:深层海洋储库到表层海洋储库流量 ⋯⋯⋯⋯⋯⋯⋯ 96
        5.4.16 $F_{6\to1}$:深层海洋储库到沉积物储库流量 ⋯⋯⋯⋯⋯⋯⋯⋯ 97
        5.4.17 $F_{1\to2}$:沉积物储库到陆地土壤储库流量 ⋯⋯⋯⋯⋯⋯⋯⋯ 97
        5.4.18 建立矩阵 K ⋯⋯⋯⋯⋯⋯⋯⋯⋯⋯⋯⋯⋯⋯⋯⋯⋯⋯⋯⋯⋯ 97
    5.5 运用 BOXES 研究磷循环 ⋯⋯⋯⋯⋯⋯⋯⋯⋯⋯⋯⋯⋯⋯⋯⋯⋯⋯ 97
        5.5.1 试验 1:验证稳态模型 ⋯⋯⋯⋯⋯⋯⋯⋯⋯⋯⋯⋯⋯⋯⋯⋯⋯ 98
        5.5.2 试验 2:人为活动的影响 ⋯⋯⋯⋯⋯⋯⋯⋯⋯⋯⋯⋯⋯⋯⋯⋯ 99
        5.5.3 试验 3:光合作用加倍 ⋯⋯⋯⋯⋯⋯⋯⋯⋯⋯⋯⋯⋯⋯⋯⋯ 100

5.6	结论	102
	建议阅读	102
	习题	103

第6章 全球碳循环 … 104

6.1	引言	104
6.2	碳的氧化还原性质	108
6.3	工业化前碳的全球生物地球化学循环	110
6.4	人为排放的影响及其"留存大气比例"	112
	6.4.1 运用BOXES模型进行简单模拟	112
	6.4.2 BOXES模型的"准非线性"模拟	114
6.5	人为干扰的持续性	121
6.6	结论	122
	建议阅读	123
	习题	123

第7章 全球硫循环 … 124

7.1	引言	124
7.2	硫的氧化还原性质	125
7.3	硫循环中的重要生物地球化学反应	127
	7.3.1 黄铁矿(FeS_2)的形成与风化	129
	7.3.2 石膏($CaSO_4 \cdot 2H_2O$)的形成与风化	130
7.4	工业化前的全球硫循环	131
7.5	数值试验1：二叠纪时期石膏沉积物增加的模拟	133
7.6	数值试验2：人为干扰的影响和持续性	136
7.7	结论	138
	建议阅读	139
	习题	139

第8章 全球氮循环 … 141

8.1	引言	141
8.2	氮的氧化还原性质	143
8.3	氮循环的关键生物地球化学反应	145
	8.3.1 氮的固定——生物固氮与非生物固氮	145
	8.3.2 氨的同化或光合作用	146
	8.3.3 同化硝酸盐的还原	147
	8.3.4 氨化或矿化	147
	8.3.5 硝化	147
	8.3.6 氨的挥发	148

  8.3.7 大气化学 ··· 148
  8.3.8 反硝化 ··· 153
 8.4 工业革命以前的稳态氮循环 ··· 153
 8.5 数值试验:人类扰动的影响及持续时间 ······································ 157
 8.6 结论 ·· 160
 建议阅读 ·· 161
 习题 ·· 161

第 9 章 综合循环:大气氧的稳定度 ·· 163
 9.1 引言 ·· 163
 9.2 短时间尺度内的氧循环:生物圈的连接 ···································· 164
 9.3 长时间尺度上的氧循环:岩石圈的连接 ···································· 167
 9.4 构建氧循环的数学模型 ·· 169
  9.4.1 微分方程 ··· 169
  9.4.2 流量数学表达式的推导 ·· 170
  9.4.3 方程求解 ··· 174
 9.5 数值试验 1:再论二叠纪时期石膏沉积的加强 ··························· 174
  9.5.1 试验设置 ··· 175
  9.5.2 试验结果 ··· 175
 9.6 数值试验 2:世界末日情景 ··· 176
 9.7 数值试验 3:利用氧循环来寻找"失踪的碳" ···························· 178
  9.7.1 试验设置 ··· 178
  9.7.2 试验结果 ··· 179
 9.8 结论 ·· 181
 建议阅读 ·· 181
 习题 ·· 182

附录 平衡常数(25 ℃) ··· 183
专业术语 ·· 187
索引 ·· 194
译后记 ·· 202

第1章

生物地球化学循环及其在地球系统中的作用

> "生物地球化学:一门研究地球上化学物质与植物和动物生命关系的科学。"
> Webster's New Collegiate Dictionary

1.1 引 言

地球上几乎每个有生物参与的化学反应都在某种程度上与生物地球化学循环有关,并最终与物种产生一定联系。人类,作为地球生物群落的成员,参与这些循环并依赖它们生存。或许,最为人们所熟悉的生物地球化学循环是涉及碳(C)氧(O)循环的呼吸作用和光合作用(图1.1)。比如,在我们的家中,室内植物通过光合作用消耗二氧化碳(CO_2),产生氧气(O_2);而我们则通过呼吸作用消耗 O_2,产生 CO_2。当然,在更大的尺度上,光合作用和呼吸作用在支持生命的过程中起到了更加深远的作用。除了产生 O_2,光合作用还允许绿色植物利用来自太阳的辐射能,将水(H_2O)与 CO_2 中的 C 原子化合成为有机分子,如碳水化合物,并以化学能的形式将能量储存起来。呼吸作用有机体吸收有机 C 以及由绿色植物产生的 O_2,导致合成放热反应即能量释放反应的发生,从而释放出化学能。在此过程中,CO_2 和 H_2O 回到了环境中,有机体则获得了它们生存、生长所需要的能量。

上面的这个简单例子说明了生物地球化学循环的三个关键特点。第一,该循环描述了地球上元素的化学和物理转化,因此在"生物地球化学"中有"地球"

一词。第二,该循环几乎总是有至少一个生物所驱动或者生物的过程在起作用,所以在此有"生物"一词。第三,由于在其中一个过程中消耗的化学物质,最终在后来的过程中再次产生,因此我们将这些过程一起称为"循环"。从而,我们就有了"生物地球化学循环"。

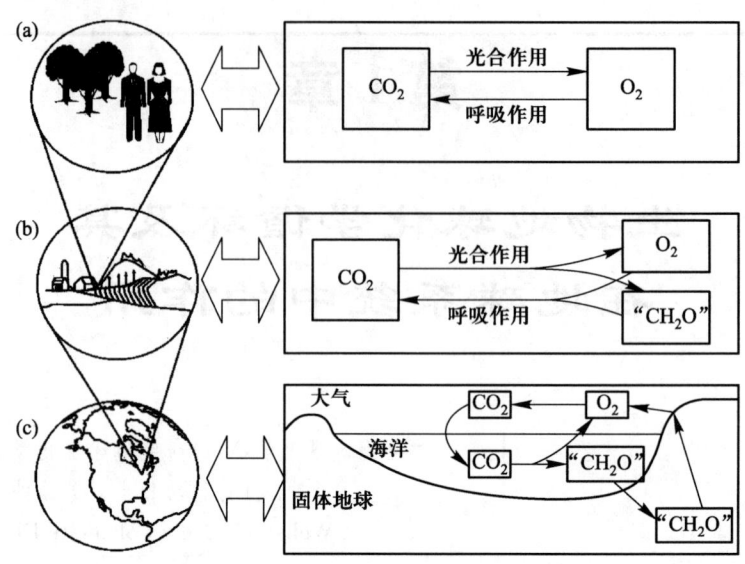

图 1.1 碳(C)的生物地球化学循环对地球上几乎每个活的生物的生存都是至关重要的。(a)在最简单水平上,可以认为该循环是由两个生物地球化学过程构成的:绿色植物的光合作用和动物的呼吸作用。光合作用会吸收二氧化碳(CO_2),同时释放氧气(O_2)。呼吸作用会产生CO_2,消耗O_2。(b)除了产生O_2外,光合作用还生成有机物(用"CH_2O"表示)。在呼吸作用中,"CH_2O"与O_2化合后产生CO_2以取代系统在光合作用中损失的CO_2。在"CH_2O"和O_2化合的过程中,释放的能量可提供给呼吸的生物进行新陈代谢过程并维持生命。(c)在全球尺度上,C的循环就复杂得多了,包括了下列过程:(1)大气中的CO_2溶解到海洋中;(2)浮游植物进行光合作用,使溶解态CO_2转化为O_2和"CH_2O";(3)O_2向大气的传输;(4)光合作用产生的"CH_2O"中,一少部分下沉并沉积在海底;(5)被沉积的"CH_2O"经过几百万年的板块构造和上升运动,最终输送到地球表面;(6)"CH_2O"通过风化过程被氧化,由此去除了大气中的O_2并归还了大气在循环开始时损失的CO_2。

1.2 开放循环与封闭循环

生物地球化学循环可以是开放的,也可以是封闭的。在开放的循环中,物质可以流入或流出循环。例如,前面所描述房间内 C 和 O 的光合作用/呼吸作用的循环就是一个开放循环的例子。无疑,任何房间内的O_2和CO_2中很大比例都来自于户外,并被户外的有机体所消耗。而在封闭的循环中,物质不会流入或流出循环。在这种情况下,可以说循环内每种元素的总量是"守恒的",这与物理学上的"热力学第一定律"关于能量守恒的描述是非常相似的。

我们可以将地球系统(即海洋、大气与固体地球)近似看作是一个封闭系统。在该系统中没有物质的流入和流出。(实际上确实有少量来自流星、宇宙尘埃等的物质使地球质量增加,也有氢(H)逃逸到太空而使地球质量有所减少,但是这些都只占地球质量非常少的比例。)因此,本书的核心——所谓"全球"生物地球化学循环,即描述全球尺度上元素的循环问题,实际上几乎在任何一种情况下,都可以当做一个封闭循环来对待。比如在图 1.1 所描述的 C 循环中,只有在图中(c)部分所示的全球循环才是封闭循环,其中在光合作用中从 CO_2 转化成有机 C 的每一个 C 原子都在后来某些时候以 CO_2 的形式返回到系统之中。

因为全球生物地球化学循环是封闭循环,根据定义,封闭循环不会产生净的化学变化。循环中在一个过程中消耗的每一种化学物质,都会经由另一个过程而产生,所以不会在完整的循环中有任何化合物的净生成或净消耗。例如,最简单的 C 和 O 的光合作用/呼吸作用循环即是如此。尽管每个过程实际都包含了许多单个的初级反应,我们仍然可以采用一个化学计量反应来代表这些反应的总和。光合作用从化学计量学方面表示为

$$CO_2 + H_2O + h\nu \longrightarrow \text{"}CH_2O\text{"} + O_2 \qquad (R1.1)^{①}$$

而呼吸作用则表示为

$$\text{"}CH_2O\text{"} + O_2 \longrightarrow CO_2 + H_2O \qquad (R1.2)$$

在这些反应中,我们采用 $h\nu$ 表示来自太阳的辐射能量,用"CH_2O"表示有机物质。有机化合物中包含至少一个 C 原子,与至少一个 H 原子通过化学键结合。有机体中最常见的有机化合物是碳水化合物。碳水化合物中包含 C、H、O 原子,而且通常是以 1:2:1 的比例存在的。因此,在简单的化学计量反应如(R1.1)和(R1.2)中,"CH_2O"经常被用来表示碳水化合物。在后面的章节中所讨论的系统将更加复杂,也将采用更加完全的化学计量反应方程式来描述光合作用和有机化合物。

将反应(R1.1)和(R1.2)相加,可以得到光合作用和呼吸作用的净化学效应。可以看出,在整个式子左侧出现的每种化学物质,同时在式子右侧也出现,即

$$CO_2 + H_2O + CH_2O + O_2 + h\nu \longrightarrow CO_2 + H_2O + CH_2O + O_2$$
$$(R1.1 + R1.2)$$

---

① 符号($Rx.y$)用来表示化学反应,其中 x 代表该反应首次出现时所在的章节号码,而 y 代表该反应在该章出现的次序。因此,(R1.1)和(R1.2)分别表示第 1 章的第一个和第二个反应。

因此,我们可以认为,光合作用和呼吸作用的加和并不产生"净的化学效应"。虽然本书中所讨论的循环要比这里考虑的简单光合作用/呼吸作用复杂得多,但是这些循环都应该具有相同的基本性质,即在循环中所有化学计量反应的加和不会产生净的化学变化,只有极少例外。

1.3 我们为什么关心生物地球化学循环?

既然生物地球化学循环并不产生净的化学变化,人们就可能问这样一个问题:"为什么我们还要费事研究这些?"答案是,尽管生物地球化学循环并不产生净的化学变化,但是这些循环实现了对维持地球上生命非常重要、关键的许多功能,因此我们要研究这些循环。比如,这些功能之一与地球所接收的太阳辐射能量的储存和利用有关。通常,生物地球化学循环描述了生命有机体吸收太阳辐射能量并以化学能的形式储存起来的一个途径(即太阳辐射能量用来制造化合物,这些化合物通过与环境中其他物质发生化学反应将太阳能转化为热能)。这种化学能或燃料可以由有机体储存起来以备将来使用,也可以从一处被转移到另一处,或者从一个有机体交换到另一个有机体(一般这种"交换"通过某种形式的放牧或狩猎来实现),直到最终在生物圈内通过新陈代谢而消耗并向环境释放出热能。

另一个重要的功能是物质的循环回收。由于地球是一个封闭系统,可被生物圈利用的物质的量是一定的。全球生物地球化学循环作为一个巨大的物质回收系统,使生物圈在其新陈代谢过程中一次又一次地反复利用这些元素。如果没有这些循环,生物圈最终会由于充满了自己的废物而慢慢停止下来。比如,在图 1.1(c)所演示的全球 C 循环。设想,如果我们突然间将埋藏在海底的有机 C 输送到地表的途径切断,那么最终现在大气和海洋中的所有的 C 都将被转化为"CH_2O"并且被深埋在海底,再也没有多余的 CO_2 可以用来进行光合作用,我们也就会面临全面的食物危机了。

James Lovelock 博士建议,在理解地球上的生物及其所处物理化学环境的关系时,可以采用类比的方法——即将地球类比为一个生命有机体;而这个类比,就称为盖娅假说(Gaia Hypothesis)[①]。虽然该假说曾经被批评太过简单,但是它却为我们提出了有益的见解。如果我们采纳了该类比,那么全球生物地球

---

① 关于盖娅假说的最初讨论参见 Lovelock, J. E., Gaia as seen through the atmosphere, *Atmospheric Environment*, 6, 579-580, 1972. 以及 Margulis, L., and J. E. Lovelock, Biological modulation of the earth's atmosphere, *Icarus*, 21, 471-489, 1974. 之后 James Lovelock 又有两本非常吸引人的、也很易读的书出版:*Gaia: A New Look at Life on Earth*, Oxford University Press, 1979. 和 *The Ages of Gaia: A Biography of Our Living Earth*, W.W. Norton and Co., London, 1988.

化学循环就会被看做是这个巨大行星有机体新陈代谢的渠道。而我们,作为全球生物地球化学循环的学生,就会被视为"地球物理学家"来研究地球的新陈代谢途径,就如同医生检查病人脉搏或分析血样一样。实际上,就像医生使用新陈代谢功能指标来诊断病人的健康与否一样,我们会发现,无论全球变化是由人为还是由自然现象引起的,全球生物地球化学循环都是我们了解并最终预测全球变化的关键。

1.4 我们应该研究哪些元素?

认识到全球生物地球化学循环研究的重要性,下面我们就会自问:"对地球上和地球内部已经发现的元素来说,我们应该首先研究哪些?"当然,对于这个问题,并非只有一个正确答案;人们在生物地球化学中所研究的元素,在很大程度上取决于他们想要探索的科学问题。对我们来说,前面谈到,我们对生物地球化学循环感兴趣,原因是这些循环决定了生物系统及其所在的化学和物理环境之间的相互作用。由于我们的兴趣所在,我们关注的是与生物系统有着最强相互关系的那些元素。那么,我们怎样来确定哪些元素与生物系统的相互关系比较强呢? 首先,我们可以关注那些在生物组织中含量最多的元素,因为这些元素流入、流出生物系统的总速率一定是最高的。而对活体和死亡组织的分析基本上都表明,存在六种主要元素:H,C,O,N,P 和 S,这也是通常这些元素含量从高到低的顺序。C,H,O 和 N 是制造氨基酸的基本元素,而氨基酸又是所有蛋白质的基本组成成分。P 的两种特殊作用使其成为生物有机体中的关键元素:作为磷酸酯,它将构成细胞 DNA 的单个核苷联系起来;而作为细胞线粒体中的三磷酸腺苷(ATP),在细胞的呼吸新陈代谢(即燃烧脂肪和碳水化合物并释放供细胞运动的能量)过程中起到关键性的作用。在生物系统中,S 的作用主要是其存在于两种重要氨基酸(半胱氨酸和甲硫氨酸)中,这两种氨基酸有助于为构成生物组织的蛋白质提供机械结构。

在此,我们着重讨论以上这六种主要元素中的五种——即 C、O、N、P 和 S。C、N、P 和 S 是主要的营养元素。在以后几章中,我们会看到,这些元素的量可影响生态系统的生产力和大小;反过来,生态系统也对这些元素在地球上的含量和分布具有主要影响。因此,这些元素的循环在生物地球化学研究中占有中心位置。O 的重要性表现在其含量决定了环境的氧化还原条件,因此也决定了有机体从环境中取得能量的代谢方式;而 H,则不在本书讨论范围内。因为 H 在地球上的含量很高,而且其循环与 C 和 O 紧密相连,其主要特点都可以从 C 和 O 的循环中了解到。

既然确定了我们研究生物地球化学循环的主要元素,我们需要考虑这些元素在参与这些循环时可能形成的不同类型化合物或者化学品种类。表1.1中列出了这五种元素可能形成的一些简单化合物中的一部分。表中显示，这些元素可能以很多类化学形式出现，表现出不同的价态和酸度，并且存在于不同的相态中。而对于一定的环境条件，在如此多的化学品种类中，到底是由哪些过程决定了哪些种类是主要的呢？这个问题的答案可以在化学热力学的基本原理——也就是第2章——中找到。

表 1.1 自然界中一些含 C、N、S 和 P 的化学物质及其相对价态和酸度

	水溶液 酸性 → → → → → → → 碱性			气体	固体
A. C 化合物					
氧化态	H_2CO_3	HCO_3^-	CO_3^{2-}	CO_2	$CaCO_3$
↓				CO	
↓	← ←	←"CH_2O"→	→ →	CH_2O	"CH_2O"
↓				CH_3OH	
还原态				CH_4	
B. N 化合物					
氧化态	HNO_3		NO_3^-	N_2O_5, HNO_3	$NaNO_3$
↓				NO_2	
↓				HNO_2	
↓				NO	
↓	HNO_2		NO_2^-	N_2O	
↓				N_2	
还原态	NH_4^+		NH_3	NH_3	$(NH_4)_2SO_4$
C. S 化合物					
氧化态	H_2SO_4	HSO_4^-	SO_4^{2-}		$CaSO_4$
↓	H_2SO_3	HSO_3^-	SO_3^{2-}	SO_2	
↓					FeS_2
还原态	H_2S	HS^-	S^{2-}	H_2S, $(CH_3)_2S$	FeS
D. P 化合物					
氧化态	H_3PO_4	$H_2PO_4^-$ HPO_4^{2-}	PO_4^{3-}		$Ca_5(PO_4)_3OH$
↓	H_3PO_3	$H_2PO_3^-$	HPO_3^{2-}		
还原态				PH_3	

建议阅读

Broecker, W., *How to Build a Habitable Planet*, Eldigo Press, Palisades, New York, 1985.

Garrels, R. M., F. T., MacKenzie, and C. Hunt, *Chemical Cycles and the Global Environment*, William Kaufman, Los Altos, California, 1975.

Lovelock, J. E., *The Ages of Gaia: A Biography of Our Living Earth*, W. W. Norton, New York, 1988.

Sagan, C., *Cosmos*, Random House, New York, 1980.

第 2 章

化学热力学原理

> "热力学一词由两部分构成,一部分表示热,一种能量形式,另一部分表示功。因此,化学热力学是研究化学系统中能量的化学分支,尤其重要的是化学反应中的能量转换和做功。"
> R. B. Fischer and D. G. Peters,
> *Chemical Thermodynamics*, W. B. Saunders,
> Philadelphia, 1970.

2.1 引 言

热力学描述的是系统从一个状态转换到另一个状态时,能量流动与转换所遵循的规则。化学热力学描述的是这些规则在化学转换中的应用及这些转换过程中所吸收或释放的能量。本章我们将回顾化学热力学最主要的原理。我们并非要完全深入地讲述化学热力学的原理,而只是做一个小结,以便我们在全球生物地球化学循环的分析中加以应用。

2.2 基本要点

所有的热力学都来自三个基本的物理限制或定律;即所谓的热力学第一、第二和第三定律。我们感兴趣的是前两个定律;简单地说,即

(1) 在任何过程中能量是守恒的。

(2) 宇宙的熵,是在不断增加的。

第一定律——能量守恒定律——规定了在任何一个过程中起始物质和最终物质的构成和状态。该定律说明系统最终状态的总能量,一定等于起始状态的总能量(除非系统向周围环境释放能量)。然而,第一定律并未对变化的方向做出限制。比如说,第一定律没有规定在重力场中物体运动的方向。按照第一定律,球可以自发地从地面"跳"到100英尺①的高度,而球初始和最终动能、势能之和相等。类似地,按照第一定律,冷的物体可能将热量传给热的物体,就像热的物体可以通过将热量传给冷的物体而冷却一样。然而,经验告诉我们,球并不会自发地跳到100英尺的高空,冷的物体也不会自发地将热量传给热的物体而变得更冷。事实上这些事情不会发生,原因是第二定律——熵增定律——独立系统趋向从较有序状态向较无序状态的方向自发进行。

对化学系统来讲,这两个热力学定律有两个主要的区别(表2.1):

(1) 根据热力学第一定律,所有的反应都必须保持能量守恒。

(2) 根据热力学第二定律,自发进行的反应(即在无热量或功的作用下,不能发生逆向的反应)必须有净的系统化学势或Gibbs自由能降低。下面可以看到,Gibbs自由能降低使化学系统向其中物种的化学能(或焓)降低、分子无序性(或熵)增加的方向进行。

表 2.1 热力学第一定律和第二定律的表现

过程	第一定律的结果	第二定律的结果
运动: 球在重力场中被释放。 	球的动能和势能之和是不变的。对运动方向没有限制——球可以自发地向上跳或者向下落。	球必须向下落。
热交换: 热的物体和冷的物体被放在一起。 	总能量是守恒的。对热量流动方向没有限制——热的物体可以对冷的物体加热,冷的物体也可以对热的物体加热。	热只能从热的物体自发地流向冷的物体。

---

① 1英尺=30.48 cm。

过程	第一定律的结果	第二定律的结果
化学反应： 物种 A 和 B 混合在一起，并自发向物种 C 和 D 的方向进行。	向环境中释放的能量（即放热反应）或从环境中吸收的能量（即吸热反应）等于储存在 C 和 D 中的化学能减去储存在 A 和 B 中的化学能的差值。对储存在 C 和 D 中的化学能和熵相对于储存在 A 和 B 中的化学能和熵没有限制。	自发的反应使化学能或焓最小化，使熵最大化。因此，C 和 D 的 Gibbs 自由能一定比 A 和 B 的低。

为了阐明 Gibbs 自由能是如何影响化学变化的方向，我们考虑这样一个简单的化学系统：系统在两个状态间转变——一个状态包含 a mol 的分子 A 和 b mol 的分子 B，另一个状态包含 c mol 的分子 C 和 d mol 的分子 D。两种状态间的这种转变或转移由一对向前和向后的基元反应表示

$$a\mathrm{A} + b\mathrm{B} \rightleftharpoons c\mathrm{C} + d\mathrm{D} \tag{R2.1}$$

反应(R2.1)中，我们采用了一个双向箭头（$\rightleftharpoons$），其中 $\longrightarrow$（向右单箭头）代表反应从左向右进行，$\longleftarrow$（向左单箭头）代表反应从右向左进行。而且，虽然反应式(R2.1)代表了两个反应，一个反应中 A 和 B 为反应物，在另一个反应中 A 和 B 为生成物（反之对 C 和 D 亦然），我们采用简便的表示方法：由于 A 和 B 位于反应(R2.1)的左侧，我们将 A 和 B 当做"反应物"，C 和 D 位于反应(R2.1)的右侧，我们将 C 和 D 当做"生成物"。

达到平衡时，根据定义，没有净的变化。因此，向前和向后的反应速率相等。根据质量（浓度）作用原理，我们有

$$k_{\mathrm{f2.1}}\{\mathrm{A}\}^a\{\mathrm{B}\}^b = k_{\mathrm{b2.1}}\{\mathrm{C}\}^c\{\mathrm{D}\}^d \tag{2.2.1}$$

式中，$k_{\mathrm{f2.1}}$ 和 $k_{\mathrm{b2.1}}$ 代表反应(R2.1)的向前和向后反应的速率常数，而 $\{\mathrm{X}\}$ 代表物质 X 的活度或有效浓度（见专栏 2.1）。反应(R2.1)的平衡常数，$K_{2.1}$，定义为向前和向后反应速率常数的比值，因此，通过整理方程式(2.2.1)，我们得到我们熟悉的以反应系数形式表示的反应平衡常数

$$K_{2.1} = \frac{k_{\mathrm{f2.1}}}{k_{\mathrm{b2.1}}} = \frac{\{\mathrm{C}\}^c\{\mathrm{D}\}^d}{\{\mathrm{A}\}^a\{\mathrm{B}\}^b} \tag{2.2.2}$$

根据热力学第二定律，对于任何一对可逆的正逆反应来说，平衡常数 K 的值都是由特定的函数形式决定的。此函数跟反应物和生成物的热化学性质以及化学系统的物理状态（如温度）有关。该函数的形式为

$$K = e^{-\Delta G^0/RT} \tag{2.2.3}$$

式中，$R(=1.987 \text{ cal}\cdot\text{mol}^{-1}\cdot\text{K}^{-1}=8.314 \text{ J}\cdot\text{mol}^{-1}\cdot\text{K}^{-1})$为气体常数，$T$为温度（单位：开尔文，K），$\Delta G^0$为反应从左侧（反应物）向右侧（生成物）进行时，在标准状态下生成自由能（或Gibbs自由能）的变化量。换句话说，即

$$\Delta G^0 = \sum[G^0_{\text{生成物}}] - \sum[G^0_{\text{反应物}}] \qquad (2.2.4)$$

或者，更具体地，对反应(R2.1)

$$\Delta G^0 = c\Delta G^0_f(C) + d\Delta G^0_f(D) - a\Delta G^0_f(A) - b\Delta G^0_f(B) \qquad (2.2.5)$$

式中，$\Delta G^0_f(X)$为从元素单质形式在标准状态下，生成1 mol化合物X所需的Gibbs自由能。

从某种启发的意义上来看，我们可以认为一种化合物的自由能为内能或化学键能减去这种化合物（与其分子结构有关）的熵（以能量形式为单位）。从这个定义，我们可以看到热力学第二定律是如何控制化学平衡的。例如，假设相对于反应(R2.1)中的反应物而言，生成物C和D的内能较低而熵较高。那么，C和D的Gibbs自由能低于A和B的自由能。根据式(2.2.5)，则$\Delta G^0 < 0$。而根据式(2.2.3)，可以看出，ΔG^0的值为负时，如果其绝对值越大，则K就越大，结果平衡就向右侧移动得越多，更有利于C和D，而A和B就消耗得越多。如果反应(R2.1)中的生成物内能相对较高而且/或者熵较低，ΔG^0将大于0，并且平衡向反应式的左侧移动。因此，我们看到，式(2.2.3)是对热力学迫使化学系统向内能最小化和熵最大化状态移动现象的一个简单定量描述（见专栏2.2）。

专栏2.1 "活度"——不同相态下物种浓度的热化学量度

物种的活度$\{X\}$，就是该物质的有效浓度。当然，用来描述这种有效浓度的单位取决于物质或化合物的相态。例如，气体的活度表示为其分压p，单位为大气压(atm)[①]。因此，对气体来说

$$\{X\}_{\text{气相}} = p(X) \qquad (\text{单位为大气压或atm})$$

在理想条件下，溶解在液态水溶液中物质（即溶液相的物质）的活度就等于其浓度。然而，当溶液中离子浓度升高到接近于每1000 mol水中含1 mol离子时，溶剂化效应一般会导致溶液偏离理想情况；这种溶液中，溶液相物质的活度与其浓度就会有很大差别。但是，对本书中的大多数溶液而言，溶剂化效应一般都较小，因此，我们通常假定溶解物质的活度等于其浓度。溶质浓度一般采用的单位包括重量摩尔浓度（m＝每千克溶剂中的摩尔数）和摩尔浓度（M＝每升溶液中的摩尔数）。我们采用的是后一种单位——摩尔浓度，因此

[①] 1 atm = 1.01325×10^5 Pa。

$$\{X\}_{溶液相} = [X] \qquad (单位为 mol \cdot L^{-1}, 或 M)$$

最后,固相和纯液相的物种,其活度为单位活度,因此有

$$\{X\}_{固相} = 1 \quad 及 \quad \{X\}_{液相} = 1$$

按照惯例,我们认为处于标准状态下的物质具有单位活度。因此,根据定义,纯固体和液体,一个大气压下的气体,以及浓度为 $1 \text{ mol} \cdot L^{-1}$ 的溶解物质,都处于标准状态下。

专栏2.2 自发反应:放能,但不一定放热

放热反应,是向环境释放热量的反应,而吸热反应是从环境吸收热量的反应。根据热力学第一定律,向环境释放的热量或从环境吸收的热量,一定与系统分子中所包含的内能或焓 H 的净下降或上升相平衡。因此,对放热反应来说,$\Delta H < 0$;而对吸热反应来说,$\Delta H > 0$。

与之相比,热力学第二定律要求:自发进行的反应中,系统的 Gibbs 自由能 G 是下降的。因此,对自发进行的反应来说,$\Delta G < 0$。Gibbs 自由能下降的反应,被称为是**放能反应**。

尽管许多自发进行的反应,即放能反应,也是放热反应,但并不总是如此。要了解这是如何发生的,我们必须借助于 Gibbs 自由能的定义

$$G = H - TS$$

其中,S 为熵,T 为温度。现在我们来考虑等温反应:Gibbs 自由能的变化由下式给出

$$\Delta G = \Delta H - T\Delta S$$

如果该反应是自发进行的,那么就有

$$\Delta G = \Delta H - T\Delta S < 0$$

因此,自发进行的反应也可以是吸热反应(即 $\Delta H > 0$),只要熵的增加足够大,可以抵消内能的增加,即

$$\Delta S > \Delta H / T$$

2.3 酸-碱平衡

我们要考虑的许多重要的生物地球化学循环是发生在海洋中的。这就使

溶液相化学(即研究溶解在液态水溶液中物质的化学)在我们的讨论中起到关键的作用。特别重要的是确定可能在溶液中存在的各种不同化合物的化学形态的热力学平衡问题,而在这些平衡中起最关键作用的是与酸碱有关的那些平衡。本节我们将看到酸或碱的化学形式是如何随着溶液的 pH 或酸度而变化的。

在此,我们采用酸和碱的布朗斯特(Brønsted)定义:酸是在化学反应中能够贡献氢离子(H^+)的物质,碱则是化学反应中能够接受氢离子(H^+)的物质。而既具有酸的特性,也具有碱的特性的物质,我们称之为两性物质。水(H_2O)本身就是一个两性物质的例子,它既可以贡献一个 H^+,即

$$H_2O \rightleftharpoons H^+ + OH^- \tag{R2.2}$$

也可以接受一个 H^+,即

$$H_2O + H^+ \rightleftharpoons H_2OH^+ \tag{R2.3}$$

注意在反应(R2.2)中,从左向右方向,H_2O 是作为酸在起作用,而从右向左方向,是氢氧根离子(OH^-)起到碱的作用。因而,我们称 OH^- 为 H_2O 的共轭碱。类似地,H_2OH^+ 为 H_2O 的共轭酸。对可以贡献不止一个 H^+ 的酸,我们称之为多元酸;硫酸(H_2SO_4)、碳酸(H_2CO_3)和磷酸(H_3PO_4)都是多元酸的例子,我们在后面的生物地球化学循环讨论中会遇到。

一般情况下,我们采用分子式 H_nA 来代表酸,其中 n 是酸可能贡献的酸性 H^+ 的数目,而 A 是可在溶液相中存在的任何阴离子,带有 n 个负电荷(即 A^{n-})。因此,我们可写出来贡献每个离子的分步平衡或酸的分解反应

$$H_nA \rightleftharpoons H^+ + H_{n-1}A^- \tag{R2.4a}$$

$$H_{n-1}A^- \rightleftharpoons H^+ + H_{n-2}A^{2-} \tag{R2.4b}$$

$$H_{n-2}A^{2-} \rightleftharpoons H^+ + H_{n-3}A^{3-} \tag{R2.4c}$$

$$\vdots \qquad \vdots \qquad \vdots$$

$$HA^{(n-1)-} \rightleftharpoons H^+ + A^{n-} \tag{R2.4n}$$

注意 H_nA 和 A^{n-} 是例外,H_nA 只能作为酸,而 A^{n-} 则只能作为碱。其他所有物质都是两性的;即它们既能贡献 H^+,也能接受 H^+。

本节中我们要思考的问题与 H_nA 的各种形式及其共轭碱有关;换句话说,在已知反应(R2.4a)到(R2.4n)所代表的酸-碱反应系列的情况下,在不同 pH 的溶液中,H_nA、$H_{n-1}A^-$、$H_{n-2}A^{2-}$、……、A^{n-} 的相对浓度是多少? 首先,从上一节化学热力学讨论中,我们了解到,对每个平衡都存在一个特定的平衡常数,K_{an},例如

$$K_{a1} = \frac{[H^+][H_{n-1}A^-]}{[H_nA]}$$

$$K_{a2} = \frac{[H^+][H_{n-2}A^{2-}]}{[H_{n-1}A^-]}$$

$$\vdots \quad \vdots \quad \vdots$$

$$K_{an} = \frac{[H^+][A^{n-}]}{[HA^{(n-1)-}]} \tag{2.3.1}$$

将方程(2.3.1)归纳整理,得到

$$[H_{n-1}A^-] = [H_nA]\left(\frac{K_{a1}}{[H^+]}\right)$$

$$[H_{n-2}A^{2-}] = [H_nA]\left(\frac{K_{a1}K_{a2}}{[H^+]^2}\right)$$

$$\vdots \quad \vdots \quad \vdots$$

$$[A^{n-}] = [H_nA]\left(\frac{K_{a1}K_{a2}\cdots K_{an}}{[H^+]^n}\right) \tag{2.3.2}$$

我们用 C_A 代表溶液中所有含 A 物质的浓度和,即

$$C_A = [H_nA] + [H_{n-1}A^-] + [H_{n-2}A^{2-}] + \cdots + [A^{n-}] \tag{2.3.3}$$

并用 α_i 代表 $H_{n-i}A^{i-}$ 的摩尔比例,即

$$\alpha_i = \frac{[H_{n-i}A^{i-}]}{C_A} \tag{2.3.4}$$

而且

$$\sum \alpha_i = 1 \tag{2.3.5}$$

将式(2.3.2)、式(2.3.3)和式(2.3.4)合并在一起,可以得到每种含 A 物质的摩尔比例

$$\alpha_0 = \frac{[H_nA]}{C_A} = \frac{[H^+]^n}{[H^+]^n + K_{a1}[H^+]^{n-1} + K_{a1}K_{a2}[H^+]^{n-2} + \cdots + K_{a1}K_{a2}\cdots K_{an}}$$

$$\alpha_1 = \frac{[H_{n-1}A^-]}{C_A} = \frac{K_{a1}[H^+]^{n-1}}{[H^+]^n + K_{a1}[H^+]^{n-1} + K_{a1}K_{a2}[H^+]^{n-2} + \cdots + K_{a1}K_{a2}\cdots K_{an}}$$

$$\alpha_2 = \frac{[H_{n-2}A^{2-}]}{C_A} = \frac{K_{a1}K_{a2}[H^+]^{n-2}}{[H^+]^n + K_{a1}[H^+]^{n-1} + K_{a1}K_{a2}[H^+]^{n-2} + \cdots + K_{a1}K_{a2}\cdots K_{an}}$$

$$\vdots \quad \vdots \quad \vdots \quad \vdots$$

$$\alpha_n = \frac{[A^{n-}]}{C_A} = \frac{K_{a1}K_{a2}\cdots K_{an}}{[H^+]^n + K_{a1}[H^+]^{n-1} + K_{a1}K_{a2}[H^+]^{n-2} + \cdots + K_{a1}K_{a2}\cdots K_{an}}$$

$$\tag{2.3.6}$$

注意式(2.3.6)中的形式是有规律的:式子右侧的分母保持不变,分子从分母中的第一项逐渐变化到最后一项,分别对应于质子数最多的物种(即 H_nA),质子数第二多的物种(即 $H_{n-1}A^{n-}$),等等,一直到最后一项质子数最少的物种(即 A^{n-})。

图 2.1 中显示的是对生物地球化学循环中经常遇到的几种酸,α_i 随酸度 pH (pH=$-\log[H^+]$)的变化。这些图是通过式(2.3.6)和附录中热力学数据计算得到的。注意,就像式(2.3.6)中所有多元酸的形式一致一样,α_i 随 pH 的变化也具有相同的特点。对每一种酸,随着 pH 从低到高的增加,我们都能得到一个类似铃铛形的光滑曲线。当 pH 最低(也就是酸度最高)时,含质子最多的物质含量最高。当 pH 升高时,更多的 H^+ 从酸里被释放出来,含质子的物质逐渐被其共轭碱所取代。最后当 pH 最高时,最主要的物质变成 A^{n-}。

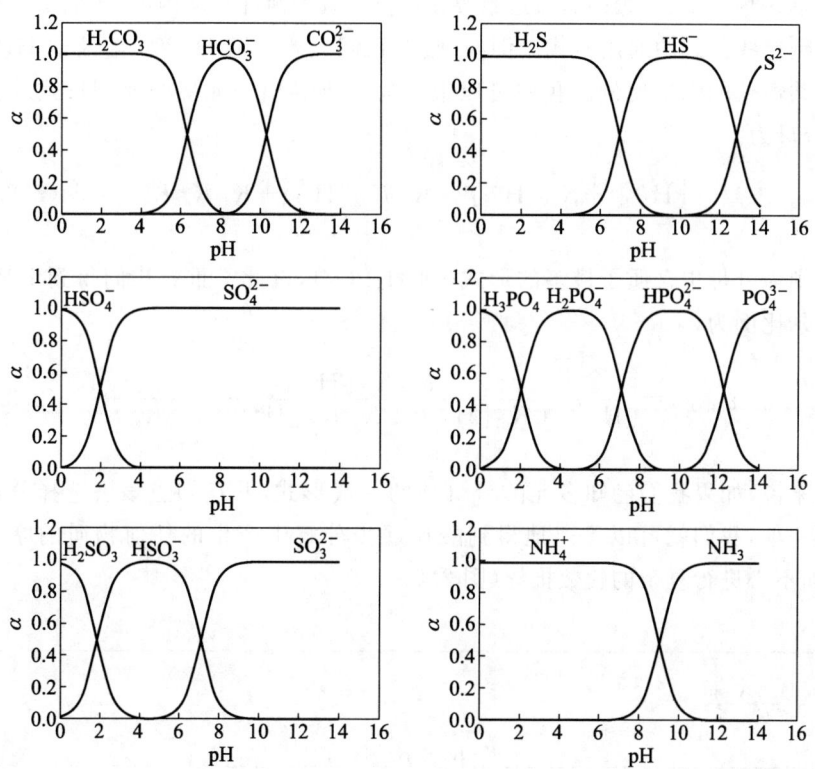

图 2.1 几种多元酸的物种比例与 pH 关系图。这些曲线是根据式(2.3.6)和附录中的数据推导得到的。

图 2.1 中酸-碱系列的一个重要方面是共轭酸碱浓度达到相等时的过渡点。这些过渡点在图中出现在很特定的点,并且很容易预测。如果我们采用下面的符号(与采用 $-\log[H^+]$ 代表 pH 类似)

$$pK_{ai} = -\log(K_{ai}) \tag{2.3.7}$$

那么当满足下面条件时

$$pH = pK_{ai} \tag{2.3.8}$$

有

$$[H_{n+1-i}A^{(i-1)-}] = [H_{n-i}A^{i-}] \quad \text{而且} \quad \alpha_{i-1} = \alpha_i \approx 0.5 \tag{2.3.9}$$

因此,多元酸和碱随 pH 变化分布的最基本特征可以很快地从系统酸-碱分解常数中推导得到。

式(2.3.6)代表了对所有酸适用的通用格式,我们就可以将它作为一个快速简单的解决方法,否则需要进行复杂的酸-碱平衡计算。因此,我们发现有必要找到这些公式的通用格式。例如,假设我们想要知道 H_3PO_4 溶液中 HPO_4^{2-} 及其共轭碱的摩尔比例。我们可以很容易地推导出三元酸的通用形式。公式中,分母为

$$[H^+]^3 + K_{a1}[H^+]^2 + K_{a1}K_{a2}[H^+] + K_{a1}K_{a2}K_{a3} \tag{2.3.10}$$

分子则为分母中含质子最多的形式(即 H_3PO_4),以此类推。我们得到 HPO_4^{2-} 的摩尔比例为

$$\alpha_{HPO_4^{2-}} = \frac{K_{a1}K_{a2}[H^+]}{[H^+]^3 + K_{a1}[H^+]^2 + K_{a1}K_{a2}[H^+] + K_{a1}K_{a2}K_{a3}} \tag{2.3.11}$$

一般来说,如果我们已知多元酸分母项的一般形式,并且知道该去选择分母中的哪一项,我们就可以迅速地得到酸在逐步分解中产生的任何物质的摩尔比例,而不必进行复杂的代数推导(图 2.2)。

$$\alpha_i = \frac{[H_{n-i}A^{i-}]}{C_A}$$

$$= \frac{K_{a1}K_{a2}\cdots K_{ai}[H^+]^{n-i}}{[H^+]^n + K_{a1}[H^+]^{n-1} + K_{a1}K_{a2}[H^+]^{n-2} + \cdots + K_{a1}K_{a2}\cdots K_{ai}[H^+]^{n-i} + \cdots + K_{a1}K_{a2}\cdots K_{an}}$$

图 2.2 多元酸 H_nA 的第 i 个共轭碱 $H_{n-i}A^{i-}$ 的摩尔比 α_i。写该摩尔比的表达式时,可以遵循如下几个简单的规则。分母为 $n+1$ 项之和:第一项为 $[H^+]$ 的 n 次方,第二项为酸的一次分解常数 K_{a1} 与 $[H^+]$ 的 $(n-1)$ 次方的乘积,依此类推,第 $(n+1)$ 项为酸的所有分解常数的乘积。分子就是分母中含有 $[H^+]$ 的 $(n-i)$ 次方的那一项。

2.4 相　　变

生物地球化学循环中另一组关键的平衡是控制相变的平衡。我们特别对两种相变感兴趣：气相与溶液相的转换（即溶解、蒸发）和溶液相与固相的转换（即沉淀、溶解）。说到"气相与溶液相的转换"，我们是指类似下面的反应

$$X_g \rightleftharpoons X_{aq} \tag{R2.5}$$

式中，X_g 和 X_{aq} 分别代表气态和液态水溶液中溶解的某种假想的化合物 X。（按照传统习惯，在考虑气态和溶液状态的反应对时，我们将气态物质写在左边，而将溶液状态物质写在右边。）达到平衡时，X 在两相中的相对含量是由亨利(Henry)定律决定的，也就是

$$[X] = K_{H,X} p_X \tag{2.4.1}$$

可以看出来，式(2.4.1)是式(2.2.2)的另一种形式，$K_{H,X}$ 为平衡常数。然而，在这种情况下，$K_{H,X}$ 一般指的是 Henry 定律系数，[X]为当 X_g 大气分压为 p_X 个大气压时在水中的溶解度（单位：$mol \cdot L^{-1}$）。若使式(2.4.1)两边的单位相同，$K_{H,X}$ 的单位必须是摩尔/升/大气压($mol \cdot L^{-1} \cdot atm^{-1}$)。

另一种相变与固态化合物在溶液中溶解有关。溶解的结果是，经常使某一种原不溶解的沉淀物在溶液中释放两种溶解的离子，也就是

$$AB_s \rightleftharpoons A^+ + B^- \tag{R2.6}$$

式中，A^+ 和 B^- 分别代表溶液中的离子，而 AB 代表固态沉淀。因为沉淀具有单位活度，因此平衡关系由下式决定

$$K_{S,AB} = [A^+][B^-] \tag{2.4.2}$$

平衡常数 $K_{S,AB}$，一般被称为化合物 AB 的溶度积，单位为(摩尔/升)^2（即 $(mol \cdot L^{-1})^2$）。

2.5 平衡在 CO_2-H_2O-Ca 系统中的应用

包含大气二氧化碳(CO_2)，水(H_2O)和钙(Ca)的化学系统在生物地球化学循环中起到核心的作用。我们知道，碳(C)是生物圈首要的建筑材料，CO_2 则是所有绿色植物进行光合作用必需的。海洋中，大气中 CO_2 的溶解以及溶解后生成 H_2CO_3 及其共轭碱的酸-碱化学，可以影响另一个重要的生物过程，就是产

生贝壳物种生成固态碳酸钙($CaCO_3$)。这些 $CaCO_3$ 贝壳不仅代表了大气 CO_2 的一个重要来源,也是在海洋沉积物和陆地上发现的主要岩石构成物矿物质的首要来源。由于这些原因,搞清这些物质的相互作用对于我们定量研究生物地球化学循环将起到非常关键的作用。本节,我们探讨前一节中的热力学关系是如何用来确定系统中物质组成和相互关系的。我们针对某些特定的问题来讨论,然后再运用近似方程和热力学常数(从附录中得到)求解。

2.5.1 纯碳酸系统

在我们第一个例子中,我们考虑仅含有 CO_2 和 H_2O 的系统。严格地说,对这种系统的描述需要考虑 5 个平衡反应:

(1) H_2O 的酸性分解

$$H_2O \rightleftharpoons H^+ + OH^- \tag{R2.2}$$

(2) 气态$(CO_2)_g$在水中的溶解,形成溶解态的$(CO_2)_{aq}$

$$(CO_2)_g \rightleftharpoons (CO_2)_{aq} \tag{R2.7}$$

(3) $(CO_2)_{aq}$的水解,形成 H_2CO_3

$$(CO_2)_{aq} \rightleftharpoons H_2CO_3 \tag{R2.8}$$

和两个酸的分解反应(4)、(5)

$$H_2CO_3 \rightleftharpoons HCO_3^- + H^+ \tag{R2.9}$$

$$HCO_3^- \rightleftharpoons CO_3^{2-} + H^+ \tag{R2.10}$$

然而,如果用一种假想的物质 $H_2CO_3^*$ 代表溶液中未分解的 CO_2 总量,即

$$[H_2CO_3^*] = [CO_2]_{aq} + [H_2CO_3] \tag{2.5.1}$$

那么,此系统就可以简化为 4 个反应。

反应(R2.7)和反应(R2.8)因此可以合并为一个假想的溶解反应

$$(CO_2)_g \rightleftharpoons H_2CO_3^* \tag{R2.7'}$$

而反应(R2.9)可以改写为 $H_2CO_3^*$ 的形式,

$$H_2CO_3^* \rightleftharpoons HCO_3^- + H^+ \tag{R2.9'}$$

例题: 已知上述 4 个反应(R2.2,R2.7′,R2.9′和 R2.10)和恒定的大气中 CO_2 气体的分气压 355 ppmv①(即 355×10^{-6} atm),确定 C_C,即与气态达到平衡时的溶解的含 C 物质总浓度。

---

① 1 ppm = 1×10^{-6}。

解：首先，注意在给定 355 ppmv 的 $(CO_2)_g$ 分气压 $p(CO_2)$ 下，我们可以很容易地运用 Henry 定律（方程(2.4.1)）到反应(R2.7')表达出 $H_2CO_3^*$ 的浓度

$$[H_2CO_3^*] = K_{H,CO_2} p(CO_2) \quad (2.5.2)$$

对二元酸（即 $n=2$）$H_2CO_3^*$ 应用方程(2.3.6)，得到

$$[H_2CO_3^*] = C_C \frac{[H^+]^2}{[H^+]^2 + K_{H_2CO_3,1}[H^+] + K_{H_2CO_3,1} K_{H_2CO_3,2}} \quad (2.5.3)$$

将方程(2.5.2)和方程(2.5.3)合并，我们得到 C_C 的表达式

$$C_C = K_{H,CO_2} p(CO_2) \frac{[H^+]^2 + K_{H_2CO_3,1}[H^+] + K_{H_2CO_3,1} K_{H_2CO_3,2}}{[H^+]^2} \quad (2.5.4)$$

然而，这里有一个问题。方程(2.5.4)虽然定义了溶解 C 的总浓度，但却是以 $[H^+]$ 的形式给出的。要想真正确定 C_C，我们必须首先确定 $[H^+]$。要计算 $[H^+]$，我们需要考虑另外两个关系。第一个关系是电荷守恒——也就是说，溶液中所有阳离子的电荷数一定等于所有阴离子的电荷数。对我们的这个简单问题，这个关系就是

$$[H^+] = [HCO_3^-] + 2[CO_3^{2-}] + [OH^-] \quad (2.5.5)$$

第二个关系是通过反应(R2.2)的平衡常数，以 $[H^+]$ 来表达 $[OH^-]$，即

$$[OH^-] = \frac{K_{H_2O}}{[H^+]} \quad (2.5.6)$$

将方程(2.5.5)与方程(2.3.2)、方程(2.5.6)合并，得到

$$[H^+] = K_{H,CO_2} p(CO_2) \left(\frac{K_{H_2CO_3,1}}{[H^+]}\right) + 2K_{H,CO_2} p(CO_2) \left(\frac{K_{H_2CO_3,1} K_{H_2CO_3,2}}{[H^+]^2}\right) + \frac{K_{H_2O}}{[H^+]}$$
$$(2.5.7)$$

整理方程(2.5.7)，得到一个 $[H^+]$ 的三次多项式。这个多项式的解可以通过手持计算器或计算机工作表求得。然而，我们可以采用一种很好的近似方法，将方程(2.5.7)化简求出解。就我们这个问题的条件来说，有

$$[HCO_3^-] \gg 2[CO_3^{2-}] \quad (2.5.8)$$
$$[HCO_3^-] \gg [OH^-]$$

因此，在电荷守恒方程中，可以忽略 CO_3^{2-} 和 OH^- 两项，得到

$$[H^+] \approx [HCO_3^-] = K_{H,CO_2} p(CO_2) \frac{K_{H_2CO_3,1}}{[H^+]} \quad (2.5.9)$$

因此

$$[H^+] = \sqrt{K_{H,CO_2} p(CO_2) K_{H_2CO_3,1}} \qquad (2.5.10)$$

将附录中 K_{H,CO_2} 和 $K_{H_2CO_3,1}$ 的数据代入,设 $p(CO_2)=355\times10^{-6}$,得到

$$[H^+] = 2.32\times10^{-6}\,\text{mol}\cdot\text{L}^{-1} \qquad (2.5.11)$$
$$pH = 5.62$$

将此 $[H^+]$ 代入方程(2.5.4),最终得到问题的解

$$C_C = 1.46\times10^{-5}\,\text{mol}\cdot\text{L}^{-1} \qquad (2.5.12)$$

从方程(2.3.2)和方程(2.5.6),可以清楚地看到

$$[HCO_3^-] = 2.32\times10^{-6}\,\text{mol}\cdot\text{L}^{-1} \qquad (2.5.13)$$
$$\approx [H^+] \gg [OH^-] \gg 2[CO_3^{2-}]$$

因此,证明了我们所作假设(OH^- 和 CO_3^{2-} 的浓度小,可以忽略不计)的有效性(见专栏2.3)。

专栏2.3　酸雨和二氧化碳-碳酸系统

在第2.5.1节中,我们发现,在与355 ppmv CO_2 处于平衡的水溶液中,其pH为5.6。事实证明,这个pH是具有地球化学意义的。由于大气中的 CO_2 浓度约为355 ppmv,如果没有其他酸或碱存在,与大气相平衡的液态水溶液应该具有pH5.6。由于这个原因,pH为5.6的云水和雨水一般被称为是中性降水,虽然纯水的pH为7。同样地,酸雨是指pH低于5.6的雨水(见图2.3)。酸雨中的多余酸性常常是由含硫(S)和含氮(N)的空气污染物产生的硫酸(H_2SO_4)和/或硝酸(HNO_3)所致。由于酸雨可能会对美国东北部敏感的生态系统有害,1990年清洁空气法案修正案要求减少电厂排放的硫氧化物和氮氧化物,这些法规所隐含的意义在于减少这些物质的排放可以使美国降水的酸度更接近于"中性"5.6,而且对陆地生态系统的危害更小。

2.5.2　碳酸钙系统

我们的第二个例子是:向纯碳酸系统中加入Ca。Ca的加入需要考虑另一个反应——固态 $CaCO_3$ 和溶解 Ca^{2+} 与 CO_3^{2-} 的相变

$$(CaCO_3)_s \rightleftharpoons Ca^{2+} + CO_3^{2-} \qquad (R2.11)$$

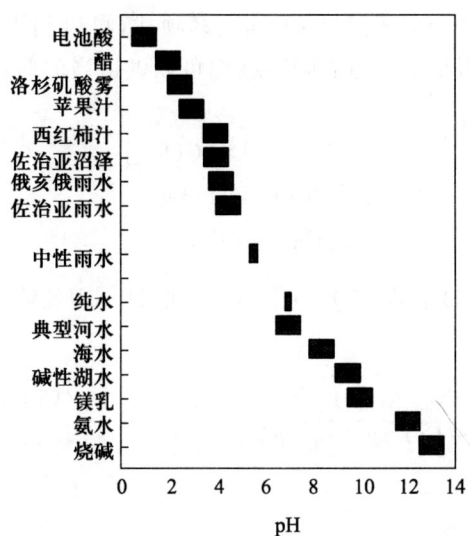

图 2.3 常见不同溶液的 pH 尺度。这些溶液包括纯水(7.0)、中性雨水(5.6)、佐治亚与俄亥俄的典型酸雨,以及洛杉矶的酸雾。

例题:计算与大气中 355 ppmv CO_2、固态沉淀物 $CaCO_3$ 平衡的 C_C。

解:这个问题与前面的问题有很多相似之处,只是加入了反应(R2.11)。现在我们又多了一个未知变量,$[Ca^{2+}]$。这就需要我们再加入一个方程。这个方程是将方程(2.4.2)应用到 $CaCO_3$ 的溶解,即

$$K_{S,CaCO_3} = [Ca^{2+}][CO_3^{2-}] \tag{2.5.14}$$

而且,由于存在 Ca^{2+},我们需要对电荷平衡做出调整

$$[H^+] + 2[Ca^{2+}] = [HCO_3^-] + 2[CO_3^{2-}] + [OH^-] \tag{2.5.15}$$

将方程(2.5.14)与二元酸方程(2.3.6)合并,则

$$[Ca^{2+}] = \frac{K_{S,CaCO_3}}{[CO_3^{2-}]} = K_{S,CaCO_3} \left(\frac{[H^+]^2}{K_{H,CO_2} p(CO_2) K_{H_2CO_3,1} K_{H_2CO_3,2}} \right) \tag{2.5.16}$$

将这一表达式以及$[HCO_3^-]$、$[CO_3^{2-}]$ 和 $[OH^-]$ 的表达式代入到电荷平衡方程(2.5.15)中,得到

$$[H^+] + 2 \frac{K_{S,CaCO_3}[H^+]^2}{K_{H,CO_2} p(CO_2) K_{H_2CO_3,1} K_{H_2CO_3,2}}$$

$$= \frac{K_{H,CO_2} p(CO_2) K_{H_2CO_3,1}}{[H^+]} + 2 \left(\frac{K_{H,CO_2} p(CO_2) K_{H_2CO_3,1} K_{H_2CO_3,2}}{[H^+]^2} \right) + \frac{K_{H_2O}}{[H^+]} \tag{2.5.17}$$

方程(2.5.17)产生一个关于[H$^+$]的四次多项式(可以利用标准电子表格或手持计算器进行连续近似)。如前所述,我们可以做适当的假设,从而大大简化这个方程,即

$$[HCO_3^-] \gg [CO_3^{2-}]$$
$$[HCO_3^-] \gg [OH^-] \quad (2.5.18)$$
$$2[Ca^{2+}] \gg [H^+]$$

因此,将方程(2.5.15)中的[CO_3^{2-}]、[OH^-]和[H^+]项忽略不计,得到近似的平衡方程

$$2\frac{K_{S,CaCO_3}[H^+]^2}{K_{H,CO_2}p(CO_2)K_{H_2CO_3,1}K_{H_2CO_3,2}} \approx \frac{K_{H,CO_2}p(CO_2)K_{H_2CO_3,1}}{[H^+]} \quad (2.5.19)$$

可以很容易地得到

$$[H^+] = \sqrt[3]{\frac{(K_{H,CO_2}p(CO_2)K_{H_2CO_3,1})^2 K_{H_2CO_3,2}}{2K_{S,CaCO_3}}} \quad (2.5.20)$$

采用附录中的平衡常数,设$p(CO_2) = 355 \times 10^{-6}$ atm,得到

$$[H^+] = 4.2 \times 10^{-9} \text{ mol·L}^{-1}$$
$$pH = 8.4 \quad (2.5.21)$$

将此结果代入方程(2.5.4)中,就得到我们问题的解

$$C_C = \left(\frac{2K_{H,CO_2}K_{H_2CO_3,1}K_{S,CaCO_3}p(CO_2)}{K_{H_2CO_3,2}}\right)^{1/3} \quad (2.5.22)$$
$$= 1.35 \times 10^{-3} \text{ mol·L}^{-1}$$

与2.5.1节中的例子相似,溶液中主要含C物质是HCO_3^-,然而,在这个例子中[HCO_3^-] $\cong$ [C_C] $\cong$ 0.5 [Ca^{2+}] $\gg$ [H^+](见专栏2.4)。

专栏2.4 碳酸盐系统在缓冲海洋pH中的作用

在第2.5.2节中,我们发现,与固体$CaCO_3$和大气CO_2(355 ppmv)处于平衡的水溶液,其pH约为8.4。有趣的是,8.4也是一般表层海水的pH。开始,可能你并不觉得意外;因为在我们的例题中,海洋接近于$CaCO_3$饱和,而且也基本上与大气中355 ppmv的CO_2相平衡。因此,在第2.5.2节解的基础上,可以预见海洋的pH约为8.4。

但是,我们的例题考虑的是非常简单的解——即只与$CaCO_3$和大气CO_2相平衡的解,而未包括其他酸或碱。由于海洋的pH为8.4,我们是否可以得

出结论:海洋与我们的例题类似,没有其他酸性或碱性物质呢？答案是否定的。但是,由于$CaCO_3$-大气CO_2系统提供了一个非常有效的缓冲,可以稳定海洋的pH,因此海洋的pH仍为8.4左右。如图2.4所示,只要强酸(HA)或强碱(BOH)的量不超过毫摩尔级,与固体$CaCO_3$和355 ppmv大气CO_2相平衡的溶液的pH就基本上保持在8.4不变。例如,向溶液中加入HA时,HA分解使溶液中H^+增多

$$HA \rightleftharpoons H^+ + A^-$$

但这并不会降低pH,多余的H^+离子可以通过$CaCO_3$分子溶解及生成HCO_3^-离子而去除

$$(CaCO_3)_s \rightleftharpoons Ca^{2+} + CO_3^{2-}$$
$$CO_3^{2-} + H^+ \rightleftharpoons HCO_3^-$$

其结果就是:pH的净增加量非常少。与此类似,如果向溶液中加入BOH,$CaCO_3$分子就从溶液中被去除,而在此过程中又增加了一个H^+离子。该H^+离子可以中和因BOH分解而增加的OH^-离子,最终的结果就是pH几乎不变。如果HA或BOH的量超过了毫摩尔级,那么溶液也会得到缓冲,但是缓冲的效果有所下降,因此pH开始偏离8.4。你能解释其原因吗？在这种情况下,每加入1个HA(BOH)分子,需要多少个$CaCO_3$分子发生溶解(沉淀)？

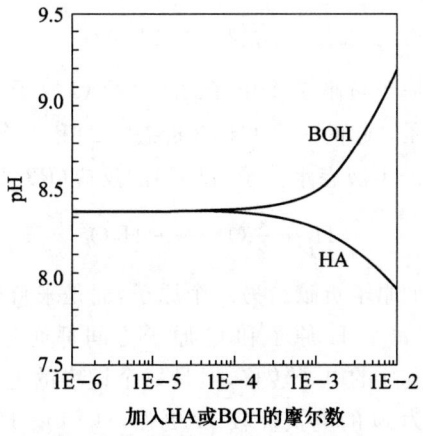

图2.4 $CaCO_3$-CO_2系统的缓冲作用。图中给出了与固体$CaCO_3$和355 ppmv CO_2气体达到平衡的1 L溶液的pH与向该溶液中添加HA或BOH摩尔数的关系。你可以通过式(2.5.15)的修改形式来自行检验这种缓冲作用,即在式子的左边加入$[B^+]$或右边加入$[A^-]$。通过给$[B^+]$或$[A^-]$赋予不同的值,并利用适当方法求解$[H^+]$,就应该能够得到此处给出的结果了。

2.6 氧化还原性质

如果化学物质中的某一个原子得到或失去了电子,我们说它的价态发生了变化。原子价态的定义是原子核中的质子数与原子的电子数之差。当原子的质子数和电子数相同时,根据定义,其价态为零。如果该原子得到了一个电子,其价态就降低为 -1;如果该原子得到了两个电子,其价态就降为 -2;以此类推。由于得到电子使价态降低,这个过程被称为还原。相反,如果原子失去了电子,其价态就会升高。因为在跟氧发生反应时,几乎所有原子都失去电子,我们就将这个过程称为氧化。在本节,我们对氧化还原的特点进行简单的回顾。

2.6.1 价态

如果在两个原子之间形成了化学键,一般来说,这两个原子的价态会出现大小相等、符号相反的变化。电负性较强的原子(即对电子有更强的亲和力)会发生价态的降低,而电负性较弱的原子(即对电子的亲和力较弱)会发生价态的升高。价态的变化可以通过电子的实际转移而发生,这种情况下两个原子之间的电负性相差足够大,从而形成离子键;也可以通过在两个原子之间共享电子的情况下发生,此时两个原子之间的电负性相差较小,从而形成共价键。例如,考虑 Ca 跟 O_2 的反应(R2.12)

$$Ca + \frac{1}{2}O_2 \longrightarrow CaO \qquad (R2.12)$$

在该反应中,一个 Ca 原子贡献 2 个电子($2e^-$)给 O 原子,生成 CaO,其中包含通过一个离子键结合在一起的一个 Ca^{2+}(价态 $+2$)和一个 O^{2-}(价态 -2)。而 H_2 和 O_2 结合在一起产生液态水分子(H_2O)的反应(R2.13)中

$$H_2 + \frac{1}{2}O_2 \longrightarrow H_2O \qquad (R2.13)$$

电子并未真正地从一个原子贡献给另一个原子,而是来自每个 H 原子的电子与 O 原子共享。结果,在每个 H 原子和 O 原子之间都通过共价键结合在一起。虽然这些共价键没有实际的电子转移,但是每个键中的电子对也不是被两个原子平均地分享的。因为 O 的电负性较 H 更强,H—O—H 键中,相对于其元素状态来讲,在 O 原子周围的电子密度更高,在 H 原子周围的电子密度更低。因此,即使没有真正以离子形式存在,水中 O 原子的价态仍被认为是 -2,而 H 原子的价态被认为是 $+1$。

拥有离子键的化合物中原子的价态比较明显,而具有共价键的化合物中原子的价态则不太明显。然而,化学家们建立了一套可用来确定价态的"规则":

(1) 化学物质中所有原子价态之和一定等于该物质的净电荷数;

(2) 纯元素中的原子的价态为0;

(3) O的价态几乎总是-2(除了过氧化物);

(4) 第一主族(1A)和第二主族(2A)中的元素(金属)在反应中容易失去一个或两个电子,因此价态分别为+1和+2;

(5) 卤族(7A)的价态几乎总是-1,除非与O形成化学键;

(6) H在化合反应中可以得到也可以失去一个电子;一般情况下,在跟非金属成键时,H的价态为+1;在跟金属成键时,H的价态为-1。

在我们所考虑的一些主要的化合物中,C、H、O、N、S和P的价态都列在表2.2中。应用上述规则,我们可以很快地制作出这样的表。你能根据规则2和3,确定出H_2O_2中氧的价态为-1吗(见专栏2.5)?

表2.2 有生物地球化学意义的各种化合物中C、H、O、N、S和P的价态

化合物	元素					
	C	H	O	N	S	P
CH_4	-4	+1				
CH_3OH	-2	+1	-2			
CO	+2		-2			
CO_2, H_2CO_3, HCO_3^-, CO_3^{2-}	+4	+1	-2			
H_2O		+1	-2			
H_2O_2		+1	-1			
O_2			0			
NH_3, NH_4^+		+1		-3		
NH_2OH		+1	-2	-1		
N_2				0		
N_2O			-2	+1		
NO			-2	+2		
HONO		+1	-2	+3		
NO_2			-2	+4		
N_2O_5, HNO_3, NO_3^-		+1	-2	+5		
CH_3SCH_3	-2	+1			-2	
OCS, H_2S, HS^-, S^{2-}	+4	+1	-2		-2	
FeS_2					-1	

续表

化合物	元素					
	C	H	O	N	S	P
S_8					0	
$SO_2, H_2SO_3, HSO_3^-, SO_3^{2-}$		+1	−2		+4	
$SO_3, H_2SO_4, HSO_4^-, SO_4^{2-}$		+1	−2		+6	
PH_3		+1				−3
$H_3PO_3, H_2PO_3^-$		+1	−2			+3
$H_3PO_4, H_2PO_4^-, HPO_4^{2-}, PO_4^{3-}$		+1	−2			+5

2.6.2 氧化还原半反应

一个原子或一族原子接受电子（即电子亲和力）的倾向是一种重要的热化学性质。这种性质最终决定了原子与其他化学物质反应并形成化学键的能力。这种性质可以通过不同的方式进行定量表达（见专栏2.6）；我们所采用的是氧化还原半反应这一方式。氧化还原半反应中，氧化态物质（OX_i）被 n 个电子（ne^-）还原，形成相应的还原态化合物（RED_i）

$$OX_i + ne^- \rightleftharpoons RED_i \tag{R2.14}$$

根据前面所讨论的化学平衡，反应(R2.14)的平衡常数一定为

$$K_{e,OX_i} = \frac{\{RED_i\}}{\{OX_i\}\{e^-\}^n} \tag{2.6.1}$$

当 OX_i 的电子亲和力增加时，反应(R2.14)的平衡就会从左向右移动，K_{e,OX_i} 就会增加。因此，氧化还原半反应平衡常数为我们提供了定量比较不同元素，以及由这些元素组成化合物的电子亲和力的方法。附录中给出了我们感兴趣的主要元素和化合物的常数。

专栏2.5 氧化还原反应

确立价态和氧化还原的概念后，我们再反过来看本章前面考虑的酸-碱反应和相变反应，以及这些反应中反应物和生成物的价态。你会发现这些反应有一个很有趣的特点：所有元素的价态都完全没有任何变化。例如，我们来看气态 CO_2 与溶液相 H_2CO_3 及其共轭碱 HCO_3^- 和 CO_3^{2-} 之间的平衡，即反应(R2.2.4)、(R2.2.5)和(R2.2.6)。由表2.2可以看出，对每个物种，C 和 O 的价态一直分别是 +4 和 −2。显然，氧化还原性质——氧化和还原

反应的化学性质——表示的是与酸-碱平衡和相变平衡有显著区别的一类化学性质。实际上,我们将在后面看到,氧化还原性质包括了一组反应,这些反应可使化学能得到储存、转移和利用,因此在我们这里所研究的生物地球化学循环中起到了关键的作用。

化学家所采用的氧化还原半反应的形式与2.3节(见表2.3)中的酸-碱反应很类似。我们将质子的贡献者称为酸,将质子的接受者称为碱。我们同样可以将还原剂当做电子的贡献者,将氧化剂当做电子的接受者。因此在反应(R2.14)中,RED_i是还原剂,而OX_i是氧化剂。

表2.3 酸-碱与氧化还原平衡之间的类比

	平衡类型			
	酸-碱		氧化还原	
一般反应[a]	$HA \rightleftharpoons H^+ + A^-$		$OX_i + ne^- \rightleftharpoons RED_i$	
物质	HA	A^-	OX_i	RED_i
	酸	碱	氧化剂	还原剂
	(质子贡献者)	(质子接受者)	(电子接受者)	(电子贡献者)
主要变量	$pH = -\log[H^+]$		$pe = -\log[e^-]$	
	(酸性的量度)		(氧化作用的量度)	
	高pH表示酸度低,物质倾向以共轭碱形式存在。		高pe表示氧化作用强,物质倾向以氧化态形式存在。	

[a] 在书写酸-碱平衡和氧化还原平衡时,形式上有区别。酸-碱反应写成酸的分解反应,而氧化还原半反应则写成电子化合反应。

我们还可以与酸-碱化学反应做进一步的类比。我们把水溶液中电子活性与H^+活度做类似处理。因此,就像我们把pH定义为H^+活度的对数的相反数(即$pH = -\log[H^+]$)一样,我们定义pe为

$$pe = -\log\{e^-\} \tag{2.6.2}$$

而且,就像pH是溶液酸性的一种量度一样,pe可以被认为是溶液氧化潜力的一种量度。本书第2.3节中,我们可以看到,pH越大,溶液酸性越弱,溶液中的物质更倾向于以共轭碱的形式存在。类似地,pe越大,溶液中的电子活度越小,根据方程(2.6.1),物质更倾向于以氧化态的形式存在。

然而,在酸-碱化学与氧化还原半反应之间存在一个重要的区别。酸-碱平衡的写法一般H^+是写在右侧(如(R2.3)),而氧化还原半反应则将e^-放在左侧。因此,严格说来,跟氧化还原半反应类似的是碱和H^+产生酸的反应。

2.6.3 氧化还原平衡

可能你会纳闷,为什么对(R2.14)这样的反应,我们称之"半反应"。它们被称为半反应是因为这些反应实际只代表了自然界中发生的整个氧化还原反应的一半。虽然氧化还原半反应为我们描述电子亲和力和价态提供了一个便利的形式,但是氧化还原半反应并非在自然系统中发生,因为在这样的系统中不存在电子。在现实的世界中,价态的变化需要同时存在一种化合物的还原和另一种化合物的氧化才能完成,即

$$OX_1 + RED_2 \rightleftharpoons RED_1 + OX_2 \quad (R2.15)$$

当反应(R2.15)从左向右进行时,OX_1 得到一个或多个电子,起氧化剂的作用;而 RED_2 则失去一个或多个电子,起还原剂的作用。当然,如果反应(R2.15)从右向左进行,则正好相反。

而反应(R2.15)只不过是两个半反应的和

$$OX_1 + ne^- \rightleftharpoons RED_1 \quad (R2.16)$$

和

$$OX_2 + ne^- \rightleftharpoons RED_2 \quad (R2.17)$$

反应(R2.16)从左向右进行,而反应(R2.17)从右向左进行。因此,(R2.15)这样的反应称为氧化还原反应,而(R2.16)和(R2.17)则称为氧化还原半反应。最后,从方程(2.2.1)和方程(2.6.1),可以推论,任何氧化还原反应的平衡常数,是相应的氧化还原半反应的平衡常数的比值(在两个半反应中,n 必须相同)。例如,反应(R2.15)的平衡常数为

$$K = \frac{[OX_2][RED_1]}{[RED_2][OX_1]} = \frac{K_{e,OX_1}}{K_{e,OX_2}} \quad (2.6.3)$$

式中,K_{e,OX_1} 和 K_{e,OX_2} 分别为氧化还原半反应(R2.16)和(R2.17)的平衡常数。根据方程(2.6.3),由于氧化还原半反应的平衡常数是相应物质的电子亲和力的量度,可以看出,氧化还原反应平衡移动的程度取决于氧化态物质的相对电子亲和力。例如,回到反应(R2.14),对电负性较高的 OX_1 和电负性较低的 OX_2,可以预料这两个半反应的平衡常数的比值相对较大,因此,反应平衡向右移动。

专栏 2.6 电化学势与半反应平衡常数之间的关系

氧化态物种对电子的亲和力可以由两个不同但是等价的式子来表示:一个与电化学势有关,另一个则利用正文中所述的氧化还原半反应。电化学势表达式基于 Nernst 方程

$$E_h = E^\circ - \left(2.3\frac{RT}{nF}\right)\log\left[\frac{\{\text{RED}_i\}}{\{\text{OX}_i\}}\right] \qquad (2.6.4)$$

式中，E_h 为在温度 T 下，要保持 RED_i 和 OX_i 的活度在一定水平所需的电化学势（单位：V），E° 为标准状态下（即 $\{\text{RED}_i\} = \{\text{OX}_i\} = 1$）的电化学势（单位：V），$R$ 为气体常数（$= 8.314 \text{ J·mol}^{-1}\cdot\text{K}^{-1}$），$n$ 为将 OX_i 转化为 RED_i 所需的电子数量，F 为法拉第(Faraday)常数（96 487 C·mol^{-1}）。

我们也可以利用适当的氧化还原半反应的平衡常数来定量表示氧化态物种对电子的亲和力，也就是反应(R2.5.3)

$$K_{\text{e,OX}_i} = \frac{\{\text{RED}_i\}}{\{\text{OX}_i\}\{\text{e}^-\}^n} \qquad (2.6.5)$$

若在式(2.6.5)两边取对数，整理后得到

$$\log\left[\frac{\{\text{RED}_i\}}{\{\text{OX}_i\}}\right] = \log K + n\log\{\text{e}^-\} = \log K - n\cdot\text{pe} \qquad (2.6.6)$$

式中，$\text{pe} = -\log\{\text{e}^-\}$。然而，由式(2.6.4)，我们得出

$$\log\left[\frac{\{\text{RED}_i\}}{\{\text{OX}_i\}}\right] = E^\circ(nF/2.3RT) - E_h(nF/2.3RT) \qquad (2.6.7)$$

令式(2.6.6)和式(2.6.7)相等，我们得到

$$\text{pe} = E_h\left(\frac{F}{2.3RT}\right) \qquad (2.6.8)$$

及

$$\log K = E^\circ\left(\frac{nF}{2.3RT}\right) \qquad (2.6.9)$$

可能你会在不同的参考书中发现，有时氧化还原平衡是用半反应平衡常数和 pe 作为主要变量来表示的，而有时又是用 E° 和 E_h 作为主要变量来表示。这并没有问题，只要你在自己的工作中保持一致，并记住在不同的表示方法间进行转换时使用适当的转换公式即可。

2.7 pe−pH 稳定性图

在前一节中，我们看到 pH 和 pe 是如何决定元素以哪种化学形式存在的，

其中pH主要控制物质的酸度,而pe控制价态。实际上,可以认为pH和pe构成了一个二维相空间,此二维相空间决定了平衡条件下元素的酸度和价态。随着pH和pe在环境中发生变化,在此相空间中的位置也发生了移动,环境中化学物质的价态和酸性也相应地变化(见图2.5)。例如,考虑元素S,从表2.2中可以看出该元素的价态可以从还原性最强状态(-2)变化到氧化性最强状态(+6)。而且,在其还原性最强的-2价中,其存在形式可从酸性最强的H_2S变化到碱性最强的S^{2-}。而在氧化性最强的+6价中,其存在形式可从酸性最强的H_2SO_4变化到碱性最强的SO_4^{2-}。因此,如果在pe-pH二维相空间中以顺时针方向移动时,我们会发现平衡时主要的含S物质为

(1)H_2SO_4在左上角,这里pH最低,pe最高;

(2)SO_4^{2-}在右上角,这里pH和pe都最高;

(3)S^{2-}在右下角,这里pH最高,pe最低;

(4)H_2S在左下角,这里pH和pe都最低。

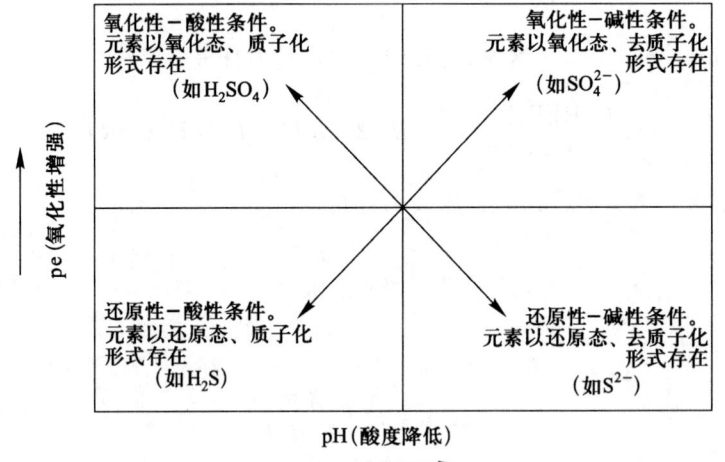

图2.5 pe-pH稳定性图。由于化学热力学的因素,可以认为pH和pe是决定元素在不同酸度和价态物质间平衡的主要变量。这些关系可以通过pe-pH稳定性图来表述:图中pH和pe分别为横坐标轴和纵坐标轴,图中线段表示在相空间不同区域之间的边界,在一个区域内元素的某种化学形式在热力学上比该元素的其他形式更具优势。

图2.5中所示是对平衡时元素物质组成的一般趋势所做的定性描述,在pe-pH稳定性图中则有更加定量化的表征。在pe-pH稳定性图中,酸-碱平衡和氧化还原半反应平衡决定了pe-pH相空间中每一点元素的主要化学形式。在该二维相空间中,直线用来确定一种元素在两种化学形式间转换的边界。按照传统方法,在确定这些边界时,一般使边界两侧的物质的活度相等(若这两个物质存在于同一相中)。在本书的后面章节中我们会看到,pe-pH稳定

性图为我们研究元素在不同环境条件下的主要物质组成提供了一种简便易用的方法。因此,我们对这些图的构建和这些图所传达的信息要有最基本的认识。在下面的小节中,我们会列举这种图的构建与解析。

2.7.1 水的 pe-pH 稳定性图

考虑 H_2O 和分子 O_2 的氧化还原平衡(R2.18)和 H^+ 与分子 H_2 的氧化还原平衡(R2.19),我们可以得到 H_2O 的稳定性图

$$\frac{1}{4}O_2 + H^+ + e^- \rightleftharpoons \frac{1}{2}H_2O \qquad (\log K_{2.18} = 20.75) \qquad (R2.18)$$

$$H^+ + e^- \rightleftharpoons \frac{1}{2}H_2 \qquad (\log K_{2.19} = 0) \qquad (R2.19)$$

(每个半反应右侧的平衡常数取自附录)

从(R2.18),可以得到

$$K_{2.18} = 10^{20.75} = \frac{1}{p_{O_2}^{0.25}[H^+][e^-]} \qquad (2.7.1)$$

或者,对两侧取对数

$$\log K_{2.18} = 20.75 = -\frac{1}{4}\log p_{O_2} + pH + pe \qquad (2.7.2)$$

当 $p_{O_2} = 1$ atm 时,方程(2.7.2)简化为

$$pe = 20.75 - pH \qquad (2.7.3)$$

类似地,对(R2.19),很容易有

$$\log K_{2.19} = 0 = \frac{1}{2}\log p_{H_2} + pH + pe \qquad (2.7.4)$$

而且当 $p_{H_2} = 1$ atm 时,则有

$$pe = 0 - pH \qquad (2.7.5)$$

由于 H_2O 的活度被指定为1(见专栏 2.1),方程(2.7.3)和方程(2.7.5)描述的是分别使 O_2 与 H_2O,以及 H_2 与 H_2O 的活度相等时所需的 pH 和 pe。按照前述做法,我们可以将这两个方程在 pe-pH 相空间中画出来,从而制成 H_2O 的 pe-pH 稳定性图,见图 2.6。在这两条线之间,H_2O 相对于一个大气压的气态 O_2 和 H_2 是稳定的。但是,在上面那条线之上,H_2O 会自动分解为气态的 O_2,而在下面的那条线以下,H_2O 会自动分解为 H_2。由于图 2.6 中的两条线表示的是 H_2O 的稳定区域的界限,因此也就表示所有的溶液地球化学一定会发生在这两条线之间。应该注意的是,该图是以对数形式为坐标的,因此在 pH 和 pe 每变化一个单位时,就表示 H^+ 和 e^- 的浓度变化了 10 倍。因此,H_2O 的稳定区域为地球化学过程的发生提供了宽广的潜在液体环境。

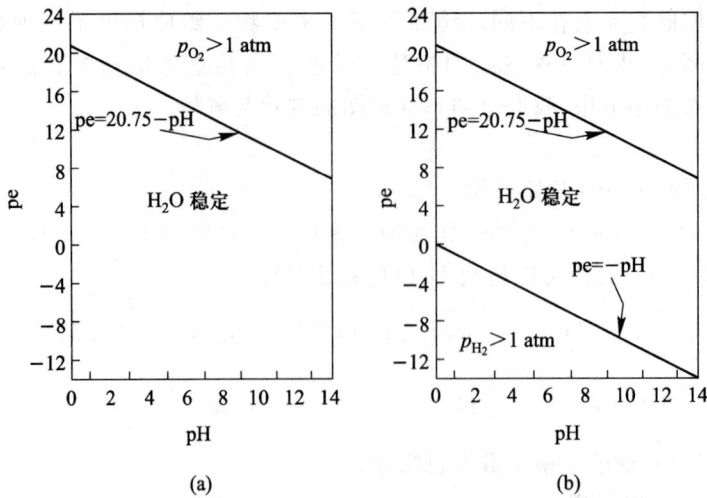

图 2.6 H_2O pe-pH 稳定性图的构建。可通过两个简单的步骤完成。第一步,根据式(2.7.3),画出描述 H_2O 与 1 atm O_2 间平衡的线段(a)。在这条线段上方,氧化性强,H_2O 自发分解成 O_2 气体;在这条线段下方,H_2O 相对于 O_2 来说是稳定的。第二步,根据式(2.7.5),画出描述 H_2O 与 1 atm H_2 间平衡的线段(b)。在这条线段下方,还原性强,H_2O 自发分解成 H_2 气体;在这条线段上方,H_2O 相对于 H_2 来说是稳定的。因此,在由式(2.7.3)和式(2.7.5)推导出的两条线之间,才是 H_2O 的热力学稳定的区域。由此图可以得出的一个重要结论是,由于溶液态的地球化学需要水溶液的存在,溶液态地球化学的所有过程都一定只发生在这样的 pH 和 pe 范围内。

图 2.7 显示的是各种水体环境的 pH 和 pe,事实上,天然水体系统涵盖了此稳定区域的大部分。

2.7.2 简单硫系统的 pe-pH 稳定性图

第二个例子是 S 的稳定性图。为了更加形象地表示,我们将 S 系统进行一定程度的简化。(完整的 S 稳定性图将在第 5 章介绍,届时我们会分析该元素的生物地球化学循环。)在简化的 S 系统中,我们只考虑两种价态:-2 价(即硫化物)和 +6 价(硫酸盐)。相关的化学平衡以及平衡常数如下

$$H_2SO_4 \rightleftharpoons HSO_4^- + H^+$$
$$(\log K_{2.20} = 1.98) \quad (R2.20)$$
$$HSO_4^- \rightleftharpoons SO_4^{2-} + H^+$$
$$(\log K_{2.21} = -1.98) \quad (R2.21)$$

图 2.7 天然水体的热化学性质。不同类型的天然水体系统,其 pH 和 pe 在一定范围内,说明热化学过程发生的酸度和价态丰富而广泛。

$$H_2S \rightleftharpoons HS^- + H^+$$
$$(\log K_{2.22} = -7) \tag{R2.22}$$

$$HS^- \rightleftharpoons S^{2-} + H^+$$
$$(\log K_{2.23} = -12.9) \tag{R2.23}$$

以及耦合硫酸盐和硫化物的氧化还原半反应

$$SO_4^{2-} + 8H^+ + 8e^- \rightleftharpoons S^{2-} + 4H_2O$$
$$(\log K_{2.24} = 20.74) \tag{R2.24}$$

由于在该系统中存在不同的共轭酸碱，S 的 pe-pH 稳定性图的构建（即使是简化了的系统）比前面构建的 H_2O 的稳定性图复杂得多。第一步，由于该系统是一个溶液的系统，我们只需要考虑在 H_2O 稳定区域范围内的 pH 和 pe。因此，在图中要画的第一组线是前面讨论的 H_2O 的稳定图（见图 2.8）。

下一步，要考虑相关的酸-碱平衡；尤其要确定每种酸及其共轭碱浓度相等的位置。在 2.3 节中我们得出，当 $pH = pK_a$ 时（K_a 为相关的酸-碱平衡常数），酸和共轭碱的浓度相等。因此

$$pH = -1.98 \text{ 时,} [H_2SO_4] = [HSO_4^-] \tag{2.7.6a}$$
$$pH = 1.98 \text{ 时,} [HSO_4^-] = [SO_4^{2-}] \tag{2.7.6b}$$
$$pH = 7 \text{ 时,} [H_2S] = [HS^-] \tag{2.7.6c}$$

和

$$pH = 12.9 \text{ 时,} [HS^-] = [S^{2-}] \tag{2.7.6d}$$

从图 2.8(b) 中可以看出，方程(2.7.6)所描述的边界是在 pe-pH 图中具有固定 pH 的、与 y 轴平行的竖线。而且，虽然方程(2.7.6)描述了 4 个竖直的边界，但在图中只出现了 3 个。这是因为在自然界的水体中，没有 pH<0 的情况发生，图中沿 x 轴的 pH 最低设为 0，因此在 pH=-1.98 处的 H_2SO_4 和 HSO_4^- 的边界没有出现。

最后一步，考虑氧化还原平衡。前面推导的方程(2.7.6)也使这一步骤变得简单了。这些方程除了建立酸和共轭碱的边界外，还为我们提供了在不同 pH 要考虑的氧化还原平衡。例如，对 0<pH<1.98 的情况，以+6 价态存在的主要 S 的物种是 HSO_4^-，以-2 价态存在的物种主要是 H_2S。所以，在此 pH 区域，我们要确定满足 $[HSO_4^-] = [H_2S]$ 条件的分界线位置。利用反应(R2.21)、(R2.22)、(R2.23)和(R2.24)的平衡关系，可以得到

$$pe = 4.83 - \frac{9}{8}pH \text{ 时,} [HSO_4^-] = [H_2S] \tag{2.7.7a}$$

类似地对 1.98<pH<7 的区域，则要确定在什么条件下 SO_4^{2-} 和 H_2S 的浓度相

等。利用相应的平衡关系,得到

$$pe=5.08-\frac{10}{8}pH \text{ 时},[SO_4^{2-}]=[H_2S] \tag{2.7.7b}$$

对 $7<pH<12.9$ 的区域,相关的平衡是在 SO_4^{2-} 和 HS^- 之间。我们能得到

$$pe=4.21-\frac{9}{8}pH \text{ 时},[SO_4^{2-}]=[HS^-] \tag{2.7.7c}$$

对 $pH>12.9$ 的区域,我们要考虑 SO_4^{2-} 和 S^{2-} 之间的平衡

$$pe=2.6-pH \text{ 时},[SO_4^{2-}]=[S^{2-}] \tag{2.7.7d}$$

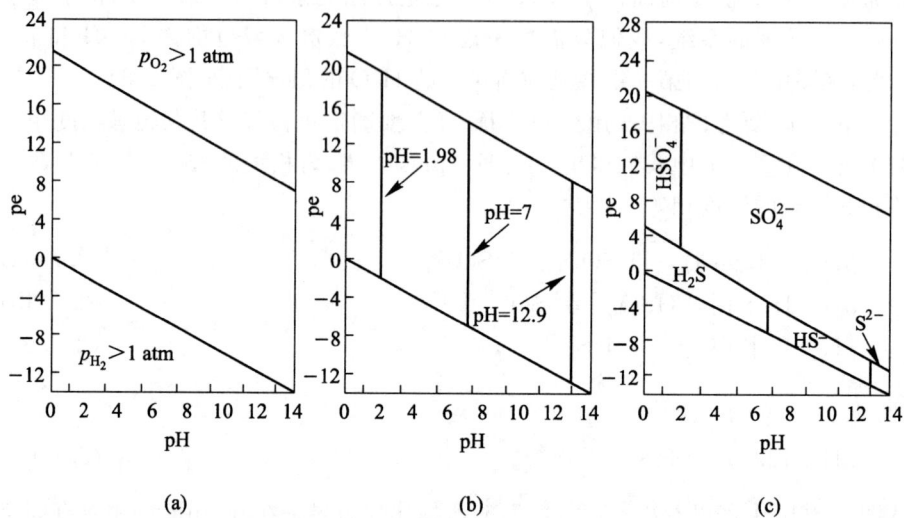

图 2.8 简化 S 系统 pe-pH 稳定性图的构建。由于该系统中存在酸-碱平衡,其稳定性图的构建比水稳定性图的构建更加复杂。第一步,画出水的稳定性图(a)。由于该系统中,所有物质都是溶解于水的溶液态物质,因此这些物质仅存在于水的稳定区域内。下一步,根据式(2.7.6)画出 pH 为固定值的线(b),这些线描述的是相关酸与其共轭碱的边界。最后一步,根据式(2.7.7)在适当的 pH 区间内画出 4 条线(c),用来描述含 S 物质在+6 价和-2 价之间的边界。在这一步中,我们还做了下述工作:修整图(b)中的固定 pH 线,使图中分隔 HSO_4^- 和 SO_4^{2-} 的 pH 线出现在+6 价物质所存在的图的上部,也使图中分隔-2 价物质的 pH 线出现在-2 价物质所存在的图的下部,并在这些线所定义的 5 个 pe-pH 区间内分别标出占优势的物质。要记住,氧化态的物质在图的上部占优势,酸性物质在图的左侧占优势。有意思的是,尽管图(c)中画出了四条线——其中一条在 $0<pH<1.98$ 区间,一条在 $1.98<pH<7$ 区间,一条在 $7<pH<12.9$ 区间,还有一条在 $pH>12.9$ 的区间——但是它们的端点是两两互相连接的,因而构成了连续的线,只是在从一个区间变换到另一个区间时,斜率稍有变化。这可以用来核查结果的准确性。如果你在构建 pe-pH 稳定性图,而且所画的分隔物质价态的线是不连续的,那么就意味着你得到的代数关系有错误,需要重新推导关系式。

将以上4个方程在pe-pH图中画出来,就得到了S在+6与-2价之间的分界,形成了完整的稳定性图(图2.8)。按照这些步骤,我们还可以构建其他元素的pe-pH稳定性图。但是,有时还会出现另一种复杂问题——亚稳态边界,下面就讨论这个问题。

2.7.3 pe-pH稳定性图中的亚稳态边界

我们现在考虑一个较前面的S化学反应复杂些的系统,即包括S的三个价态:+6价、-2价和+4价(亚硫酸根)。同样按照上述步骤,利用附录中的热化学数据,我们可以推导出代表+6价和+4价边界以及+4价和-2价边界的方程。将这些方程跟第2.7.2节里推导的方程(2.7.7)一起,在pe-pH相空间中画出来,就得到了图2.9中的3条线。

图2.9中的2条新线(即代表+6价和+4价边界以及+4价和-2价边界)有矛盾之处。例如,+4价和-2价边界(图中标记"A")。这条线描述的是S(+4)和S(-2)在含量同样多时所出现的pe和pH区域。然而,这条线位于+6价和-2价边界(图中标记"B")的上方。换句话说,在线"B"的上方,S(+6)是最稳定的形式。因为在pe-pH图中向上的方向表示的是朝着氧化性强的条件运动,而S(+6)比S(+4)氧化性更强,所以在S(+4)和S(-2)边界所在处,S(+6)是最稳定的存在形式。因此,线"A"所表示的边界,两种形式都不是最稳定的形式。

类似的情况也出现在S(+6)和S(+4)的边界(图2.9中标记"C")。

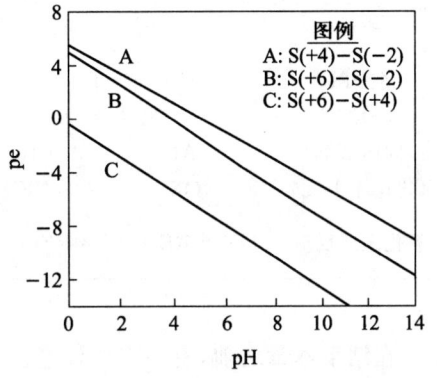

图2.9 pe-pH相空间中,描述S元素在各对价态之间的边界线:(A)+4价和-2价之间;(B)+6价和-2价之间;(C)+6价和+4价之间。线A和线C代表的是亚稳态边界,因此可从pe-pH稳定性图中去除。线A位于线B上方,因此所处区域+6价S为最稳定的价态。线C位于线B下方,因此所处区域-2价S为最稳定的价态。

此时,边界线位于线"B"的下方,处在pe-pH相空间中还原性较强的区域。因此,在S(+6)和S(+4)边界所在处,S(-2)是最稳定的存在形式。

在pe-pH图中的线,比如图2.9中的"A"和"C",代表了一种元素的两种价态的边界,但是在pe-pH图的这个区域,这两种价态都不是该元素最稳定的形式。我们把这些线或边界称为亚稳态边界。这些边界不代表元素的稳定形式的真正转变,因此可以从pe-pH稳定性图中去除。对于我们在此所考虑的S的情况,可以将线"A"和线"C"去掉。再加上水的稳定区域和酸-碱平衡分界线后,可以得到图2.8(c)。

2.8 结　　论

化学热力学使我们可以定量地描述任何一个化学系统的平衡状态物质组成(如果我们有必要的热化学数据)。我们特别要研究四种类型的平衡:酸-碱反应、气相-溶液相转换、溶液相-固相转换和氧化还原反应。表 2.4 中列出了这四种过程和平衡方程。读者可以将该表作为随后几章的参考资料。

表 2.4　热化学平衡关系

过程	反应	平衡方程
一般过程	$a\text{A}+b\text{B} \rightleftharpoons c\text{C}+d\text{D}$	$K=[\{\text{C}\}^c\{\text{D}\}^d]/[\{\text{A}\}^a\{\text{B}\}^b]$ $=\exp\{-\Delta G^0/RT\}$
酸-碱	$\text{HA} \rightleftharpoons \text{H}^+ + \text{A}^-$	$K_a=[\text{H}^+][\text{A}^-]/[\text{HA}]$
气相溶解	$\text{X}_g \rightleftharpoons \text{X}_{aq}$	$K_{\text{H},\text{X}}=[\text{X}_{aq}]/p_\text{X}$
固体溶解	$\text{AB}_s \rightleftharpoons \text{A}^+ + \text{B}^-$	$K_{\text{S,AB}}=[\text{A}^+][\text{B}^-]$
氧化还原半反应	$\text{OX}+ne^- \rightleftharpoons \text{RED}$	$K_{e,\text{OX}}=[\text{RED}]/[\text{OX}][e^-]^n$
氧化还原反应	$\text{OX}_1+\text{RED}_2 \rightleftharpoons \text{RED}_1+\text{OX}_2$	$K=K_{e,\text{OX}_1}/K_{e,\text{OX}_2}$ $=[\text{OX}_2][\text{RED}_1]/[\text{RED}_2][\text{OX}_1]$

在结束本章之前,有一点要注意。在本章中所推导的各种关系只是平衡状态下的关系。这些关系只能让我们做两点推论:(1)任何系统在平衡状态下的特征;(2)未达到平衡的系统会自发地朝着平衡方向运动。化学热力学并不能预测一个系统向平衡状态的运动有多快。(达到平衡的速度由化学的另一个分支,即化学动力学所决定。)另外,可以从理论上预测,一个给定的化学系统向着平衡状态的运动可能是非常缓慢的。正因为如此,我们可以发现,自然系统中普遍远离其平衡状态。另一方面,由于这些系统一定在朝着平衡状态运动着(尽管很缓慢),我们至少可以利用化学热力学来确定这些系统的大概运动趋势。

建议阅读

Fischer, R. B., and D. G. Peters, *Chemical Equilibrium*, W. B. Saunders, London, 1970.

Mahan, B. H., *University Chemistry*, Addison-Wesley, Reading, MA, 1980.

Hobbs, P. V., *Basic Physical Chemistry for the Atmospheric Sciences*,

Cambridge University Press, New York, 1995.

Stumm, W., and J. J. Morgan, *Aquatic Chemistry: An Introduction Emphasizing Chemical Equilibria in Natural Waters*, John Wiley & Sons, New York, 1981.

习题

1. 过氧化物(如 H_2O_2)中的 O 的价态为 -1。在所有其他含 O 分子中,O 的价态都为 -2;或者在 O 的单质中,如 O_2 和 O_3,其价态为 0。查阅化学教科书或参考书,找出 H_2O_2 的化学结构。利用其结构,解释为什么其中 O 原子的价态为 -1。

2. 推导与氨气(分压分别为 1×10^{-6} atm、1×10^{-4} atm、0.01 atm 三种情况)达到平衡的液态水溶液中氨的总浓度,和溶液 pH。

3. 利用附录中数据和本章讨论的方法,画出图 2.9 中的线"A"和"C"。

4. 确定 pe-pH 相空间中 H_2O_2 相对于 O_2 和 H_2O 的稳定边界。

第 3 章

地 球 系 统

> "地球就像一个四环的马戏团,每个环都在同时进行表演……(但是)与马戏团的环不同的是,地球系统的这四个"圈"并不是彼此孤立的,而是相互影响的,并且有时各圈之间的边界也不容易确定。"
>
> K. K. Turekian, *Oceans*, Prentice-Hall, Englewood Cliffs, New Jersey, 1976.

3.1 引 言

第 2 章回顾了生物地球化学循环中元素的化学热力学和化学变化的类型。但是,化学变化并不是生物地球化学循环中仅有的变化;地球上还有很多地球物理过程、大气过程和水循环过程在发生作用。正是这些过程使地球中的元素发生物理空间上的迁移。在大多数情况下,化学变化和物理变化之间存在紧密的联系。比如,化学变化可能增加元素的流动性,使其从固态转变为液态或气态,同时也使其发生地理位置的迁移。反过来看,将某一种元素输送到具有不同热化学性质的新环境,也会引发其热化学性质发生变化,例如,通过氧化还原反应。为了更好地理解生物地球化学循环中物理输送和化学变化之间的耦合关系,首先我们需要完善对地球系统中不同类型物理化学环境的了解。为此,我们在这一章将回顾地球系统中的重要环节。

即使是最粗心的观察者也可以看出,地球并不是均相同质的,而是由具有显著不同物理和化学性质的不同部分组成。我们可以把地球分为明显的三个部分:大气、海洋和固体地球。我们还可以继续细分,尽管边界不那么明显。比如,在对地震波性质的研究基础上,地球物理学家确定地球内部包括三个层次:地核、地幔和地壳。地核位于地球的中心,地幔围绕着地核,而地壳位于地球的表面。由于地壳的性质取决于它是在大陆之下还是在海洋之下,所以我们又可以把地壳分为大陆地壳和海洋地壳。大气、海洋、大陆地壳、海洋地壳、地幔、地核这六个部分构成了地球系统的主要组成部分。表3.1(及专栏3.1)简要介绍了各个部分的性质。

虽然上述六个部分给出了划分地球不同组成部分的一个框架,但是绝不是对地球唯一的分类方法。对于生物地球化学循环来说,更强调的是生命系统的作用,而不是地球的内层。由于这个原因,生物地球化学家常采用另一种分类方法,即把地球分为四个部分,也就是四个圈。其中前两部分与前面分类方法得到的结果相同,包括水圈(包括海洋和所有淡水)和大气圈。第三部分被称为岩石圈,由地表以下5万米到10万米的固体地球构成,包括地壳和最上层的地幔。由于生物地球化学循环很少涉及与深层地幔和地核部分的物质交换,所以在研究全球生物地球化学循环时一般不包括这些部分。第四部分由地球上所有生命有机物质构成,被称为生物圈。如图3.1所示,这四个部分分别代表特有的化学和物理环境,其元素组成截然不同。

表3.1 地球的主要组成部分

组分	厚度(km)	质量(g)	平均密度($g·cm^{-3}$)
地核	3 480	2×10^{27}	10.6
地幔	2 870	4×10^{27}	4.6
海洋地壳	7	7×10^{24}	2.9
大陆地壳	40	2×10^{25}	2.75
海洋	4	1.4×10^{24}	1
大气	不定	5×10^{21}	可变值
地球	6 371	6×10^{27}	5.5

来源:Walker, J. C. G., *Evolution of the Atmosphere*, Macmillan, New York, 1977.

专栏3.1 大气、海洋和固体地球:气态、液态和固态?

地球被分为大气、海洋和所谓的固体地球,看起来好像地球被清楚地分成三个互相分离的相态:气态的大气,液态的海洋和固体地球。事实上,地球上的相态并不是分得如此清楚。比如,当我们在雨天散步的时候,常会发现大气中有液态水,甚至是冰冻的(固态)水。另外,极地区域的海洋有一部分是永久冰冻的,这部分常被称为"冰冻圈"。而外层地核实际上是熔融的,也就是液态的。

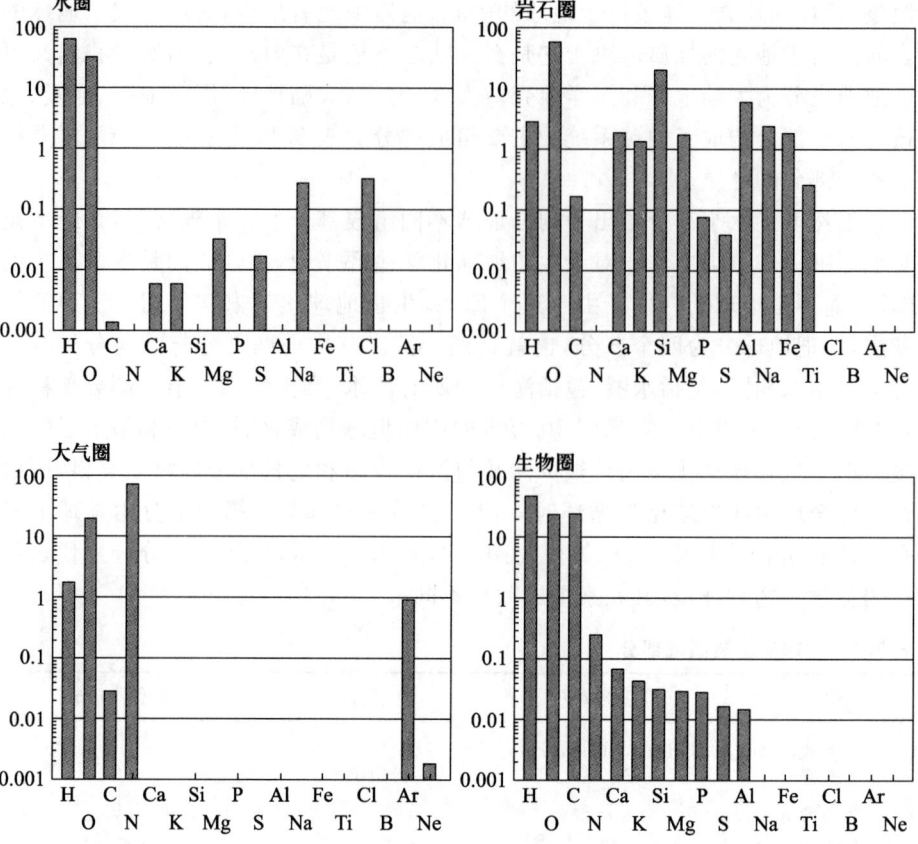

图 3.1 水圈、大气圈、岩石圈和生物圈中元素的百分比丰度。(来源：Deevey, E. S., Mineral cycles, in *The Biosphere*, *A Scientific American Book*, W. H. Freeman, San Francisco, 1970.)

3.2 水 圈

水圈包括地球上的所有水体：湖泊、河流、冰川和极地冰原中的冰冻水，以及所有的地下水和海洋。但是，由于海洋中的水占地球上所有水的 97% 以上，因此我们将只对海洋进行讨论。

3.2.1 海洋底部

全世界的海洋质量占地球总质量的 0.02%，却覆盖了地球表面的 70%。南半球的海水大约是北半球的两倍(见图 3.2)。海洋的上方为大气，下方为深海海底,周边则为大陆所界定。如图3.3所示,在深海海底或海盆与大陆之间,常常存在一个大约1500 km的渐变区域;这个渐变的区域称为大陆边缘,可以进一步分为大陆架、大陆坡和大陆隆。深海海底本身的平均深度约为4 km;然而,海洋底部的地形是千变万化的,有低洼处即海沟(最深处有11 km),也有隆起处即海脊和海山,可能会比海盆处高出2.5 km。

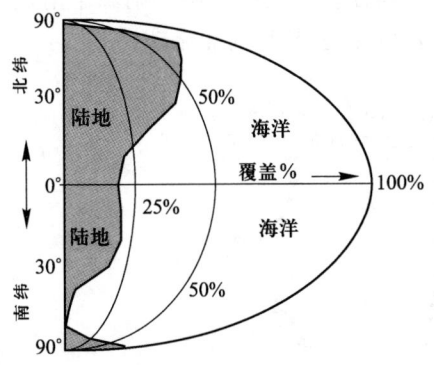
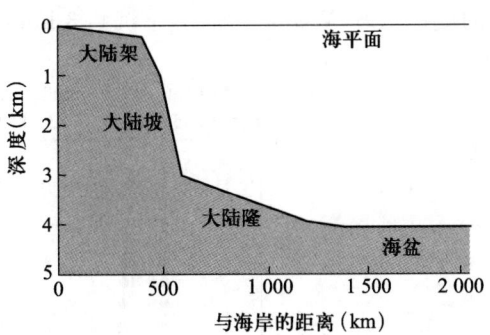

图3.2　陆地和海洋的覆盖度与纬度的关系。对整个地球来说,大约70%的地球表面是由海洋覆盖的,其中南半球海洋的面积是北半球的两倍左右。(来源:Garrels, R. M., F. T. Mackenzie, and C. Hunt, *Chemical Cycles and the Global Environment*, William Kaufman, Los Altos, California, 1975.)

图3.3　大陆边缘代表海盆和大陆之间的过渡区域,其中包括大陆架、大陆坡和大陆隆。

3.2.2　海洋的物理性质

　　海洋的温度是随深度而变化的,如图3.4所示,这表明海洋中存在三个不同的层。最上层一般是混合均匀的海洋表层,深度大约为50 m到200 m,在垂直方向上温度变化很小。在海洋表层下面,大约500 m到1000 m的深处,通常温度会急剧下降;这一区域被称为温跃层。最后,在温跃层之下是深层海洋,这里的温度随深度增加而缓慢下降,在接近海洋底部达到最小温度(约为2 ℃)。在我们对全球生物地球化学循环的研究中,大多数情况下,都可以对这种分类进行简化:把温跃层和深层海洋看成一个储库,为了简便,我们称之为深层海洋。

　　我们可以认为,海洋环流包括两个部分。表层海洋的环流在很大程度上是由风驱动的,其运动方向主要是在水平方向上。由于地球自转(即Coriolis效应)的影响,这一环流在北半球主要表现为大范围的顺时针涡旋,在南半球则表现为逆时针涡旋。在深层海洋,环流既有水平方向的,也有垂直方向的;其驱动力是深层海洋内不同水体密度的变化。由于海水的密度是由温度和盐度决定的,所以深层海洋的环流也被称为温盐环流(thermohaline circulation)。现已发现,在深层海洋中存在两种重要的水体:一种为北大西洋深层水(North Atlantic Deep Water),另一种为南极底层水(Antarctic Bottom Water)。北大西洋深层水源于格陵兰岛附近北大西洋冬季冷却的表层盐水,这些盐水下沉到约 1.5 km 到 4 km 的深处并且向南流到南大西洋。而南极底层水则源于南极的威德尔海(Weddell Sea),下沉到 3 km 或者更深处,然后向北流动。

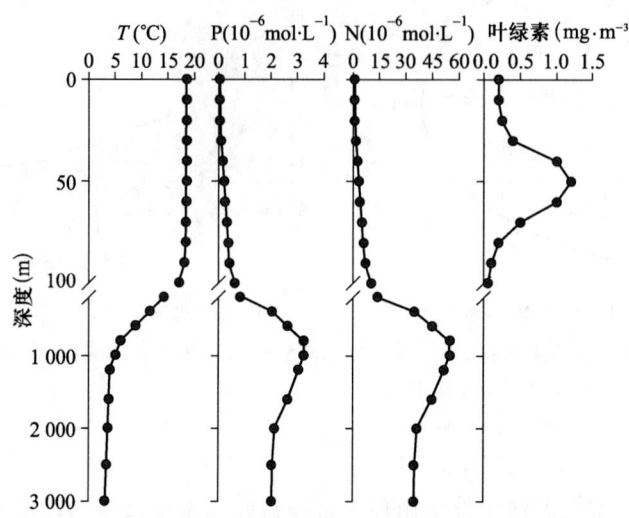

图 3.4 海洋温度、溶解态无机氮(N)和磷(P)以及叶绿素(光合浮游植物存在的一种指示)的典型垂直分布。注意,将海洋分为混合均匀的表层海洋(温度相对稳定、光合作用水平高、营养元素浓度低)、深层海洋(温度较低、无光合作用、营养元素浓度高)以及在表层海洋与深层海洋之间的过渡区域(也称温跃层。随着深度的增加,温度迅速下降)。从图中可以看出,温跃层是在约 100 m 到 800 m 的深度之间。透光层内有足够的太阳光,可以支持光合作用。透光层的最大深度可达 50 m,是叶绿素浓度最高值出现的深度。一般来讲,温跃层和透光层的深度都随季节、纬度、大气条件、海洋湍流和混浊度的变化而变化。

3.2.3 海洋化学

从化学角度来看,海水是一种盐水溶液,平均含盐量占总质量的 3.5%。海洋的盐度主要来源于氯离子(Cl^-)盐,其次来源于硫酸(SO_4^{2-})盐,而主要的阳离子按含量顺序依次为钠离子(Na^+)、镁离子(Mg^{2+})、钙离子(Ca^{2+})和钾离子(K^+)。因此,如图 3.1 所示,海洋中的主要元素是构成水的氢(H)和氧(O),还有氯(Cl)、钠(Na)、镁(Mg)、硫(S)、钙(Ca)和钾(K)。

除了这些主要元素外,海洋中还包括大量含量可变的痕量元素。其中,我们最感兴趣的痕量元素是所谓的"营养元素"。这些营养元素包括碳(C)、氮

(N)、磷(P),同时还有硅(Si)和铁(Fe)等。海洋中的浮游植物,即自由漂浮的、微观的绿色植物在进行光合作用时都需要营养元素。由于浮游植物处于海洋生物链的最底层,这些生物产生的有机物最终为海洋中的其他生物提供食物。正是这个原因,营养元素在海洋中的分布,对于海洋的生物化学来说,是至关重要的。

因为光合作用需要营养元素,所以这些营养元素在海洋中的分布在很大程度上受到生物过程的影响。比如,图3.4所示的N、P和叶绿素(浮游植物含量的一种量度)的垂直分布。叶绿素与营养元素(N和P)之间存在很明显的负相关性。这一特征是非常典型的并且与海洋中浮游植物的生死平衡有关。因为光合作用需要阳光而阳光又在海水中衰减很快,所以浮游植物的光合作用仅局限于海洋上层50 m到100 m的深度,也就是透光层。因为浮游植物必须进行光合作用才能生存,所以它们只能生活在透光层内。不幸的是,对于浮游植物而言,它们的密度大于海水的密度,有下沉的趋势,因此虽然浮游植物有很好的适应能力,但是它们最终还是会沉到透光层以下并且死亡。所以,海洋表层含有相对丰富的浮游植物(及其产生的叶绿素),而在深层海洋却非常稀少。由于浮游植物在光合作用中消耗营养元素,所以在表层海洋中这些元素的浓度相对较低。营养元素浓度最高值一般出现在深层海洋的上半部分(如图3.4所示,大约800~1 000 m)。在这里,死亡的和下沉的有机物发生分解,也就是矿化。最初形成有机物的营养元素,此时通过有机物分解再次回到深层海洋。这个过程,导致营养元素在海洋中发生循环。这些营养元素最终参与浮游植物的光合作用,因此可能构成了海洋中的所有生命(见图3.5和专栏3.2)。

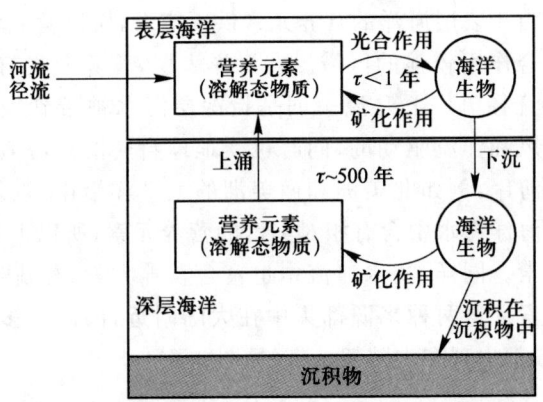

图3.5 海洋营养元素循环。方形和圆形代表营养元素的储库,箭头代表营养元素从一个储库流向另一个储库的流量,"τ"表示营养元素完成整个循环的大概时间尺度。注意,海洋营养元素循环实际上包括两个子循环:时间尺度相对较短的表层海洋子循环和时间尺度较长的表层海洋与深层海洋之间的循环(见专栏3.2)。

> **专栏 3.2　海洋营养元素循环**
>
> 在光合作用中,海洋表层的浮游植物消耗营养元素的速度很快。实际上,如果浮游植物合成的有机物质可以永久地以这种方式储存下去,那么在不到一年的时间里,海洋表面的营养物质就会被消耗殆尽,再也不会发生光合作用,海洋也就会死亡。当然这种情况不会发生,因为还有呼吸和分解过程。呼吸和分解过程使营养物质从有机物中矿化出来,并以溶解的形式返回到海水中,因而可以参与下一次的光合作用(见图 3.5)。光合作用产生的有机物中,大约 90% 会在表层海洋发生矿化;而营养元素一旦回到表层海洋,就会立刻被再次利用,参与新的光合作用。但是,部分有机物没有在表层海洋矿化,而是沉入深层海洋。这部分有机物在深层海洋矿化分解出营养元素,但是营养元素在这里并不能参与光合作用。海水上涌将营养物质从深层海洋带回到表层海洋的特征时间相当长,在 1 000 年数量级上。有一点值得注意,海洋营养元素循环是一个"开放循环"(定义见第 1 章),也就是说,流入流出表层海洋和深层海洋的营养物质流量不是零。光合作用中浮游植物吸收的营养元素中,约 0.1% 既没有在表层海洋中矿化,也没有在深层海洋中矿化,而是被沉积在海底的沉积物中。因此,营养元素发生了流失。这些流失的营养元素与河流径流输入的营养元素,以及大气沉降输入的营养元素大体上是平衡的。

虽然生物过程会影响营养元素的分布,但是营养元素的分布反过来也可以影响生物过程。由于表层海洋的营养元素供不应求,所以营养元素供应相对充足的区域也是光合作用较强的区域。在海洋表层,营养元素有两个主要来源:海洋上升流和河流径流。上升流一词是指深层海水被带到表层,即上升的过程。上升流是由风和洋流驱动的,同时也受地球自转的离心效应影响,多发生在全球海洋的东海岸,例如北美洲和南美洲的太平洋沿岸,以及非洲的大西洋沿岸。由于深层海洋海水中含有相对丰富的营养元素,所以上升流可以为表层海洋提供营养元素。同样,淡水河流中也富含营养元素,径流流入海洋也可以为其提供营养元素。这两种来源都集中在大陆附近,因此大多数海洋(光合作用)高产区域一般都出现在大陆架一带(见图 3.6)。

3.2.4　海洋年龄——一个悖论?

在结束水圈的讨论之前,我们来看一个悖论。海洋占地球表面积的 70% 左右,其平均深度约为 4 000 m。根据这些数据和地球的表面积(5×10^{14} m^2),我们可以估算得到海洋的体积约为 1.4×10^{18} m^3。由于来自河水和雨水的补给与

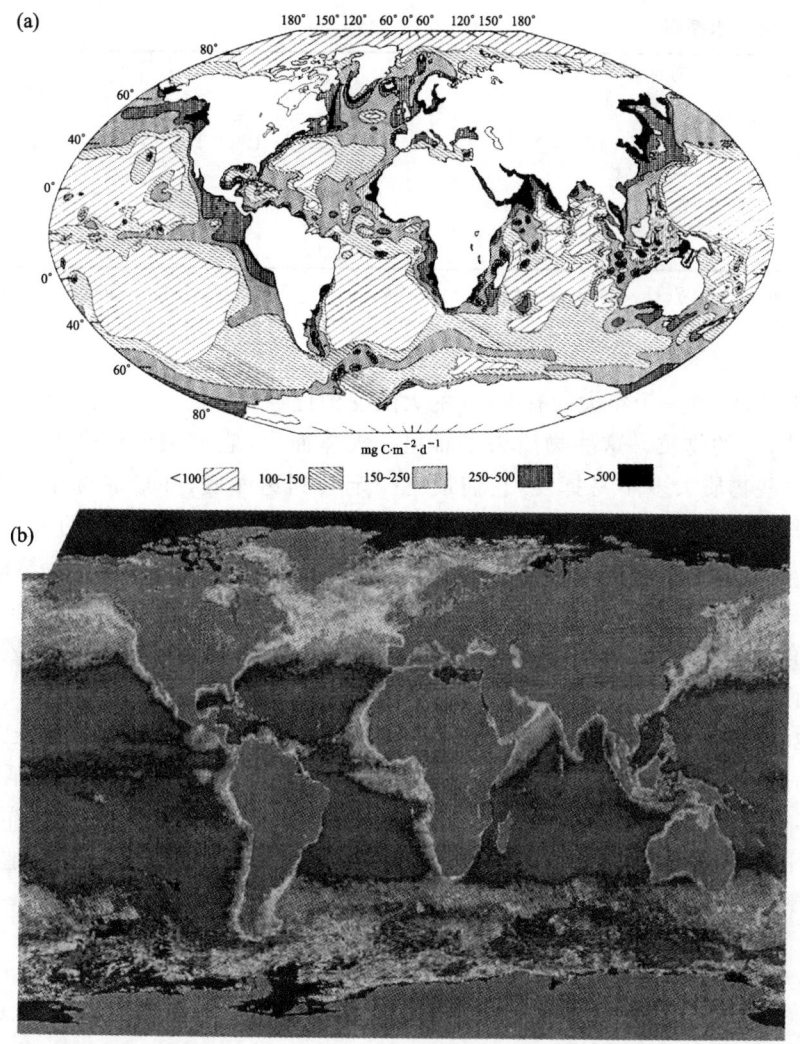

图 3.6 海洋生产力分布的两张图。图(a)全球海洋初级生产力的分布。是俄罗斯科学家 Koblentz-Mishke 及其同事于 20 世纪 60 年代由实地观测结果绘制的。此处该图经过 Degens and Mopper 的修改(*Chemical Oceanography*, J. P. Riley and R. Chester(eds.), 2nd edition, 6, Academic Press, New York, 60-113, 1976.),并由 K. Mopper 提供。图(b)由海洋颜色实验(the Ocean Color Experiment)推测出的海洋生产力分布,这是一种利用遥感技术进行的太空试验。图中亮的区域为生产力相对较高的地区,暗的地方为生产力较低的地区。该图由美国国家航空航天局(NASA)提供。

海水的蒸发大体是平衡的(见表 3.2),因此海水的体积基本保持不变。但是,河流不仅可以给海洋带来水,还会带来其他物质。这些物质来自于大陆,是构成大陆的土壤和岩石经过侵蚀即风化产生的。前面已经提到,河水中的一些物质是溶解态的营养物质,而另一些物质是不溶于水的颗粒物,如黏土和淤泥。

表 3.2　海洋水循环

海洋水储库	1.4×10^{18} m^3
海洋水来源	
河流径流	4.0×10^{13} m$^3 \cdot$年$^{-1}$
降水	3.9×10^{14} m$^3 \cdot$年$^{-1}$
海洋水流失	
蒸发	4.3×10^{14} m$^3 \cdot$年$^{-1}$

来源：Schlesinger, W. H., *Biogeochemistry—An Analysis of Global Change*, Academic Press, New York, 1991.

据估计，每一千年大约有 6 cm 的大陆受到侵蚀，这相当于每年大陆损失大约 10^{10} m^3 的物质。这些物质去了哪里？大体而言，它们被河流带入了海洋。由于这些物质大多不易挥发，它们最终一定会到达海底，并形成海洋沉积物。但是我们刚刚估计了海洋体积仅为 1.4×10^{18} m^3。每年有 10^{10} m^3 的大陆物质倾入海洋，那么大约 1 亿 4 千万年整个海洋就将被泥土和岩石填满。然而，海洋显然并没有被泥土和岩石填满，这就暗示着海洋的年龄应小于 1 亿 4 千万年。有意思的是，对海洋底部沉积物进行测量，得出其年龄大约为 1 亿年到 2 亿年之间。这些沉积物中最老的估计在 1.5 亿年左右。现在就出现了一个问题：地球的年龄大约有 46 亿年，而地质学证据显示海洋在 37 亿年前就已经出现了；而且我们已经发现了 5 亿年到 6 亿年前的贝类化石。这些互相矛盾的证据中，一些证据支持海洋年龄小于 1 亿 4 千万年，另一些证据则支持海洋年龄为几十亿年，我们怎么来解释这些矛盾呢？我们可以在岩石圈和板块构造中找到答案。

3.3　岩　石　圈

前面我们讨论到，地球绝大部分的质量集中在固体地球，固体地球分为 3 层：地核、地幔及大陆与海洋地壳（见表 3.1）。地球的固体内核主要由铁（Fe）构成，镍（Ni）占 10%～20%。地球的液态外核中含硫（S）约 10%，还有少量的硅（Si）和钾（K）。地幔是由铁镁硅酸盐混合物（称为"橄榄石"）构成的。与地核和地幔相反，地壳是具有不同化学组成的、不同种类的岩石混合物。但是，一般来讲可以认为，与地幔相比，地壳中富含硅（Si）和铝（Al），而铁（Fe）和镁（Mg）的含量较低，大陆地壳比海洋地壳更明显。（地质学家用"硅铝质"来表示地壳类富含硅铝的物质，用"铁镁质"来表示地幔类富含铁镁的物质。）如前所述，岩石圈包括地壳和地幔上层，包含了固体地球的外层 100 km 的范围。把地壳和地幔合并为同一圈层，有助于我们在 3.3.2 节中讨论板块构造理论。现在我们先简要回顾一下组成地壳的岩石和矿物质的种类。

3.3.1 地壳中的岩石和矿物质

由于岩石圈中地壳部分与生物地球化学系统中的其他圈层直接发生相互作用,因此人们对它尤为感兴趣。如上所述,地壳是不同种类岩石的混合物。而岩石则是不同矿物质的混合物。矿物质是晶体状的物质,具有特定的化学组成。地质学家往往根据岩石的形成过程将岩石进行分类,即火成岩、沉积岩和变质岩(见表 3.3)。

火成岩是由熔融的岩浆结晶形成的。当熔融的岩浆到达地球表面时(即成为岩浆流),形成的岩石为喷出式火成岩。相反,如果岩浆在地球表面以下结晶,则称为侵入式火成岩。喷出式火成岩一般源自于上地幔的岩浆,因此相对来说富含铁(Fe)和镁(Mg)。镁铁含量最丰富的火成岩是玄武岩,通常出现在海底。另一方面,侵入岩则源于地壳形成的岩浆,因而含有丰富的硅(Si)和铝(Al)。花岗岩就是一种常见的侵入式火成岩。

沉积岩是物质沉积和(或)沉淀后再经过压缩形成的。沉积岩有三种类型:碎屑沉积岩是由固体物质的沉积形成的,包括由泥浆形成的页岩和由沙子形成的砂岩。生物沉积岩是由死亡的有机物质形成的,包括由贝壳和珊瑚礁形成的石灰石和由硅藻和放射虫形成的黑硅石。最后,蒸发岩是由海水中的盐分经过物理沉淀形成的,其主要原因是浅海的蒸发。石膏($CaSO_4 \cdot 2H_2O$)、无水石膏($CaSO_4$)、岩盐($NaCl$)和方解石($CaCO_3$)都属于蒸发岩。

当外界条件处于地表条件与可引起岩浆熔融并最终产生火成岩的高温高压之间时,变质岩会发生一定程度的化学转化。这类岩石包括由页岩演变而来的板岩和由石灰石演变而来的大理石。

表 3.3 地壳的岩石

类型	例子
	火成岩
喷出式	玄武岩(即镁铁质)
侵入式	花岗岩(即硅铝质)
	沉积岩
碎屑	页岩(源自泥浆),砂岩(源自沙子)
生物	石灰石(源自贝壳、珊瑚礁),黑硅石(源自硅藻)
蒸发	石膏($CaSO_4 \cdot 2H_2O$)、无水石膏($CaSO_4$)、岩盐($NaCl$)和方解石($CaCO_3$)
	变质岩
	板岩(源自页岩)
	大理石(源自石灰石)

3.3.2 板块构造学说

板块构造理论描述的是地球大陆和海洋持续移动和重新排列的机制。该理论的发展和验证无疑是20世纪地球科学最重要的进步之一。然而,20世纪萌发的板块构造学说实际上依据的是前人长期以来所奠定的智力基础。对大陆漂移的推测早在20世纪前的许多协议和手稿中就已出现,其中包括17世纪哲学家Sir Francis Bacon的手稿。但正式提出了大陆漂移假说的是Alfred Wegener。他在1915年出版的《大陆与海洋的起源》一书中提出,现在的大陆曾经是连在一起的超级大陆(他称之为"盘古大陆"),这块大陆在大约2亿年前分裂成几个较小的大陆,并且彼此分离。虽然Wegener的假说是以大量的地质学、古生物学和气候学的数据为基础,但是却缺少能够解释大陆漂移可行的物理机制。也许就是因为这个原因,或者是因为他的假说和当时的地质学教条相对立,他的假说并未被他的同行所普遍接受。

到20世纪60年代末和70年代初,人们对Wegener理论的看法发生了根本的改变。通过古地磁测量和海洋学研究收集到的新数据,证明海底并不是一成不变的或静态的,而是由大洋中脊向外扩展的。这种现象称为"海底扩张"。海底扩张的发现,以及越来越多支持Wegener大陆漂移说的数据,最终迫使地球科学界接受了一个新的固体地球模型,这一模型甚至比Wegener的大陆漂移说更加具有创新性。这个模型就是大陆板块漂移模型。

在板块构造理论中,地球的外壳即岩石圈是由大约20个独立的刚性板块构成的,这些刚性板块在地球内部地热所驱动的对流作用下沿着地球表面独立移动。岩石圈板块下方为弹性更大的或液态的地幔,这部分地幔称为"岩流圈",它为板块提供了有助于移动的一个足够"湿滑的"界面。

地球物理学测量结果显示,板块的移动速度为每年数厘米,有时可能达到 $10\ cm\cdot 年^{-1}$。虽然每年数厘米的移动速度对于大块陆地来说似乎是很小的变化,但是在地质时间尺度上,这种缓慢而连续的板块运动会带来构造的隆起剧变,并最终决定地球的地貌形态(见图 3.7)。大部分剧烈的隆起表现为两个板块相向运动并沿着辐合板块边界相撞时产生的地震和火山。其中一个板块俯冲到另一个板块的下方,从而形成岩浆、火山活动以及造山运动。

当两个板块沿着分离型板块边界远离彼此时,会在表面形成低洼地势,成为海盆。在海盆的中心,沿着两个分离板块的边界,是大洋中脊。这些洋中脊一般宽约 200 km,高 1~2.5 km。在洋中脊的中心有一个裂隙区域,在这里新的岩浆从下面的地幔涌上来填充因板块后退而留下的空间。岩浆冷却硬化成为玄武岩,接上后退的板块并在板块边缘形成新的海底(或海洋地壳)。板块之间距离的不断加大使新生海底也渐渐远离洋中脊,这种现象称为"海底扩张"。随着海底的扩张,海水中沉积的碎屑物和沉淀的矿物质不断累积。海底距离洋中脊越远,年龄就越老,因此沉积的物质层也就越深。最终,形成于大洋中脊的海底,以及海底上累积的沉积物,会到达板块的另一端,继续移动会导致其与另一个板块相撞。在此处,板块向下俯冲,并在造山运动过程中会被带回到地球表面。最终的结果就是形成岩石循环,从而确保了营养元素能够持续供应生物圈(见专栏 3.3)。

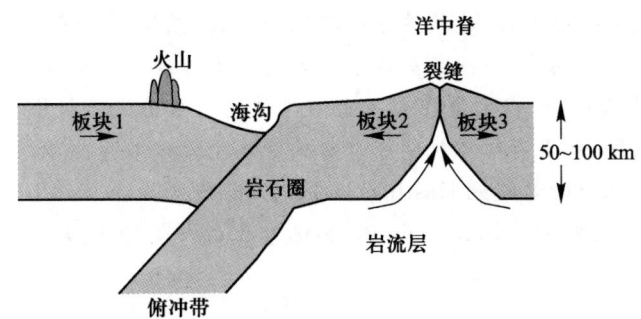

图 3.7 岩石圈板块的分离和聚合形成洋脊和海沟。沿着大洋中脊的板块分离形成新的海洋地壳并导致海底扩张。而两个板块的聚合则形成海沟,其中一个板块沉入另一个板块的下方,并产生板块构造运动。由于板块聚合所形成的地貌取决于聚合板块边界的类型。在大陆-海洋板块边界,形成的火山分布在大陆板块;在海洋-海洋板块边界,形成火山岛弧;在大陆-大陆板块边界,在新结合的大陆内部形成山脉。(来源:Walker, J. C. G., *Evolution of the Atmosphere*, Macmillan, New York, 1977.)

板块运动理论的魅力在于它解释了有关地球从前无法解释的大量科学难题。比如,我们可以解决 3.2 节中海洋年龄及其命运的悖论。如果按照前述大陆向海洋输送物质的速率,那么我们估计在大约 1.4 亿年的时间内海洋将被淤泥和沉积物填满。但是,通过板块运动理论,我们可以知道海洋并没有被填满,这是因为海底及累积的沉积物不断地被再循环并返回到大陆。同样,该理论也可以解释海底年龄约为 1 亿～2 亿年,而海洋的年龄却为几十亿年。这看似矛盾,而实际上并不是。由于海底扩张和海底再循环,我们可以想象海底及累积的沉积物质要比海洋本身年轻得多。

专栏 3.3 岩石循环:全球生物地球化学系统的最终链接

在 3.2 节中讨论的营养元素循环提供了一种机制,这种机制可有效地回收光合作用中表层海洋损失的营养元素,并使其被生物圈重复利用。然而,营养元素的循环并不是十分完全的,有一小部分(大约 0.1%)的营养元素在每一次的循环中损失掉并以沉积物的形式沉入海底。这种营养元素的损失虽然很少，但是如果持续下去，会不可避免地失去海洋中所有的营养元素，也就使海洋光合作用变得不可能。幸运的是，对于地球上的生物来说，板块运动产生岩石循环，这一循环使系统能够持续运行。如图 3.8 所示，板块的运动又使在海底形成的沉积岩连带着营养元素一起回到地球表面。一旦裸露在地表，风化和侵蚀会使营养元素矿化，从而能再一次参与植物的光合作用。具有戏剧性的是，板块构造这个非生命过程，最终保证了地球上生物圈的正常运行。事实上，一些行星学家认为火星上曾经存在生命，但是因为缺少板块构造活动，所以生命在火星上不能持续。如果没有板块构造活动和岩石循环，行星就没有循环机制可以回收营养元素以维持生命所需。（有关该主题一个很好的评论见 Kasting, J. F., O. B. Toon, and J. B. Pollack 于 1988 年 2 月发表在 *Scientific American* 上的一篇论文。）

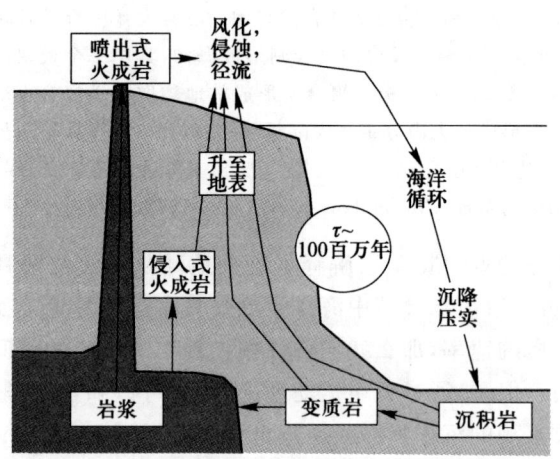

图 3.8　岩石循环。方块代表岩石圈中不同种类的岩石，箭头代表物质从一种类型的岩石流向另外一种类型。通过板块构造活动，岩石循环使由于海洋沉淀所损失的营养物质又回到地球表面，经过风化后可为生物圈利用。岩石循环的时间尺度为 1 亿年数量级（见专栏 3.3）。

3.4　大　气　圈

虽然大气的质量不到地球质量的百万分之一（见表 3.1），但是它在生物地球化学循环中起着非常重要的作用。因为大气圈是气态的，而且大气通过风雨等天气现象发生快速混合，所以这也为物质在不同地点间的输送提供了介质。

另外,我们下面会谈到,大气圈还是与生物圈发生相互作用的一个独特的化学环境。

3.4.1 大气的组成

大气中,大约99%的质量是由两种物质构成的:氮气(N_2)和氧气(O_2)。除了这两种物质,大气中还包含水蒸气(H_2O)、氩(Ar)、二氧化碳(CO_2),同时也含有大量的痕量物质(气体和颗粒物),浓度水平大约在百万分之几(几个ppm[①])或更低(见图3.9和表3.4)。虽然其浓度很低,但是由于这些痕量物质可对气候、紫外太阳辐射和空气质量产生影响,因此受到普遍关注。

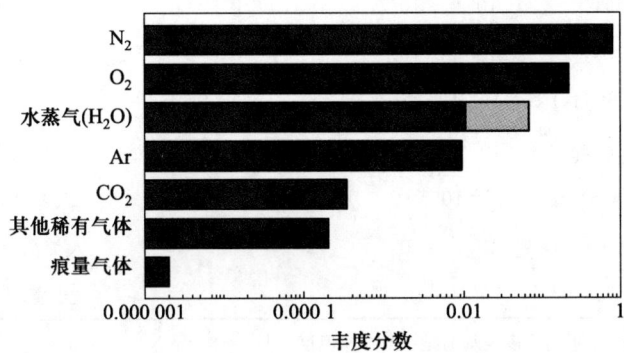

图3.9 大气中主要气体的相对浓度(体积)或摩尔比。阴影部分表示水蒸气(H_2O)的浓度是可变的,地表的浓度一般从1%到5%。大气中的痕量气体是浓度等于或低于1 ppm(即在100万mol的气体中,有1 mol的这种气体)的气体。表3.4列出了大气中一些重要的痕量气体。

表3.4 大气中含C、H、N、O、P和S的重要痕量物质

物种	浓度(摩尔分数)	热力学平衡浓度 (摩尔分数)[②]	主要来源
甲烷(CH_4)	1.6×10^{-6}	10^{-145}	生物
一氧化碳(CO)	$(0.5 \sim 2) \times 10^{-7}$	6×10^{-49}	光化学,人类活动
臭氧(O_3)	$10^{-8} \sim 10^{-6}$	3×10^{-30}	光化学
活性氮(NO_y)	$10^{-11} \sim 10^{-6}$	10^{-9}	生物,闪电,人类活动
氨(NH_3)	$10^{-11} \sim 10^{-9}$	2×10^{-60}	生物
颗粒物硝酸盐(NO_3^-)	$10^{-12} \sim 10^{-8}$		光化学,人类活动
颗粒物铵盐(NH_4^+)	$10^{-11} \sim 10^{-8}$		光化学,人类活动

---

① 1 ppm=1×10^{-6}。

续表

物种	浓度(摩尔分数)	热力学平衡浓度(摩尔分数)[a]	主要来源
氧化亚氮(N_2O)	3×10^{-7}	2×10^{-19}	生物,人类活动
氢气(H_2)	5×10^{-7}	2×10^{-42}	生物,光化学
羟基(OH)	$10^{-13} \sim 10^{-11}$	5×10^{-28}	光化学
过氧羟基(HO_2)	$10^{-13} \sim 10^{-11}$	4×10^{-28}	光化学
过氧化氢(H_2O_2)	$10^{-10} \sim 10^{-8}$	1×10^{-24}	光化学
甲醛(H_2CO)	$10^{-10} \sim 10^{-9}$	9×10^{-96}	光化学
二氧化硫(SO_2)	$10^{-11} \sim 10^{-9}$	0	人类活动,火山活动,光化学
二甲基硫(CH_3SCH_3)	$10^{-11} \sim 10^{-10}$	0	生物
二硫化碳(CS_2)	$10^{-11} \sim 10^{-10}$	0	人类活动,生物
氧硫化碳(OCS)	10^{-10}	0	人类活动,生物
颗粒物硫酸盐(SO_4^{2-})	$10^{-11} \sim 10^{-8}$	—	人类活动,光化学
颗粒物磷酸盐(PO_4^{3-})[b]	$10^{-12} \sim 10^{-10}$	—	土壤,人类活动

[a] 气态物质的热力学平衡浓度表示的是在 298 K 温度下与 0.78 atm N_2、0.21 atm O_2、0.01 atm H_2O 和 3.3×10^{-4} atm CO_2 的混合物达到平衡的浓度。

[b] 大气中含磷痕量气体的浓度可以忽略。

来源:Chameides, W. L., and D. D. Davis, Chemistry in the troposphere, *Chemical and Engineering News*, 60, 38-53, 1982.

从大气的化学组成,我们可以了解许多关于其起源以及与地球系统中其他圈层相互作用的信息。比如,惰性气体或稀有气体(氦(He)、氖(Ne)、氩(Ar)、氪(Kr)、氙(Xe)、氡(Rn))的浓度。除了 Ar 以外(见专栏 3.4),其余气体的浓度都很低。实际上,根据这些气体在太阳系中的相对丰度,并且地球被认为是由同样的物质生成的,人们期望地球大气中这些气体的浓度远高于实际的浓度。由于在地球成长的过程中,惰性气体不会大量存在于固体地球内部,因此在行星最初形成时,这些元素就应该存在于初始大气中。今天大气中惰性气体的低浓度表明,在地球早期历史上,这些惰性气体连同原始大气的其他组分被从地球剥离,可能是强太阳风造成的,也可能是当时陨星大撞击的结果。

如果这是事实,那么我们今天的大气又是从何而来的? 答案是板块构造和岩石循环。构成如今大气的元素一定来自地球内部,也就是说,气体是从火山或其他排气孔喷发出来的。岩石圈挥发性物质的排出同时也向大气中释放一部分水,这些水最终会冷凝成为地球的海洋。当然,构成大气和海洋的元素并不是静止地停留在这些圈层里,而是像营养元素一样,在岩石循环中不断地流动,从大气圈和水圈到岩石圈,然后再回到大气圈和水圈。

除了岩石循环的作用外,大气化学显示生命对环境有深远的影响。在太阳系所有行星中,地球是唯一一个具有大量自由 O_2 的星球。在火星和金星的大气中,氧(O)原子几乎都是以 CO_2 的形式存在而不是 O_2。当然,我们在第1章已经讨论过,地球大气的这种独特且非常重要的性质是绿色植物光合作用的直接结果。除了 O_2 之外,如今大气中许多痕量气体的存在也是源于地球上的生物过程(见表3.4)。

3.4.2 大气的物理性质

气体的物理性质可以由三个状态变量来表征:密度(ρ)、温度(T)和气压(p)。密度是单位体积气体的质量(单位:$g \cdot cm^{-3}$)。温度是每个气体分子所含随机动能的量度,一般以开尔文(K)为单位。在海平面,0 K 是绝对零度,273 K 是冰的熔点,373 K 是水的沸点。压强是作用于单位面积上的压力。压力是由气体分子的无规则运动所导致的大量碰撞产生的。我们在此用大气压(atm)[①]的单位来定量表示压强。(从第2章我们知道,气体压强为 1 atm 时,其活度为1。)一个大气压等于 1.013×10^6 $dyne \cdot cm^{-2}$(达因/平方厘米),是地球大气在海平面的平均压强。

专栏 3.4　氩:一种"不那么稀有"的稀有气体

氩(Ar),与出现在化学元素周期表最右边的其他元素一样,没有反应活性,在自然界中几乎总是以单原子的形式存在。这些元素的稳定性源于其电子结构特征。因为外层被电子填满,这些稀有气体没有得电子、失电子或者与其他元素共享电子的趋势,其化学性质很稳定,所以这些气体也被称为"惰性气体"。地球上惰性气体含量极低,因此也被称为"稀有气体"。氩气却是一个值得注意的例外。如图3.9所示,大气中氩气的含量排第四,浓度接近1%。你是否能够解释氩气为什么并不稀有吗?提示:这与地壳中的放射性同位素(^{40}K)有关。

这三个变量之间的关系由理想气体状态方程来决定

$$p = \rho \frac{R^*}{m_{atm}} T = \rho R_{atm} T \tag{3.1}$$

式中,$R^* = 8.314 \times 10^7$ $erg \cdot K^{-1} \cdot mol^{-1} = 0.082$ $atm \cdot K^{-1} \cdot (mol \cdot L^{-1})^{-1}$ 是普适

[①] 1 atm = 1.01325×10^5 Pa。

气体常数，$m_{atm} = 28.96$ g·mol^{-1}是大气分子量的平均值，$R_{atm} = R^*/m_{atm} = 2.87 \times 10^6$ cm^2·s^{-2}·K^{-1}是大气的气体常数。

大气科学家利用大气中的垂直温度分布图将大气层分为四层：对流层、平流层、中间层和热层。如图3.10所示，这些层的温度递减率Γ是正负交替的。温度递减率是指垂直温度梯度的相反数，即

$$\Gamma = -\frac{dT}{dz} \tag{3.2}$$

式中，z为高度。大气中温度最高的三个区域都是太阳光子被优先吸收并转化为热能的高度。在热层，被吸收的光子主要为真空紫外波段。在平流层，被吸收的光子大多在紫外波段。而在近地表，被吸收的是太阳光中的可见光。还要注意的一点是，"层顶"用来标注各层之间的边界。因此，对流层顶是对流层与平流层的边界，平流层顶是平流层和中间层的边界，中间层顶是中间层和热层的边界。

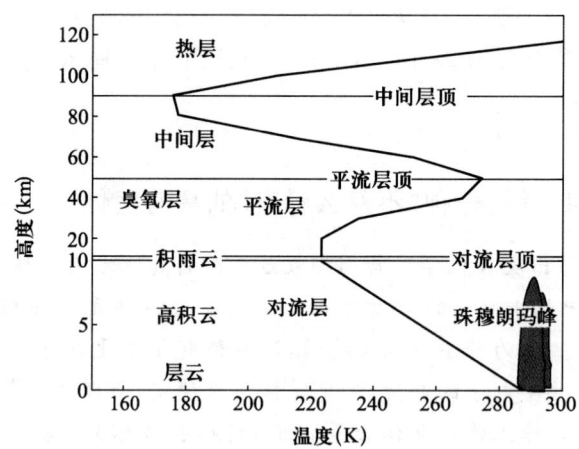

图3.10 地球大气温度随高度的垂直平均分布图。

大气中压力和密度的垂直分布可以通过下面的推导得出。假设一个气团的长、宽、高分别为δx、δy、δz（见图3.11），我们来看该气团所受的向上和向下的压力。如果气团的体积非常小，我们就可以假设其密度ρ为一个常数，那么其质量为$\rho \delta x \delta y \delta z$。向下的压力有两个：(1) 气团本身的重力，(2) 气团上方气体的压力。重力等于气团的质量乘以重力加速度g。压力为气团上方的压强（即$p(z+\delta z)$）乘以面积$\delta x \delta y$。这样，向下的总力为

$$F\downarrow = \rho g \delta x \delta y \delta z + p(z+\delta z) \delta x \delta y \tag{3.3}$$

在δz很小的情况下，$p(z+\Delta z)$可以通过泰勒(Taylor)展开式来估算

$$p(z+\delta z) \cong p(z) + \frac{\partial p(z)}{\partial z} \delta z \tag{3.4}$$

把式(3.4)代入式(3.3),得到

$$F\downarrow = \left(\rho g + \frac{\partial p(z)}{\partial z}\right)\delta x \delta y \delta z + p(z)\delta x \delta y \quad (3.5)$$

作用于该气团向上的力来自气团下方的"压力",因此

$$F\uparrow = p(z)\delta x \delta y \quad (3.6)$$

使向上和向下的力相等,得到

$$\frac{\partial p(z)}{\partial z} = -\rho g \quad (3.7)$$

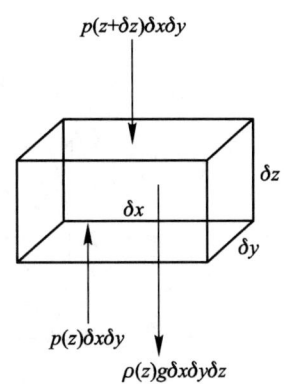

式(3.7)为众所周知的静力学方程,其含义是在平衡状态下,大气的压力是随高度的增加而下降的,下降的速率可以产生向上的净浮力,大小刚好抵消上方大气的重力。将式(3.1)和式(3.7)合并整理,可以得到大气压力定律,它描述了静力学大气中气压的垂直分布。对于恒温的大气(地球的大气可以近似地认为是恒温的),整理后得出

$$p(z) = p(0)\exp\left(\frac{-zg}{R_{\text{atm}}T}\right) = p(0)\exp\left(-\frac{z}{H}\right) \quad (3.8)$$

图3.11 作用于假想气团的向上和向下的力。该气团的三维大小为 δx、δy、δz。向下的力包括重力和气团上方气体向下的压力。向上的力包括下方气体向上的"压"力。重力的大小为质量乘以重力加速度。由于气团的质量等于密度乘以体积,因此重力等于 $\rho g \delta x \delta y \delta z$。另一方面,压强是单位面积上的压力。所以,在此高度上作用于气团上的压力等于压强乘以表面积,即 $p\delta x \delta y$。

式中,$p(0)$ 是地表的气压,$H(=R_{\text{atm}}T/g)$ 为大气的标高,是大气压(和密度)下降到其地表水平的 $1/e$ 倍处的高度。对地球来说,H 约为 8.4 km。由此可以得出,地球大气质量的 2/3 是在对流层内。从式(3.7)和式(3.1)可以看出,任何静力学大气的总质量 M_{TOT} 可以由下式给出

$$M_{\text{TOT}} = \rho(0)HA_s \quad (3.9)$$

式中,A_s 为行星的表面积。从该式可以看出,大气标高就是大气被压缩到密度等于实际地表密度并且保持不变时所具有的高度。对地球来说,$A_s = 5 \times 10^{18}$ cm^2,$\rho(0) = 1.29$ g·cm^{-3},因此根据式(3.9)得出 $M_{\text{TOT}} = 5 \times 10^{21}$ g,与表3.1中的值相同。

3.4.3 大气风与湍流混合

图3.12为大气观测得到的风的平均结果或气候资料的示意图,也常被称

为大气环流。从该图我们可以看出,大气环流包括一系列的单元,单元中空气进行水平和垂直方向的循环,同时也伴随着空气东西向交替流动的风。

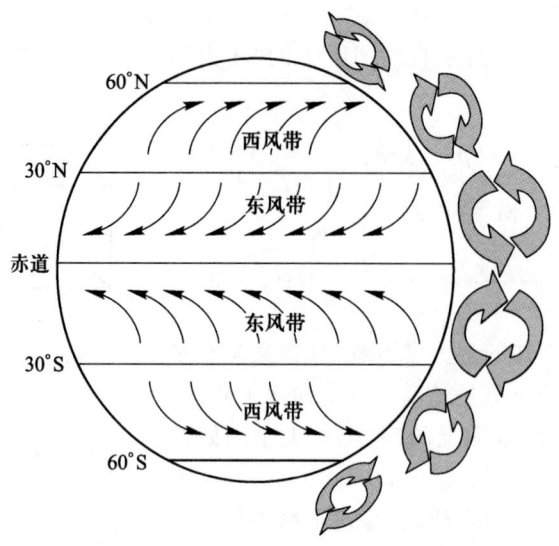

图 3.12 大气环流的理想化图。在热带,风的特点表现为热环流或 Hadley 环流,其中在赤道空气上升,在纬度 30°空气下沉,在地表为东风。在中纬度,表现为相反的环流或 Ferrel 环流,其中在纬度 30°空气下沉,在纬度 60°空气上升,在地表为西风。

虽然大气的平均环流能够通过图 3.12 估算,但是在任意时刻大气中的风与该图都是截然不同的。如果看到旗子飘扬,你就会发现风在短时间内是剧烈变化的。风的这种强变化性使大气成为一个湍流的环境,在这种环境中化学物质快速混合。这种混合的效果如图 3.13 所示,即 O_2 和 N_2 的浓度比值随高度的变化。因为 O_2 比 N_2 重,由于重力的影响我们可能会预计这一比值随高度增加而减小。但是,就像摇晃一瓶沙拉酱可以混合其中的醋和油一样,通过湍流混合的大气使 100 km 高度以下 O_2 和 N_2 的浓度比值基本保持不变。在 100 km 高度(湍流层顶)以上,大气湍流变得很弱而不能使大气混合均匀。因此,O_2 和 N_2 的浓度比值随高度上升而下降。

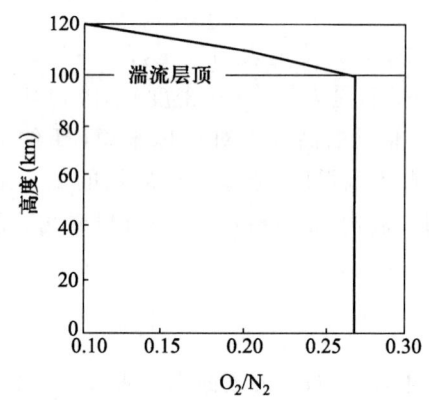

图 3.13 O_2 和 N_2 浓度比值随高度的变化。在湍流层顶,约 100 km 高度处,大气湍流变得很弱而不能使大气混合均匀。在湍流层顶以上,大气的组分开始在重力的作用下发生分离。100 km 高度以上,O_2 和 N_2 的浓度比值急剧下降证实它们发生了分离。

由于大气湍流混合的强度很强,大气的混合速度相当快。在每个半球内,大气混合需要 1~2 个月。南北半球之间的混合要相对慢一些,一般大约需要 1~2 年。与生物地球化学循环的其他大多数时间尺度相比,这些混合时间要短很多。所以在研究中人们常常把大气视作一种混合均匀的气体储库。

3.5 生 物 圈

与全球生物地球化学系统的其他三个圈层不同,生物圈并不是地球上有确定物理空间的圈层,而是地球上所有活着的和死亡的生物的集合。因此,生物圈的成分实际上存在于岩石圈和水圈[①]中,只有很少一部分存在于大气圈中。通常,生物圈的大小或范围采用地球上有机碳(C)的总质量来表示。据估计,生物圈现在含有 5×10^{18} g(或 5×10^6 Tg[②])的 C。其中大约有 20% 存在于活的生物体中,余下的 C 则存在于活的生物所产生的或者死亡生物分解所产生的有机化合物中。大多数"死亡的"生物物质都以腐殖质的形式存在,在环境中相对不易发生化学降解。在陆地上,生物圈中活着的 C 的停留时间大约为 10 年,而在海洋中只有 1~2 个月。相比之下,生物圈中死亡的 C 的停留时间为几年到几十年。

在生物圈中,有机 C 储库的大小及其变化率对化石燃料燃烧排放到大气中 CO_2 的结果具有重要的影响,因而对 CO_2 排放通过温室效应所产生的气候影响也很大。因此,生物圈是在增长还是萎缩,其增长或萎缩的速率是多少,是很多科学研究的主题。事实证明,通过研究 C 和 O 的全球生物地球化学循环(见第 6 章和第 9 章),我们可以找到这些问题的答案,至少可以找到一部分答案。

3.5.1 新陈代谢过程

活着的生物可以通过新陈代谢过程的存在与无生命的物质区别开来。新陈代谢过程是在生物体内发生的化学变化,这些化学变化可使其持续活动并生长。新陈代谢过程可以分成两大类:合成代谢与分解代谢。合成代谢,也称生物合成,是生物体内产生生命原生质的过程。分解代谢是分解有机物以获得能量来支持生物各项功能的过程。

生物体进行生物合成有两种方式:自养和异养。自养是从环境中的无机物

[①] 生物可以存在于地球系统的各种环境中。例如,科学家已经发现,海底以下 500 m 深处沉积物内就有细菌存活。(Parkes, R. J., et al., Deep bacterial biosphere in Pacific Ocean Sediments, *Nature*, 371, 410-413, 1994.)

[②] 1 Tg=1×10^{12} g。

质合成生命原生质,而异养是从环境中的其他有机物合成原生质(即消化自养生物生成的有机物)。生物合成的过程需要能量。利用太阳光作为能量来源的自养生物,如绿色植物,被称为光合自养生物。利用化学反应获得能量进行生物合成的自养生物,如许多细菌,被称为化学自养生物。几乎所有异养生物的能量都来自于新陈代谢反应(异化反应);因此,采用与自养生物相同的分类方法,我们将其归为化学异养生物。表3.5列出了这三种类型生物的一些例子及其用来进行新陈代谢过程的化学反应。注意,像所有进行呼吸的动物一样,我们人类也通过氧化有机物(例如,食物)以获得能量来合成原生质,因此属于化学异养生物。

表3.5 自然界中的新陈代谢过程

营养类型	例子	新陈代谢过程[a]	ΔG^0 (kJ·mol^{-1}C)[b]
(1) 化学自养生物[c]	甲烷细菌	$CO_2 + 4H_2 \longrightarrow CH_4 + 2H_2O$	-114
(2) 光合自养生物[d]	紫/绿细菌	$2CO_2 + H_2S + 2H_2O + h\nu \longrightarrow 2"CH_2O" + H_2SO_4$	+126
	绿色植物	$CO_2 + H_2O + h\nu \longrightarrow "CH_2O" + O_2$	+478
(3) 化学异养生物[e]	发酵菌	$2"CH_2O" \longrightarrow CO_2 + CH_4$	-70
	硫酸盐还原菌	$H_2SO_4 + 2"CH_2O" \longrightarrow 2CO_2 + H_2S + 2H_2O$	-126
	反硝化菌	$4HNO_3 + 5"CH_2O" \longrightarrow 2N_2 + 5CO_2 + 7H_2O$	-397
	需氧生物(呼吸生物)	$"CH_2O" + O_2 \longrightarrow CO_2 + H_2O$	-478

[a] 第3.5.2节谈到,"CH_2O"在化学计量方程式中用来表示葡萄糖。葡萄糖的化学式为$C_6H_{12}O_6$,因此从计量学方面讲,6个"CH_2O"分子等价于1个葡萄糖分子。涉及"CH_2O"反应的ΔG^0值实际上是在计算含有葡萄糖的等价反应的ΔG^0值后,再除以6得到的。
[b] 此处所列ΔG^0值表示反应中每摩尔C的自由能变化,是根据附录中的数据计算得到的。
[c] 化学自养生物和化学异养生物从新陈代谢过程中获取化学能,因此这些反应过程的$\Delta G^0 < 0$。
[d] 光合自养生物利用太阳能合成有机质。该过程不会自发进行,因此这些新陈代谢过程化学反应的$\Delta G^0 > 0$。
[e] 呼吸作用是化学异养生物在氧化有机质的过程中热力学最有利的新陈代谢途径。这很可能解释了在当今富氧生物圈中需氧生物占主导地位的原因。科学家们相信,在地球进化的早期阶段,大气中O_2的水平远低于现在或根本不存在,那时可能其他新陈代谢途径更加有效(见专栏3.5)。如今,这些化学异养生物大多局限于厌氧环境,在这些环境中需氧生物不能生存。

专栏 3.5　地球历史的缩略图

James Walker 在《大气的演变》一书中将地球上生命系统的演变和用来支持生命系统的生物地球化学循环的发展描述为一系列的机缘巧合,而这些巧合又是生物圈中某些关键营养元素缺乏所造成的。下面简要列出了这些发展阶段:

46 亿年前:
- 地球增长;
- 大气和海洋积聚;
- 地球内部的脱气导致 H_2 累积;
- 非生物过程(如闪电)导致有机 C(包括 CH_4)的累积。

40 亿年前:
- 生命起源;
- 厌氧发酵菌(如化学异养生物)对非生物产生的有机 C 进行新陈代谢;
- 有机 C 的供给量很少对生物圈起到限制作用。

35 亿年前:
- 化学自养过程的建立;
- CH_4 细菌摆脱了对非生物生成有机 C 的依赖,可以代谢 CO_2 和 H_2;
- 化学自养生物群落最终受到 H_2 供给的限制。

30 亿年前:
- 光合自养过程的建立;
- 利用太阳能,以非生物产生的 H_2S 为还原剂,紫/绿细菌可以合成有机 C,从而摆脱了对 H_2 的依赖;
- 光合细菌群落受到 H_2S 的限制。

27 亿年前:
- 硫酸盐还原细菌进化;
- 细菌利用 H_2SO_4 和紫/绿细菌生成的有机 C,重新生成 H_2S,因此建立一个完全的生物地球化学循环。

25 亿年前:
- 绿色植物进化;
- 由 H_2O 和 CO_2 生成有机 C 的光合作用,在能量利用方面比紫/绿细菌的新陈代谢更有效;

	• 光合作用产生 O_2，O_2 是一种强氧化剂，对厌氧菌构成威胁，如果其浓度很高将对所有生物构成威胁。
18 亿年前：	
	• 有氧呼吸进化；
	• 需氧生物利用 O_2 和绿色植物生产的有机 C，再次生成 CO_2，建立高效的生物地球化学循环。
现在：	
	• 人类的数量达到 60 亿；
	• 化石燃料利用和生物质毁坏导致大气中 CO_2 和其他温室气体急剧增加；
	• 合成卤代化学品对平流臭氧层构成严重威胁。
未来：	
	• ???

3.5.2 生物圈的组成

如表 3.6 和表 3.7 所示，组成生物圈的生物和有机废物是由复杂的有机聚合物（即由两个或多个简单有机分子合成的有机分子）混合构成的。这些有机聚合物包括碳水化合物（糖和淀粉），蛋白质和脂类，以及存在于地球木本陆地植物中的木质素。这些化合物又包含不同数量的 C、H、O 和 N（以及其他微量元素）。为了更好地表达全球生物地球化学循环中的生物过程，需要采用一个简单的化学式来代表生物圈内所有生物的平均组成。我们在前面的讨论中已经使用了"CH_2O"来表示生物的平均组成。其中隐含的假设就是生物圈中的有机物是由 C、H、O 三种元素组成的，它们的计量比是 1∶2∶1。

1∶2∶1 正好是葡萄糖（化学式 $C_6H_{12}O_6$）中 C∶H∶O 的比例。（注意，将 6 个"CH_2O"分子合并，可以得到计量学上等价的 $C_6H_{12}O_6$。）所以，如果用"CH_2O"来代表有机物，我们就相当于认为生物圈都是由葡萄糖组成的。实际上，我们有足够的理由认为生物圈在计量学上相当于葡萄糖。葡萄糖是自然界中发现的最简单的碳水化合物，而且是生物圈中聚合或者合成其他分子的结构单元。例如，葡萄糖是绿色植物光合作用最初合成的有机产物。在大多数的化学异养生物中，葡萄糖是消化过程的终端产物，在此过程中，可同化更复杂的碳水化合物。

表 3.6 不同有机物中不同化学成分的百分比(%)

化合物类型	生物			
	藻类	细菌	桡脚类动物	陆地植物
碳水化合物	30	40	2	45
蛋白质	40	50	75	5
脂类	5	10	15	1
木质素	0	0	0	20
矿物质(即无机物)	25	0	8	29

表 3.7 自然界有机聚合物中 C、H 和 N 的平均相对量

有机聚合物	元素比值		
	H:C	O:C	N:C
碳水化合物	1.67	0.83	0
蛋白质	1.54	0.38	0.27
脂类	2	0.1	0
木质素	1.1	0.37	0
油母岩质	0.99	0.1	0.02
煤炭	0.76	0.11	0
腐殖质	1.2	0.64	0.03
Redfield 生物量	2.48	1.04	0.15

尽管葡萄糖在自养生物和化学异养生物的新陈代谢过程中都扮演了重要角色,但是使用"CH_2O"来代表生物圈就会带来一些问题。最严重的问题就是,事实上构成生物圈的活的生物,不是只含有 C、H 和 O 元素,还包括其他营养元素,其中最主要的就是 N 和 P。要研究其他营养元素与生物圈之间的相互作用,我们需要对这些元素流入流出生物圈的速率定量化。此外,由于陆地生物与海洋生物在组成方面有根本性的差异,所以我们必须对陆地生物圈和海洋生物圈分别进行研究。下面我们先来了解海洋生物圈。

3.5.2.1 海洋生物

N 和 P 流入流出生物圈的速率可以从 C 流入流出生物圈的速率推测得到。对于海洋生物,要利用 Redfield 比值来推测。Redfield 比值是为纪念 Alfred Redfield 而命名的,在 20 世纪 50 年代后期到 20 世纪 60 年代早期,他首次测量了海洋浮游植物的相对元素组成,给出了海洋生物平均 C、N 和 P 的相对含量。

最初,Redfield 估计的 C∶N∶P 比值为 80∶15∶1,现在这个比值被认定为 106∶16∶1。

在表示海洋生物质的生成和分解时,总体新陈代谢机制中可以加入 Redfield 比值,具体方法是在表示新陈代谢过程的相关计量反应中包括适量的 NH_3 和 H_3PO_4。例如,我们最初用"CH_2O"表示有机物时,用下式来代表光合作用

$$CO_2 + H_2O + h\nu \longrightarrow CH_2O + O_2 \tag{R1.2}$$

用下式来代表有机质的呼吸和分解

$$CH_2O + O_2 \longrightarrow CO_2 + H_2O \tag{R1.3}$$

要包括 N 和 P,我们可以用下式来代表海洋的光合作用

$$106CO_2 + 106H_2O + 16NH_3 + H_3PO_4 + h\nu \longrightarrow$$
$$(CH_2O)_{106}(NH_3)_{16}(H_3PO_4) + 106O_2 \tag{R3.1}$$

或者

$$106CO_2 + 106H_2O + 16NH_3 + H_3PO_4 + h\nu \longrightarrow C_{106}H_{263}O_{110}N_{16}P + 106O_2$$
$$\tag{R3.1}$$

类似地,在呼吸过程中加入 N 和 P 则会产生(R3.1)的逆反应,即

$$C_{106}H_{263}O_{110}N_{16}P + 106O_2 \longrightarrow 106CO_2 + 106H_2O + 16NH_3 + H_3PO_4$$
$$\tag{R3.2}$$

在修正后的化学式里,$C_{106}H_{263}O_{110}N_{16}P$ 取代了 CH_2O 来表示海洋生物的平均分子。注意,在新的化学式中,虽然 C、N、P 的 Redfield 比值仍然是 106∶16∶1,但是 O 和 H 的含量较在 CH_2O 中更高,这是因为 H_3PO_4 和 NH_3 提供了额外的 O 和 H。

虽然 $C_{106}H_{263}O_{110}N_{16}P$ 能够更加全面地代表海洋生物,但是它也有缺点。比如,它并没有体现生物体中其他痕量元素(如 Fe 和 Si)的存在。如果我们要发展这些元素之一的生物地球化学循环,我们必须首先确定该元素在生物圈中的相对丰度,就像我们利用 Redfield 比值来确定 N 和 P 的丰度一样。另一个不足是 $C_{106}H_{263}O_{110}N_{16}P$ 中 H 和 O 的相对含量。注意,在这个化学式中 H∶C 约为 2.5,而 O∶C 略大于 1。但是在表 3.7 中,海洋生物中的有机聚合物的含 H 量和含 O 量要低得多。(表 3.7 中有机聚合物内低水平的 H 和 O 乍一看令人意外。因为葡萄糖中 C、H、O 的比例为 1∶2∶1,并且自然界中的有机聚合物都是由葡萄糖生成的,我们可以认为在这些有机聚合物中 C、H、O 的比例为 1∶2∶1。然而,在葡萄糖生成复杂有机分子的聚合过程中,释放出水。水的释放导致表 3.7 中的 H 和 O 的含量较低。)

为了更准确地反映海洋生物中有机聚合物 H 和 O 的低含量,我们必须对生物分子化学式进行再次修正。修正时假设生物质是 CO_2 和 H_2O 按大于 1∶1 的比例进行合成(如光合作用)得到的。例如,我们选择的比例为 106∶64 时,就得到略有不同的光合作用和呼吸作用计量方程式

$$106CO_2 + 64H_2O + 16NH_3 + H_3PO_4 + h\nu \Longleftrightarrow C_{106}H_{179}O_{68}N_{16}P + 106O_2$$
(R3.3)

这样我们就得到了海洋生物的化学式"$C_{106}H_{179}O_{68}N_{16}P$",它满足了 C∶N∶P 的 Redfield 比值,同时 H∶C 和 O∶C 的比例与生物圈中有机聚合物的实际比例非常接近。我们就用这个化学式代表海洋生物圈中生物的组成。

3.5.2.2 陆地生物

陆地生物圈的生物主要为树,含有丰富的木质素,所以陆地生物质 O∶C、H∶C、N∶C 和 P∶C 的比例要比海洋生物质的低(见表 3.6 和表 3.7)。因此,我们为陆地生物选择化学式"$C_{830}H_{1230}O_{604}N_9P$",光合作用、呼吸作用和分解作用的反应方程式反映了上述比值

$$830CO_2 + 600H_2O + 9NH_3 + H_3PO_4 + h\nu \Longleftrightarrow C_{830}H_{1230}O_{604}N_9P + 830O_2$$
(R3.4)

3.5.3 初级生产

光合作用中,绿色植物固定和吸收 C 的速率被称为初级生产率。由于很多生物地球化学循环都是由绿色植物通过光合作用生产有机物的速率驱动的,因此初级生产率是地球系统的一个基本参数,在我们对生物地球化学循环的分析中会多次谈到。

在对初级生产进行定义时,我们有必要将总初级生产率(表示 C 被绿色植物吸收的总速率)和净初级生产率(表示 C 被吸收的速率减去 C 在呼吸中损失的速率)区分开来。也就是说

$$NPP = GPP - R_{gp}$$
(3.10)

式中,NPP 为净初级生产率,GPP 为总初级生产率,R_{gp} 为绿色植物的吸收速率。

对陆地生物圈来说,据估计,全球平均总初级生产力中 50% 以净初级生产力的形式继续保留在生物圈中,其中 GPP 为 1×10^5 Tg C·年$^{-1}$,NPP 为 5×10^4 Tg C·年$^{-1}$。最初,进入到陆地生物圈的 C 输入 NPP 被储存在活的生物质中,可以被异养生物消化利用。其中一部分 C 通过异养呼吸离开大陆生物圈,但是大部分 C 以凋落物的形式被输送到大陆生物圈的死亡部分中,形成腐殖质,最终经分解后以 CO_2 的形式回到大气圈。在没有人为扰动的情况下,只要凋落(LF)与分解(D)速率等于 NPP(如图 3.14),陆地生物圈的大小就处于稳定状态。事实是否如此,人类的干扰程度如何,我们将在第 6 章(全球 C 循环)中进行讨论。

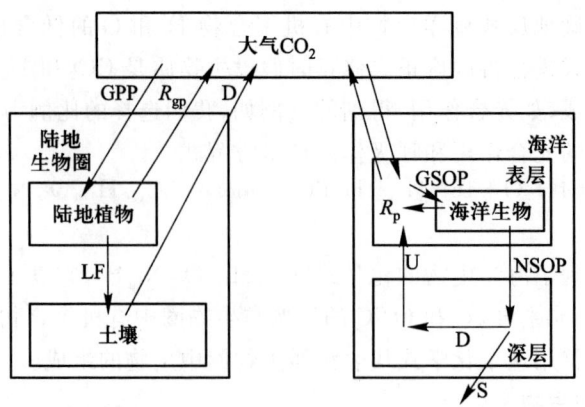

图3.14 陆地与海洋生物圈的初级生产。在陆地生物圈中,NPP定义为GPP与R_{gp}之差。对未受干扰的平衡状态陆地生物圈来说,通过NPP输入的C与损失到土壤中的C(主要是凋落物LF以及随后的有机物分解)是平衡的。在海洋生物圈中,NSOP表示GSOP中,未在透光层中被呼吸(R_p),而是下沉到深层海洋中的那部分。NSOP中的大部分最终会通过分解(D)和上升流(U)返回到表层海洋。然而,有一小部分会以沉积(S)的形式离开海洋。我们曾讨论过,以沉积形式离开系统的有机C,最终会在岩石循环中由于沉积物的上升和风化而返回大气。

对海洋生物圈来讲,总初级生产力和净初级生产力的概念就不是十分有用了。在表层海洋,浮游植物的寿命很短,有机C的循环速度非常快,因此区分表层海洋浮游植物吸收的C(表层海洋总生产力GSOP)和尚未分解并沉入深层海洋的有机C(表层海洋净生产力NSOP)的用处要大得多。GSOP和NSOP的速率与浮游植物呼吸(R_p)速率、深层海洋有机C分解(D)以及上升流(U)之间的关系如图3.14所示。由于NSOP将C和其他营养元素带入深层海洋中,使其无法参加循环,直到上升流将其带到表层海洋,因此NSOP对于生物地球化学循环是十分重要的。而我们在前面讨论营养元素循环时,就提到上升流的时间尺度很长,大约需要1 000年(见图3.5)。

陆地生物圈中NPP是GPP的一半左右,相比之下,NSOP与GSOP的比值约为1:10。全球平均来看,GSOP约为4×10^4 Tg C·年$^{-1}$,NSOP约为0.4×10^4 Tg C·年$^{-1}$。

3.6 结　　论

地球系统分为四个圈层:岩石圈、水圈、大气圈和生物圈。我们在后面会看到,这四个圈层对于元素主要储库的分类,对于地球上生物地球化学过程的分类,都是十分有用的架构。为了方便参考,在表3.8中我们总结了各圈层的质量、流量和寿命,并且在图 3.15 中给出了各圈层关键过程和相互作用的示意图。我们在后面的讨论中,也会用到这两个图表。

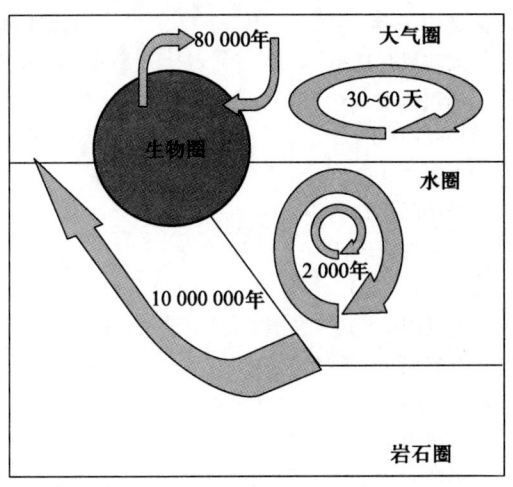

图 3.15 全球生物地球化学系统的特征时间尺度。

表 3.8 当前地球系统新陈代谢状态总结:储库质量、流量和循环时间

圈层	参数	备注
水圈	储库质量(Tg)	
	表层海洋 1.1×10^{11}	储库质量的估算假设:海洋表面积
	深层海洋 1.3×10^{12}	为 $3.5\times10^{18}\ cm^2$,表层海洋深度为
	海洋总量 1.4×10^{12}	300 m,深层海洋深度为 3 700 m。
	流量(Tg·年$^{-1}$)ⓐ	
	河流径流 4.0×10^{7}	河流径流、降水和蒸发速率取自参
	降水 3.9×10^{8}	考文献(1)ⓑ。表层/深层海洋循环
	蒸发 4.3×10^{8}	速率则根据假设交换系数 2 m·年$^{-1}$
	表层/深层海洋交换 7.3×10^{8}	(文献(3))计算得到。
	循环时间(年)	
	表层海洋 ~100	
	深层海洋 ~1 000	
岩石圈	储库质量(Tg)	
	大陆地壳 2×10^{13}	土壤和海洋沉积物储库的估算假
	土壤 2×10^{8}	设:岩石圈密度 2.5 g·m^{-3},沉积物
	海洋地壳 7×10^{12}	厚度 2 km,土壤厚度 60 cm。
	沉积物 2×10^{12}	

续表

圈层	参数	备注
	流量(Tg·年$^{-1}$) 　大陆风化速率 2×10^4 　沉积速率 2×10^4 循环时间(年) 　土壤 $\sim10^4$ 　海洋沉积物 $\sim10^8$ 　大陆地壳 $\sim10^9$	风化速率:河流带入海洋的溶解态和颗粒状物质质量(文献(1))。沉积速率:假设等于风化速率。
大气圈	储库质量(Tg) 　大气圈 5×10^9 　对流层 4.5×10^9 混合时间(年) 　半球内 ~0.1 　半球间 ~2	
生物圈	储库质量(Tg C) 　活的 　　陆地生物圈 8.3×10^5 　　海洋生物圈 1.8×10^3 　死亡的(腐殖质) 　　陆地 1.5×10^6 　　海洋 3×10^6 　　总和 5×10^6 初级生产力(Tg C·年$^{-1}$) 　陆地生物圈 　　总初级生产力 9.6×10^4 　　净初级生产力 4.8×10^4 　海洋生物圈 　　表层海洋总生产力 1×10^4 　　表层海洋净生产力 0.4×10^4 循环时间(年) 　活的 　　陆地生物圈 ~10 　　海洋生物圈 ~0.1 　死亡的(腐殖质) 　　陆地 ~30 　　海洋 ~75	根据文献(1)、(2)和(4)。 根据文献(1)、(2)和(4)。

续表

圈层	参数	备注
	C:H:O:N:P 比值	
	陆地生物圈 830:1230:604:9:1	见正文。
	海洋生物圈 106:179:68:16:1	

ⓐ $1\ \text{Tg} = 1 \times 10^6\ \text{t} = 1 \times 10^{12}\ \text{g}$。

ⓑ 参考文献:(1) Schlesinger, W. H., *Biogeochemistry—An Analysis of Global Change*, Academic Press, New York, 1991. (2) Bolin, B., The Carbon Cycle, in *The Biosphere*, *A Scientific American Book*, W. H. Freeman, San Francisco, 1970. (3) Broecker, W. S., *Quarternary Research*, 1, 188, 1971. (4) Whittaker, R. H., and G. E. Likens, Carbon in the biota, in *Carbon and the Biosphere*, CONF 720510, National Technical Information Service, Washington, D. C., 1973.

建议阅读

Chameides, W. L., and D. D. Davis, Global tropospheric chemistry, *Chemical and Engineering News*, 60, 38–52, 1982.

Hutchinson, G. E., The biosphere, *Scientific American*, September 1970.

Kasting, J. F., O. B. Toon, and J. B. Pollack, How climate evolved on the terrestrial planets, *Scientific American*, 90–97, Februray 1988.

Schlesinger, W. H., *Biogeochemistry—An Analysis of Global Change*, Academic Press, New York, 1991.

Swanson, C. P., *The Cell*, Prentice-Hall, Englewood Cliffs, NJ, 1969.

Turekian, K. K., *Oceans*, Prentice-Hall, Englewood Cliffs, NJ, 1976.

Walker, J. C. G., *Evolution of the Atmosphere*, Macmillan, New York, 1977.

习题

1. 根据地球的地形图,确定可以找到板块分离边界和聚合边界的区域。

2. 利用图 3.4 和表 3.2 中的数据,估算海洋中 N 和 P 的总摩尔数(mol)和总质量(g)。

3. 证明对于大气的任何温度分布特点,式(3.9)都可以由式(3.7)和式(3.1)推导得到。

4. 利用图 3.9 和式(3.9)中的数据,估算地球大气中的 N 和 O 的总摩尔数(mol)和总质量(g)。

5. 利用表3.8中的数据,估算陆地和海洋生物圈中N和P的总摩尔数(mol)和总质量(g)。

6. 利用表3.8中的数据,估算陆地和海洋生物圈中由于光合作用导致的N和P的吸收速率。

第 4 章

生物地球化学循环的数学模拟

> "无论是从整体还是从局部看,地球都是一个动态的演变的化学系统……如果要描述地球上元素的自然分布,那么只有在通用(数学)框架下进行才是恰当的。"
>
> A. C. Lasaga, Dynamic treatment of geochemical cycles: Global kinetics, in *Kinetics of Geochemical Processes*, *Reviews of Mineralogy*, 8, 69–109, 1988.

4.1 引 言

研究全球生物地球化学循环的一个主要目的就是对循环中一部分扰动会如何影响该循环其他部分进行预测。例如,自工业革命以来,人类一直在开采并燃烧岩石圈的化石燃料。因为化石燃料的燃烧将有机碳(C)转化为二氧化碳(CO_2)气体,很明显这一过程会使大气中的 CO_2 增加,但问题是我们需要更加量化的信息。大气 CO_2 浓度的增加会由于"温室效应"增强而引起全球变暖,所以我们需要搞清 CO_2 将增加多少,将持续增加多长时间。这些问题的答案并不是显而易见的。为了回答这些问题,我们需要对循环和引起 C 从地球系统一个圈层到另一个圈层的各种生物地球化学过程进行数学描述。

在这一章,我们将讨论如何发展对生物地球化学循环的数学描述。我们首先来回顾决定生物地球化学循环的微分方程及其解,然后介绍 BOXES 软件,这是本书附赠的可用来进行独立模拟的一个计算机软件。

4.2 线性箱式模型

为简便起见,我们采取"线性箱式模型"近似法。在此近似法中,生物地球化学循环被视为耦合的储库(箱子)系统。地球系统中的各个部分(如大气圈、水圈、岩石圈和生物圈)代表了系统中的储库。在每个储库中,都存在着特定的元素,其含量是随着时间不断变化的。而该元素的生物地球化学循环正是我们要模拟的。影响元素的生物地球化学过程则被认为是将元素从一个储库输送到另一个储库的路径。

这里所说的线性是指假设元素从一个储库转移到另一个储库的速率与储库中元素数量之间呈线性比例关系。例如,在 C 的生物地球化学循环中,光合作用近似表示为 C 从大气储库转移到生物圈储库的过程,而转移速率则假设为与大气中 CO_2 的含量成正比。

下面我们以一个简单的例子来对这一方法和利用该方法模拟生物地球化学循环所需的相关数学方法进行介绍。

4.3 简单的例子:生物地球化学大学-世界循环

我们来设想一个虚拟世界。在这个世界中只包括两类人:不上生物地球化学大学的人和上生物地球化学大学的人。如图 4.1 所示,我们可以用一个简单的两箱模型来模拟这个循环和人员(学生)的流动,即新生入学和老生毕业。我们设

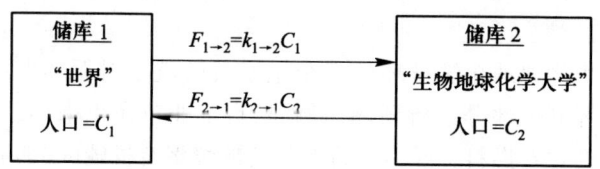

图 4.1 人们在世界和生物地球化学大学之间的虚拟循环示意图。C_1 和 C_2 分别是世界和大学的人数。人从世界到大学的流动由 $F_{1\to 2} = k_{1\to 2} C_1$ 表示,人从大学到世界的流动由 $F_{2\to 1} = k_{2\to 1} C_2$ 表示,其中 $k_{1\to 2}$ 和 $k_{2\to 1}$ 为转移常数。我们首先要做的是估算合理的 C 值和 k 值。然后,我们用这些值建立该循环的数学表达并以此分析循环如何随时间演变以及对条件的改变如何响应。

$$C_1 = 不上生物地球化学大学的人数$$
$$C_2 = 上生物地球化学大学的人数$$

$$F_{1\to 2} = \text{从世界到大学的人员流动速率（入学率）}$$
$$F_{2\to 1} = \text{从大学到世界的人员流动速率（毕业率）}$$

在这个简单的(理想的)的模型世界中，没有人退学，也没有人死亡。

我们现在采取线性箱式模型近似。假定离开任何一个储库的人员流动速率都与该储库中的人数成正比。因此

$$F_{1\to 2} = k_{1\to 2} C_1$$
$$F_{2\to 1} = k_{2\to 1} C_2 \quad (4.3.1)$$

其中，$k_{i\to j}$ 为人们从第 i 个储库到第 j 个储库流动的比例系数或者转移常数，单位为时间的倒数（如 s^{-1}）。

现在我们回到现实的工作——确定该循环中 C、F 和 k 的值。我们先从 C_1，即世界的人数开始。

4.3.1　C_1，世界的人数

当然，我们都已经知道世界人口的数量（大约 54 亿），也可以很容易地从年鉴中查到这个值。但是若我们自己能估算出这个值将具有重要的指导意义，因为当我们考虑现实的生物地球化学循环时就必须进行这类估算，所以我们自己来进行估算而不是去查文献。那么，你是否有什么思路？

生物地球化学家估算储库数量的一个常用方法是通过采样，即采集储库中一部分人口样品，然后推广到整个储库。例如，我们来考虑 Fulton County，也是作者所在大学的城市。Fulton County 大约有 100 万人口，面积大约 66 km²。如果我们假设 Fulton County 的人口密度可以代表全球人口密度，那么就有

$$C_1 = (1\times 10^6 \text{ 人}) \times \left(\frac{5\times 10^8 \text{ km}^2}{66 \text{ km}^2}\right)$$
$$\approx 10^{13} \text{ 人} \quad (4.3.2)$$

当然，这只是对世界人口的粗略估计。事实上 Fulton County 位于大城市（亚特兰大，佐治亚州）中，其人口密度高于全球的平均水平。这是一个很重要的反面教材，我们必须记住。当我们发展实际的生物地球化学循环时，如果我们用不具代表性的样品进行推广估算，将会产生很大的误差。一般来讲，通过对不同种群和区域进行采样，将会提高估算全球人口数量和转移速率的准确度。

要想更准确地估算 C_1，我们来考虑这样一些数据：大陆只占地球表面的 30%，城市占大陆面积的 0.1%，而世界人口中 40% 居住在城市地区。这样我们估算得到

$$C_1 = (1\times 10^6 \text{ 人}) \times \left(\frac{5\times 10^8 \text{ km}^2}{66 \text{ km}^2}\right) \times \frac{0.3\times 0.001}{0.4}$$

$$\approx 5.5 \times 10^9 \text{ 人} \tag{4.3.3}$$

该值与如今的 C_1 真实数值非常接近,在我们的计算中将采用这个值。

4.3.2　C_2,大学的人数

因为生物地球化学大学是一个虚拟的大学,我们可以随便选择一个数字作为其人数。为了简化,采用本书作者所在大学的人数作为 C_2(读者可以用自己的大学或科研机构人数来建立循环)。大学人数的估算有许多不同的方法。其中一种方法是根据选课的学生人数进行估算,也是我们要采用的方法。

基于本书作者和学生的经验,我们估计,学校中每门课有大约 20 名学生,在任意时间,校园里都有大约 100 个班在上课。平均每天有 8 节课,平均每个学生每天上 1.5 节课。这样,每一节课都有约 20% 的学生在上课。因此

$$C_2 = \left(\frac{20 \text{ 名学生}}{\text{班}}\right) \times (100 \text{ 班}) \div \left(0.2 \frac{\frac{\text{学生}}{\text{班}}}{\frac{\text{学生}}{\text{大学}}}\right)$$

$$\approx 10\,000 \text{ 名学生} \tag{4.3.4}$$

事实说明,我们对大学人数的估计比较准确,在此我们将采用这个值。

4.3.3　$k_{2 \to 1}$,从大学到世界的转移系数

转移系数 $k_{2 \to 1}$ 是这个循环两个转移系数中比较容易估计的一个,因为我们知道离开大学的学生数量。所以我们先来分析这个转移系数。

一个学生在大学中停留的平均时间是 4 年。因此,我们定义 $\tau_{2 \to 1} = 4$ 年,作为学生在生物地球化学大学停留的时间,在此之后学生毕业回到世界。储库中物质流出流量的定义为人口数除以停留时间,因此

$$F_{2 \to 1} = \frac{C_2}{\tau_{2 \to 1}} \tag{4.3.5}$$

将式(4.3.1)和式(4.3.5)合并,得到

$$k_{2 \to 1} = \frac{1}{\tau_{2 \to 1}} = \frac{1}{4 \text{ 年}} = 0.25 \text{ 年}^{-1} \tag{4.3.6}$$

4.3.4　$k_{1 \to 2}$,从世界到大学的转移系数

确定从世界到大学的转移系数则有些困难,因为关于此类流量的信息很少。事实上,在构建生物地球化学循环时,我们会常常遇到无法估算转移系数的问题。我们要设法找到解决这个问题的方法。一种解决方法是采取稳态假设,即假设系统目前是处于平衡状态的,任何储库都没有净的物质流入或流出。

因此,在稳态

$$F_{1\to 2}=F_{2\to 1} \tag{4.3.7}$$

由式(4.3.1)和式(4.3.7),并将上述 C_1、C_2 和 $k_{2\to 1}$ 值代入,我们可以得出

$$k_{1\to 2}=\frac{C_2 k_{2\to 1}}{C_1}=\frac{(10\,000\,人)\times(0.25\,年^{-1})}{5.5\times 10^9\,人}$$
$$=4.6\times 10^{-7}\,年^{-1} \tag{4.3.8}$$

式(4.3.8)的含义很有意思。我们提到过,停留时间等于转移系数的倒数。因此,人们在上大学前停留在世界中的时间,$\tau_{1\to 2}$,可由下式给出

$$\tau_{1\to 2}=\frac{1}{k_{1\to 2}}\approx 2\times 10^6\,年 \tag{4.3.9}$$

200万年的停留时间是相当长的时间,尤其是人类的平均寿命只有70年左右。我们是不是哪里算错了呢?

答案是在这个循环中我们没有考虑某些重要的过程,比如出生和死亡。没有出生和死亡,在系统中就没有人口数量的净增加或净减少;也就是说

$$C_1+C_2=5\,500\,010\,000\,人$$
$$=常数 \tag{4.3.10}$$

因此,人口的总数是固定的(这也是所有封闭循环的特点),人们只是单纯地在大学和世界之间循环。因为在这个循环中,世界中的人数要比大学中的人数多得多,人们不得不在世界中停留很长时间(即200万年)之后才能进入大学学习4年。我们也可以这样理解,如果人类的平均寿命是70年,上大学前的停留时间是200万年,那么人们进入生物地球化学大学的机会是70/2 000 000,即1/30 000。换句话说,我们能够学习生物地球化学循环是相当幸运的。

4.4 运用微分方程模拟大学-世界循环

在第4.3节中,我们在虚拟的生物地球化学大学和世界之间建立了一个稳态循环。然而,我们所建立的表达式并不能用来分析该循环随时间的演化情况,也不能预测循环对扰动的响应。在这一节,我们将详细分析微分方程是如何用来研究虚拟大学-世界循环的。

由于这个循环包括2个储库,我们需要2个微分方程来表述这2个储库中人数随时间的变化。从图4.1可以明显看出,微分方程如下

$$\frac{dC_1(t)}{dt} = F_{2\to1} - F_{1\to2} = k_{2\to1}C_2(t) - k_{1\to2}C_1(t) \tag{4.4.1}$$

$$\frac{dC_2(t)}{dt} = F_{1\to2} - F_{2\to1} = k_{1\to2}C_1(t) - k_{2\to1}C_2(t)$$

式中，t 为时间（单位：年），$C_i(t)$ 为每个储库中的人数。（我们将 C_i 写成 t 的函数，明确表示了人数是时间的函数。）

此循环以及其他封闭循环的一个重要特点，就是所有时间微分之和为 0，即

$$\frac{dC_1(t)}{dt} + \frac{dC_2(t)}{dt} = 0 \tag{4.4.2}$$

这就确保了被循环的物质没有净产出，也没有净损失。每当我们写出封闭循环的微分方程时，我们就可以利用这个特点进行简单的错误核查；如果所有的时间微分之和不等于 0，那么方程中就一定存在错误。

式(4.4.1)表示的是一组耦合的线性同类微分方程。此类微分方程系统的解可以通过假设 e^{Et} 求出，也就是说

$$C_1(t) = \Phi_1 e^{Et} \tag{4.4.3}$$

$$C_2(t) = \Phi_2 e^{Et}$$

式中，E、Φ_1 和 Φ_2 是需要确定的常数。将式(4.4.3)代入式(4.4.1)，得到

$$\Phi_1 E e^{Et} = k_{2\to1}\Phi_2 e^{Et} - k_{1\to2}\Phi_1 e^{Et} \tag{4.4.4}$$

$$\Phi_2 E e^{Et} = k_{1\to2}\Phi_1 e^{Et} - k_{2\to1}\Phi_2 e^{Et}$$

式(4.4.4)两侧除以 e^{Et}，整理后得到

$$0 = -(E+k_{1\to2})\Phi_1 + k_{2\to1}\Phi_2 \tag{4.4.5}$$

$$0 = k_{1\to2}\Phi_1 - (E+k_{2\to1})\Phi_2$$

这样，通过一系列的简单变换，我们基本上就将微分方程的积分问题转变为代数方程的求解问题。学过线性代数的学生会认出来，式(4.4.5)就相当于下面形式的一个向量矩阵方程

$$(\boldsymbol{M})\boldsymbol{\Phi} = \boldsymbol{0} \tag{4.4.6}$$

式中，$\boldsymbol{M}$ 为一个 2×2 的矩阵，其定义为

$$\boldsymbol{M} = \begin{matrix} -E-k_{1\to2} & k_{2\to1} \\ k_{1\to2} & -E-k_{2\to1} \end{matrix} \tag{4.4.7}$$

而 $\boldsymbol{\Phi}$ 为一个二维向量，即

$$\boldsymbol{\Phi} = \begin{matrix} \Phi_1 \\ \Phi_2 \end{matrix} \tag{4.4.8}$$

式(4.4.6)的一个有效解,即 $\boldsymbol{\Phi} \neq \boldsymbol{0}$,是 M 的行列式等于 0 的解,即

$$|\boldsymbol{M}| = \begin{vmatrix} -k_{1\to 2} - E & k_{2\to 1} \\ k_{1\to 2} & -k_{2\to 1} - E \end{vmatrix}$$
$$= \begin{vmatrix} -4.6\times 10^{-7} - E & 0.25 \\ 4.6\times 10^{-7} & -0.25 - E \end{vmatrix} = 0 \quad (4.4.9)$$

2×2 的矩阵行列式可以通过交叉相乘的差得到。这样,我们得到一个 E 的二次方程

$$E^2 + (0.25)(4.6\times 10^{-7}) + E(0.25 + 4.6\times 10^{-7}) - (0.25)(4.6\times 10^{-7}) = 0 \quad (4.4.10)$$

该方程有两个解

$$\begin{aligned} E_1 &= 0 \\ E_2 &= -k_{1\to 2} - k_{2\to 1} \\ &= (-4.6\times 10^{-7} - 0.25) \text{ 年}^{-1} \end{aligned} \quad (4.4.11)$$

我们现在来求解 Φ_1 和 Φ_2。因为 E 有两个解,所以我们需要求解两次 $\boldsymbol{\Phi}$。

4.4.1 第一组解

对第一组解来说,$E = E_1 = 0$。将 E 值代入到式(4.4.4)中,得到

$$\frac{\Phi_2^1}{\Phi_1^1} = \frac{k_{1\to 2}}{k_{2\to 1}} \quad (4.4.12)$$

式中,Φ 的上标 1 表示这些常数与 E 的第一个解 E_1 有关。将结果代入式(4.4.3),得到微分方程组的第一组解

$$\begin{aligned} C_1(t) &= \Phi_1^1 \\ C_2(t) &= \Phi_1^1 \frac{k_{1\to 2}}{k_{2\to 1}} \end{aligned} \quad (4.4.13)$$

注意,$E = E_1 = 0$ 时得到的这组解中,C_1 和 C_2 为常数,不随时间变化。

4.4.2 第二组解

对第二组解,$E = E_2 = (-k_{1\to 2} - k_{2\to 1})$。将 E 值代入到式(4.4.4)中,得到

$$\Phi_2^2 = -\Phi_1^2 \quad (4.4.14)$$

我们得到第二组解

$$\begin{aligned} C_1(t) &= \Phi_1^2 e^{-(k_{1\to 2} + k_{2\to 1})t} \\ C_2(t) &= -\Phi_1^2 e^{-(k_{1\to 2} + k_{2\to 1})t} \end{aligned} \quad (4.4.15)$$

4.4.3 完全一般解

完全一般解是两组解的线性组合。因此

$$C_1(t) = (A_1\Phi_1^1) + (A_2\Phi_1^2)e^{-(k_{1\to 2}+k_{2\to 1})t}$$
$$C_2(t) = \frac{k_{1\to 2}}{k_{2\to 1}}(A_1\Phi_1^1) - (A_2\Phi_1^2)e^{-(k_{1\to 2}+k_{2\to 1})t}$$
(4.4.16)

式中，A_1 和 A_2 是这两个特定解的线性组合权重因子。在式(4.4.16)中，乘积 $A_1\Phi_1^1$ 和 $A_2\Phi_1^2$ 是常数，由系统的初始条件决定。因此，如果用2个单个的常数来代替这两个乘积得到的常数并不会失去解的一般性。因此，式(4.4.16)可以简化为

$$C_1(t) = Q_1 + Q_2 e^{-(k_{1\to 2}+k_{2\to 1})t}$$
$$C_2(t) = \frac{k_{1\to 2}}{k_{2\to 1}} Q_1 - Q_2 e^{-(k_{1\to 2}+k_{2\to 1})t}$$
(4.4.17)

式中，Q_1 和 Q_2 为常数，分别等于 $A_1\Phi_1^1$ 和 $A_2\Phi_1^2$。下面，我们通过几个例子来说明如何利用这些方程对循环进行分析。

4.4.4 例1：稳态解

在第一个例子里，我们假设两个储库的初始人数都是第4.3节推导得到的稳态人数，即

$$C_1(0) = 5.5 \times 10^9 \text{ 人}$$
$$C_2(0) = 1 \times 10^4 \text{ 人}$$
(4.4.18)

令式(4.4.17)的一般解在 $t=0$ 时等于式(4.4.18)的初始人数，这样就可以推导出常数 Q_1 和 Q_2。因此，我们令

$$C_1(0) = Q_1 + Q_2 = 5.5 \times 10^9 \text{ 人}$$
$$C_2(0) = \frac{4.6 \times 10^{-7}}{0.25} Q_1 - Q_2 = 1 \times 10^4 \text{ 人}$$
(4.4.19)

解得 $Q_1 = 5.5 \times 10^9$，$Q_2 = 0$。将这些值代入到式(4.4.17)中，得到指定初始条件下的特定解

$$C_1(t) = 5.5 \times 10^9 \text{ 人}$$
$$C_2(t) = 1 \times 10^4 \text{ 人}$$
(4.4.20)

当然，这恰好是初始定义的人数。因此可以看出，如果初始人数等于稳态人数，那么我们得到的无效解都保持不变，也是初始的稳态人数。

4.4.5 例2：大学创立时期的初始状态

在第二个例子中，我们从大学创立时开始。此时，所有的人都存在于世界中，大学人数为0。因此

$$C_1(0) = 5.50001 \times 10^9 \text{ 人} \tag{4.4.21}$$
$$C_2(0) = 0$$

按照例1中的方法，我们可以得到特定解。在这种情况下，解是与时间有关的

$$\begin{aligned} C_1(t) &= (5.50001 \times 10^9 - 1 \times 10^4) + 1 \times 10^4 \mathrm{e}^{-(0.25 + 4.6 \times 10^{-7})t} \\ &\approx 5.5 \times 10^9 \text{ 人} \\ C_2(t) &= 1 \times 10^4 (1 - \mathrm{e}^{-(0.25 + 4.6 \times 10^{-7})t}) \\ &\approx 1 \times 10^4 (1 - \mathrm{e}^{-0.25t}) \text{ 人} \end{aligned} \tag{4.4.22}$$

可以看出，世界人数几乎没有受到大学人数增长的影响。另外一方面，大学人数增长到稳态的速率与$(k_{1\to 2} + k_{2\to 1})$之和有关。例2这种情况下，$(k_{1\to 2} + k_{2\to 1})$约为0.25年$^{-1}$。$C_1$和$C_2$的变化情况如图4.2所示。

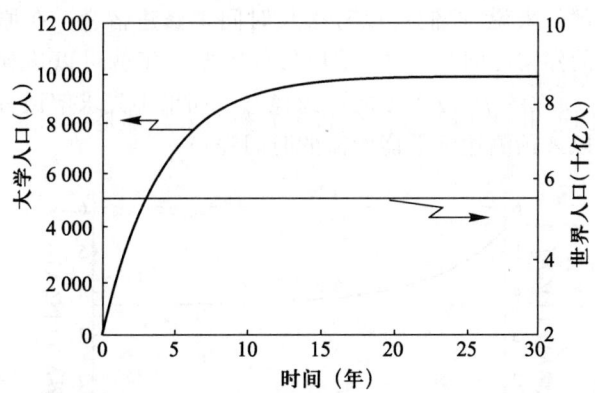

图4.2 例2中大学-世界循环的解，其初始条件为大学创立时期的状态。注意，大学人数变化对世界人数的影响几乎可以忽略不计，而且大学到达稳态的速度很快。

4.4.6 例3：扰动试验

在第三个例子中，我们来检验系统是如何对扰动进行响应的。假设系统已经达到4.3节中的平衡状态。现在，大学对于毕业的课程要求突然发生了变化。由于这个变化，学生在大学的停留时间$\tau_{2\to 1}$从4年增加到100万年，因此

$$k_{2\to 1} = \frac{1}{10^6 \text{ 年}} = 10^{-6} \text{ 年}^{-1} \tag{4.4.23}$$

$k_{1\to 2}$ 未发生变化,仍为 4.6×10^{-7} 年$^{-1}$。由于 $k_{2\to 1}$ 发生了变化,而 $k_{1\to 2}$ 未变,在第 4.3 节中推导的人数就不再处于稳态了。

要搞清系统对于 $k_{2\to 1}$ 的变化如何响应,首先必须针对此值,再次推导一般解 $C_1(t)$ 和 $C_2(t)$。按照上一节采用的步骤

$$C_1(t)=Q_1+Q_2 e^{-(1.46\times 10^{-6}t)}$$
$$C_2(t)=0.46Q_1-Q_2 e^{-(1.46\times 10^{-6}t)}$$
(4.4.24)

我们现在必须应用适当的初始条件,求解 Q_1 和 Q_2。当 $k_{2\to 1}$ 发生变化时,由于我们已经指定了人数为初始稳态的人数,因此初始条件是 $C_1(0)=5.5\times 10^9$ 人, $C_2(0)=1\times 10^4$ 人。根据这些条件,我们得出

$$C_1(t)=3.8\times 10^9+1.7\times 10^9 e^{-(1.46\times 10^{-6}t)}$$
$$C_2(t)=1.7\times 10^9(1-e^{-(1.46\times 10^{-6}t)})$$
(4.4.25)

从图 4.3 可以看出,在这个试验中世界人数从最初的 55 亿缓慢减少到 38 亿(新的稳态),而大学人数则增长到 17 亿(新的稳态)。(很明显,新的大学课程规定要求学校管理部门必须为所有居住在学校里的新增学生修建许多新宿舍。对于大学管理部门来说,他们可以有很长时间来修建宿舍。在原来的循环中,学生在大学里的停留时间为 4 年,循环仅仅需要 4 年就可以达到稳态,而在新的循环中,则需要大约 70 万年才能达到稳态。如果不先求解微分方程组,是否有其他方法可以来预测达到平衡所需的时间呢?)

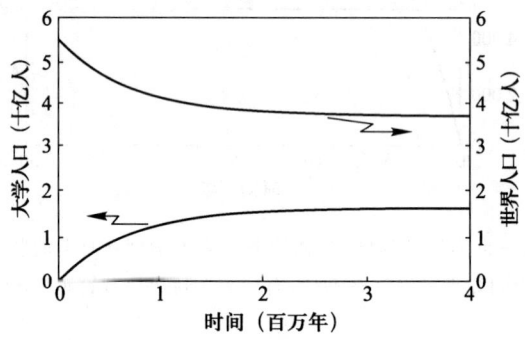

图 4.3 例 3 中大学-世界循环的解,在 $t=0$ 时刻学生在大学的停留时间急剧增加。注意,大学人数显著增加,达到稳态所需的时间也要长得多。

4.4.7 小结

前面我们所讨论的简单循环和所举例子都说明,我们要研究的生物地球化学循环存在许多共同的特点:

- C_i 表示第 i 个储库中元素的数量。在"大学-世界循环"这个有两个储库的简单例子中，C_i 代表人口数量。在我们将要研究的实际生物地球化学循环中，C_i 代表储库中元素的摩尔数或克数。
- 参数 $k_{i \to j}$ 表示从第 i 个储库到第 j 个储库的转移系数。其单位为时间的倒数，一般为年$^{-1}$。一般情况下，我们认为 k 值与在不同储库中停留时间的倒数有关。对本节讨论的"大学-世界循环"这个有两个储库的简单例子来说，在这两个储库中的停留时间和两个 k 值之间具有直接的关系。对于具有两个或者更多储库的复杂系统来说，在第 i 个储库中的停留时间由下式给出

$$\tau_i = \left(\sum_{j \neq i}^{N} k_{i \to j} \right)^{-1} \tag{4.4.26}$$

其中，N 为系统中储库的数量。

- 在具有两个储库的"大学-世界循环"中，需要两个微分方程。一般情况下，一个包含 N 个储库的系统相应地也需要 N 个耦合的一级同次微分方程来表述。具有两个储库的系统可产生两个独立的解，同理，N 个储库的系统有 N 个微分方程，产生 N 个不同的、相互独立的解，解的形式为 Ae^{Et}，其中 A 是一个常数。在这 N 个解中，有一个是不随时间变化的，即 $E = 0$。其他 $N-1$ 个解中的 E 值各不相同。所有这 $N-1$ 个 E 值都小于 0（因此可以确定，当 t 趋近无穷大时，解将不会发散）。

- 系统的响应时间是系统接近稳态所需的特征指数递减时间。这个时间由绝对值最小的非零 E 值的倒数给出。因此，在两个储库的"大学-世界循环"中，响应时间为

$$\tau_{响应} = \frac{1}{k_{1 \to 2} + k_{2 \to 1}} \tag{4.4.27}$$

例 1 中，大学的停留时间为 4 年，响应时间为 4 年；而例 3 中，大学停留时间为 100 万年，响应时间为 68 万年。

- 对具有 N 个储库的系统，每个储库的完全一般解是 N 个耦合微分方程的 N 个不同解的线性组合。此组合共包括 N 项，其中 $N-1$ 项中每项的形式为 $Q_i \exp(E_i t)$，另外，还有一项不随时间变化，是由 $E = 0$ 得出的解。这些解的具体线性组合由系统的初始条件决定。因为 $N-1$ 个 E 值是小于 0 的，所以当 t 趋近于无穷大时，这些项将衰减到 0，只剩下不随时间变化的项。因此，解中带 $\exp(E_i t)$ 项描述的是系统的瞬时响应，不随时间变化项描述的则是稳态解。

4.5 生物地球化学循环中的特征值和特征向量解法

在第4.4节中我们用来求解含两个储库"大学-世界循环"的方法有一个特别的数学名称:求解耦合微分方程组的特征值特征向量方法。虽然对于含两个储库的"大学-世界循环"不必使用这种向量矩阵的方法来解,但是这种方法在处理更复杂系统时被证明是非常好的。为了证明这一点,我们来模拟含 N 个储库的生物地球化学循环,其中 N 为大于1的正整数。

4.5.1 含 N 个储库的一般问题
假设:
(1) 一个系统中有 N 个储库;
(2) 在时刻 t 时,每个储库内含有 $C_i(t)$ g 或 mol 的物质,其中 $i=1,2,\cdots,N$;
(3) 在 $t=0$ 时刻,$C_i(0)=C_{i0}$,其中 $i=1,2,\cdots,N$;
(4) 物质从第 i 个储库转移到第 j 个储库的转移速度为 $F_{i \to j}=k_{i \to j}C_i$。
问题:求解 $C_i(t)$,$i=1,2,\cdots,N$。

4.5.2 用向量矩阵形式设立问题
我们在第4.4节中讨论过,含 N 个储库的系统有 N 个一级微分方程。这些方程的形式如下

$$\frac{dC_1(t)}{dt} = k_{2 \to 1}C_2(t) + k_{3 \to 1}C_3(t) + \cdots + k_{N \to 1}C_N(t)$$
$$- k_{1 \to 2}C_1(t) - k_{1 \to 3}C_1(t) - \cdots - k_{1 \to N}C_1(t)$$

$$\frac{dC_2(t)}{dt} = k_{1 \to 2}C_1(t) + k_{3 \to 2}C_3(t) + \cdots + k_{N \to 2}C_N(t)$$
$$- k_{2 \to 1}C_2(t) - k_{2 \to 3}C_2(t) - \cdots - k_{2 \to N}C_2(t)$$

$$\frac{dC_3(t)}{dt} = k_{1 \to 3}C_1(t) + k_{2 \to 3}C_2(t) + \cdots + k_{N \to 3}C_N(t)$$
$$- k_{3 \to 1}C_3(t) - k_{3 \to 2}C_3(t) - \cdots - k_{3 \to N}C_3(t) \quad (4.5.1)$$

$$\vdots \quad \vdots \quad \vdots \quad \vdots$$

$$\frac{dC_N(t)}{dt} = k_{1 \to N}C_1(t) + k_{2 \to N}C_2(t) + \cdots + k_{(N-1) \to N}C_{N-1}(t)$$
$$- k_{N \to 1}C_N(t) - k_{N \to 2}C_N(t) - \cdots - k_{N \to (N-1)}C_N(t)$$

注意,方程组(4.5.1)中每个方程都由两项组成:(i)在方程的第一行是物质流入储库的项,也就是源项,(ii)在方程的第二行是物质流出储库的项,即汇项。

将每个方程中所有的汇项加和在一起,经过整理,方程(4.5.1)可以简化为

$$\frac{dC_1(t)}{dt} = -\sum_{j\neq 1}^{N}[k_{1\to j}C_1(t)] + k_{2\to 1}C_2(t) + k_{3\to 1}C_3(t) + \cdots + k_{N\to 1}C_N(t)$$

$$\frac{dC_2(t)}{dt} = k_{1\to 2}C_1(t) - \sum_{j\neq 2}^{N}[k_{2\to j}C_2(t)] + k_{3\to 2}C_3(t) + \cdots + k_{N\to 2}C_N(t)$$

$$\frac{dC_3(t)}{dt} = k_{1\to 3}C_1(t) + k_{2\to 3}C_2(t) - \sum_{j\neq 3}^{N}[k_{3\to j}C_3(t)] + \cdots + k_{N\to 3}C_N(t)$$

$$\vdots \qquad \vdots \qquad \vdots \qquad \vdots \qquad \vdots \qquad (4.5.2)$$

$$\frac{dC_N(t)}{dt} = k_{1\to N}C_1(t) + k_{2\to N}C_2(t) + \cdots + k_{(N-1)\to N}C_{N-1}(t) - \sum_{j=1}^{N-1}[k_{N\to j}C_N(t)]$$

从方程组(4.5.2)可以看出,对 N 个方程中的每一个来说,在给定储库中物质含量 $C_i(i=1,2,\cdots,N)$ 随时间的变化率是 N 个储库含量的线性组合。换句话说,$dC_i(t)/dt$ 是所有 $C_j(j=1,2,\cdots,N)$ 之线性加和。值得注意的是,当 i 不等于 j 时,系数为正;当 i 等于 j 时,系数为负。由于方程组(4.5.2)中每个方程的形式都相同,因此这些方程可以由一个方程表示,其中含 $i(i=1,2,\cdots,N)$ 和矩阵 **K**

$$\frac{dC_i(t)}{dt} = \sum_{j=i}^{N} K_{ij}C_j(t), \quad i=1,2,\cdots,N \qquad (4.5.3a)$$

式中

$$K_{ij} = k_{j\to i} \quad (i\neq j) \qquad (4.5.3b)$$

$$K_{ii} = -\left(\sum_{j\neq i}^{N} k_{i\to j}\right) \qquad (4.5.3c)$$

应注意大写 K 和小写 k 之间的变化。这里,我们在 K 的下角标中没有用箭头,而将 i 和 j 的次序对调。我们这么做,是为了方便使用 **K** 矩阵符号。

N 个储库系统方程组变换的最后一步,是变为向量矩阵形式

$$\frac{d\boldsymbol{C}(t)}{dt} = \boldsymbol{KC}(t) \qquad (4.5.4a)$$

式中

$$\boldsymbol{C}(t) \equiv \text{一个 } N \text{ 维向量} = \begin{matrix} C_1 \\ C_2 \\ C_3 \\ \vdots \\ C_{N-1} \\ C_N \end{matrix} \qquad (4.5.4b)$$

$$\boldsymbol{K} \equiv 一个 N \times N \text{ 矩阵} = \begin{matrix} K_{11} & K_{12} & \cdots & K_{1N} \\ K_{21} & K_{22} & \cdots & K_{2N} \\ K_{31} & K_{32} & \cdots & K_{3N} \\ \vdots & \vdots & \ddots & \vdots \\ K_{N1} & K_{N2} & \cdots & K_{NN} \end{matrix} \qquad (4.5.4c)$$

而且根据方程(4.5.3b)和方程(4.5.3c)，K_{ji}与转移系数$k_{i \to j}$有关。

方程(4.5.3)或方程(4.5.4)的解法基本上与第 4.4 节中两个储库问题的解法相同，只不过我们现在用向量和矩阵来代替标量。与两个储库的问题一样，我们假设解与时间的关系是指数关系

$$\boldsymbol{C}(t) = \boldsymbol{\Phi} \exp(Et) \qquad (4.5.5a)$$

式中，E 为常数

$$\boldsymbol{\Phi} \equiv 一个 N \text{ 维向量} = \begin{matrix} \Phi_1 \\ \Phi_2 \\ \vdots \\ \Phi_{N-1} \\ \Phi_N \end{matrix} \qquad (4.5.5b)$$

Φ_i 为常数(与两个储库问题中的 Φ_1 和 Φ_2 是等价的)。下面我们会看到，这个系统的解包含 N 个独立解，每个独立的解都有不同的 E 值和不同的向量 $\boldsymbol{\Phi}$。按照惯例，这组 N 个不同的 E 值被称为 $\boldsymbol{K}$ 矩阵的特征值，N 个向量 $\boldsymbol{\Phi}$ 则被称为 $\boldsymbol{K}$ 矩阵的特征向量。

4.5.3 特征值和特征向量问题一般解的获取

将式(4.5.5)代入到式(4.5.4)中，可求得式(4.5.4)中矩阵-微分方程的一般解。代入后，得到 N 个方程，即

$$\frac{dC_i(t)}{dt} = E\Phi_i \exp(Et) = \sum_{j=i}^{N} K_{ij}\Phi_j \exp(Et), \quad i=1,2,\cdots,N \qquad (4.5.6)$$

跟我们在第 4.4 节中两个储库问题的求解方法一样，方程的指数项可以约掉，等号右面的项可以移到等号左面。这样就得到 N 个代数方程，形式如下

$$\sum_{j=1}^{N} (E\delta_{ij} - K_{ij})\Phi_j = 0, \quad i=1,2,\cdots,N \qquad (4.5.7)$$

式中，δ_{ij} 是所谓的德尔塔(delta)函数(即当 $i=j$ 时 $\delta_{ij}=1$，当 $i \neq j$ 时 $\delta_{ij}=0$)。将上式两端同时乘以 -1，并整理成向量-矩阵格式，就得到看起来与式(4.4.6)相同的一个方程

$$(M)\boldsymbol{\Phi}=0 \tag{4.5.8}$$

然而,在这种情况下,矩阵 M 的定义却是

$$M=\begin{pmatrix} K_{11}-E & K_{12} & \cdots & K_{1N} \\ K_{21} & K_{22}-E & \cdots & K_{2N} \\ \vdots & \vdots & \ddots & \vdots \\ K_{N1} & K_{N2} & \cdots & K_{NN}-E \end{pmatrix} \tag{4.5.9}$$

尽管对 M 矩阵的定义与两个储库的"大学-世界循环"中的定义(式(4.4.7))类似,但是也有一些细微的不同。在式(4.4.7)中应用的是小写 k,而这里应用的是大写 K。应用大写 K,可以使我们在矩阵 M 中对每个元素的下脚标都用标准矩阵符号表示。而且,在对角线上的各元素,在之前为"-"号,而现在则为"+"号。

矩阵方程(4.5.8)的一个有效解是矩阵 M 的行列式等于 0。计算矩阵 M 的行列式并将其设为零,可得到一个有关 E 的 N 次多项式方程。这个多项式方程有 N 个解($E_1,E_2,\cdots,E_N$),如前所述,被称为矩阵 K 的特征值。

这 N 个特征值中的每一个都对应着一个特征向量,$\boldsymbol{\Phi}$。对应于第 n 个特征值的特征向量是

$$\boldsymbol{\Phi}_n=\begin{pmatrix}\Phi_{1n}\\ \Phi_{2n}\\ \vdots\\ \Phi_{Nn}\end{pmatrix} \tag{4.5.10}$$

反过来,这些特征向量的求取则可通过代入到式(4.5.7)

$$\sum_{j=1}^{N}(E_n\delta_{ij}-K_{ij})\Phi_{jn}=0, \quad i=1,2,\cdots,N \tag{4.5.11}$$

并解这 N 个耦合线性方程求 Φ_{jn} 来完成。一般情况下,对解的形式进行最后一步的简化是定义一个"特征向量"矩阵

$$\boldsymbol{\Psi}=\begin{pmatrix} \Phi_{11} & \Phi_{12} & \cdots & \Phi_{1N} \\ \Phi_{21} & \Phi_{22} & \cdots & \Phi_{2N} \\ \vdots & \vdots & \ddots & \vdots \\ \Phi_{N1} & \Phi_{N2} & \cdots & \Phi_{NN} \end{pmatrix} \tag{4.5.12}$$

式中,矩阵的每一列都是 N 个特征向量之一,其定义见式(4.5.5b)。

因此,对于包含 N 个特征值和 $N\times N$ 个特征向量的问题,我们有 N 个解。值得注意的是,特征值和特征向量矩阵是完全并且唯一由矩阵 K 决定的。

跟两个储库的问题一样，N 个储库问题的完全一般解是由 N 个解的线性组合得到的，即

$$C_i(t) = \sum_{n=1}^{N} a_n \Psi_{in} \exp(E_n t) \tag{4.5.13}$$

式中，a_n 为每个特征值的线性权重因子。这个解可以进一步简化为

$$C_i(t) = \sum_{n=1}^{N} Q_{in} \exp(E_n t) \tag{4.5.14}$$

其中，$Q_{in} = a_n \Psi_{in}$ 是权重因子和特征向量分量相乘得到的一个常数，在下节中，我们将介绍如何从初始条件得到 Q。

4.5.4 应用初始条件获得特定解

求解特征值和特征向量问题的最后一个步骤是从方程(4.5.14)解出 Q。跟第 4.4 节中两个储库问题的解一样，最后一步的求解需要方程(4.5.14)满足 $t=0$ 时刻的初始条件（即 C_{i0}），即

$$C_i(0) = C_{i0} = \sum_{n=1}^{N} Q_{in} = \sum_{n=1}^{N} \Psi_{in} a_n, \quad i = 1, 2, \cdots, N \tag{4.5.15}$$

方程(4.5.15)中含有 N 个线性耦合方程，它的解产生适当的 a_n 值，甚至 Q 矩阵。实际上，当 $N \geqslant 2$ 时，解的获得基本上都是通过用矩阵形式重写方程并进行矩阵变换实现的，即

$$\boldsymbol{C}_{i0} = \boldsymbol{\Psi} \boldsymbol{a} \tag{4.5.16}$$

它的解为

$$\boldsymbol{a} = \boldsymbol{\Psi}^{-1} \boldsymbol{C}_{i0} \tag{4.5.17}$$

4.5.5 特征值和特征向量方法小结

用特征值和特征向量的方法模拟生物地球化学循环包括 6 个基本步骤：

(1) 指定 N 个储库和适当的初始条件 C_{i0}，以及转移系数 $k_{i \to j}$。

(2) 根据 $k_{i \to j}$ 值，由式(4.5.3b)和式(4.5.3c)建立矩阵 $\boldsymbol{K}$。

(3) 用数学或数值方法，解矩阵 $\boldsymbol{K}$ 的特征值($E_1, E_2, \cdots, E_N$)和特征向量矩阵($\boldsymbol{\Psi}$)。

(4) 由初始条件，根据式(4.5.16)通过逆矩阵确定权重因子($a_1, a_2, \cdots, a_N$)。

(5) 由特征向量矩阵和权重因子确定矩阵 $\boldsymbol{Q}$，其中 $Q_{in} = a_n \Psi_{in}$。

(6) 写出最终解

$$C_i(t) = Q_{i1}\exp(E_1 t) + Q_{i2}\exp(E_2 t) + \cdots + Q_{iN}\exp(E_N t) \quad (4.5.18)$$

如上所述，解中包含 N 个特征值 E_n。在这 N 个特征值中，有 $N-1$ 个是负数，余下的一个为 0。因为特征值在解中是以指数因子的形式出现，所以解中含有负特征值的各项将随时间衰减，余下零特征值的一项为稳态解。

4.6 运用 BOXES 模拟生物地球化学循环的方法

在第 4.5 节中用特征向量和特征值的方法对描述生物地球化学循环的微分方程进行积分，在原则上说是很简单的。但是，实际上当处理 3 个或更多储库的生物地球化学循环时，这种方法却很费时。

有了计算机后，运用特征向量和特征值的繁琐方法就不再必要了。现在我们可以使用计算机程序来代替手工求解大量的代数方程。为了让求解更加容易，本书附带了一个计算机程序(BOXES)。通过输入适当的初始条件，BOXES 将帮助建立任意封闭的生物地球化学循环模型(若 $N \leqslant 10$)，求解储库中元素数量随时间的变化，并且通过图表显示来帮助分析结果。要运用 BOXES 模拟生物地球化学循环，首先必须进行三步准备工作：

预备步骤(1) 画出循环的基本示意图(如图 4.1 为大学-世界循环示意图)。示意图中应标明循环的 N 个储库和不同储库间物质交换的途径。

预备步骤(2) 计算每个路径的转移系数 $k_{i \to j}$。物质从储库 i 到储库 j 的转移速率由 $k_{i \to j} C_i(t)$ 决定。对于一个 N 储库的系统，有 $N(N-1)$ 个 k 值，尽管可能其中一些为 0。

预备步骤(3) 确定储库的初始量，即 $C_i(t=0)$。

一旦完成这些步骤，就可以运行 BOXES 了。程序代码是由菜单驱动的，任意时刻都可以按 F1 键或者使用鼠标来激活屏幕上方菜单中的"帮助"命令。开始运行 BOXES 后，首先必须输入预备步骤中收集的信息。具体操作是调用"BOXES"命令，按顺序点击屏幕上出现的储库对话框中的每个储库。在点击某个储库时，会出现一个新的对话框，即"储库属性对话框"，上面有待填写的"储库名称"、初始"含量"和 k 值(见专栏 4.1)。用鼠标或回车使光标在对话框中移动，就可以输入名称、初始值和 k 值，然后单击"OK"退出对话框，回到主界面。当所有储库的数据都输入完成后，就可以使用"运行"命令求解、使用"输出"命令浏览文本格式的结果、使用"绘图"命令浏览图形格式的结果、再使用"文件"命令存储数据文件。本章后面的几个简单习题可以让你熟悉 BOXES 的操作。

> **专栏 4.1** $k_{i\to j}$ 和矩阵 K 之间的关系及其在 BOXES 中的用法
>
> 如果知道 $k_{i\to j}$ 和矩阵 K 之间的关系,那么建立和求解描述生物地球化学循环的方程组就变得非常容易了。$k_{i\to j}$ 代表的是物质从储库 i 到储库 j 的转移系数,而矩阵 K 只不过是 $k_{i\to j}$ 的集合。然而,这个集合的排序非常特别。对于 N 个储库的循环,该集合为一个 $N\times N$ 矩阵。其中矩阵的每一列 $k_{i\to j}$ 都对应着一个 i 和所有可能的 j。每一列处于对角线上的元素(即 K_{ii})是这一列 $k_{i\to j}$ 之和的相反数。也就是说,N 储库循环第 m 列的形式如下
>
> $$\begin{matrix} k_{m\to 1} \\ k_{m\to 2} \\ k_{m\to 3} \\ \vdots \\ -\sum(k_{m\to j}) \\ \vdots \\ k_{m\to N-1} \\ k_{m\to N} \end{matrix}$$
>
> 为了尽量简化,将矩阵 K 按每列的顺序输入到 BOXES 中。对于每个储库,都有一个"储库属性对话框"可以用来输入一个储库到所有其他储库的转移系数。对角线上的元素则不能输入,而是通过输入的 $k_{i\to j}$ 之和由 BOXES 自动计算出来的。

4.7 结 论

线性箱式模型方法对于分析全球生物地球化学循环来说是非常有用的,我们会在后面章节中看到这一点。然而,应该注意,该方法将非常复杂的系统进行了简化,因而也有其局限性。其中可能最严重的局限是假设物质转移的速度与储库中物质的多少呈线性关系。事实上,大多数生物地球化学过程要复杂得多。因此,当我们研究全球生物地球化学循环并用 BOXES 进行模拟时,严格客观地检查结果的合理性是非常重要的。

现在,我们对本书主题的介绍就到这里。我们回顾了化学热力学的基本原理和地球圈层的情况,我们还发展了模拟生物地球化学系统重要特征的数学方法(并介绍了基于该方法的计算机软件)。现在,我们开始研究生物地球化学循

环本身。

建议阅读

Hildebrand, F. B., *Introduction to Numerical Analysis*, 2nd edition, McGraw-Hill, New York, 1974.

Lasaga, A. C., Dynamic treatment of geochemical cycle: Global kinetics, in *Kinetics of Geochemical Processes*, *Reviews of Mineralogy*, 8, 69–109, 1988.

Watkins, D. S., *Fundamentals of Matrix Computations*, John Wiley, New York, 1991.

习题

1. 由于生物地球化学家的全球性短缺,有人提议,将第4.3节中讨论过的生物地球化学大学的新生入学率翻倍。如果该提议被采纳,为了制订新宿舍楼的建设计划,学校董事会需要知道大学中的最终学生数量,以及达到这个数量所需的时间。作为一个生物地球化学专家,你需要回答学校董事会的这些问题。首先根据你的直觉估测答案,然后再用BOXES证明其准确性。

2. 如果习题1中生物地球化学大学董事会决定新生入学率不翻倍,而是新增一项6年的博士计划,那么基于对大学本科生能力的评估,董事会决定本科毕业生中25%进入博士计划。请运用BOXES预测大学中博士研究生数量随时间的变化。

第 5 章

全球磷循环

> "……磷有一个好听的名字(它的含义是光明使者),它能发光,它在大脑中;……没有磷,植物不能生长;……它在火柴头上,为爱疯狂的女孩甚至会吞磷自杀;它在鬼火中,在旅行者的前方。"
> P. Levi, *The Periodic Table*, Schocken Books, New York, 1984.

5.1 引 言

磷(P)是一种非金属元素,在化学元素周期表中处于第五(VA)主族(图 5.1),原子序数为 15,原子量约为 30.974。该元素于 1669 年由 H. Brand 发现。1771 年,K. W. Schelle 在骨灰中发现了它,由此确定了 P 在生物有机体中的存在。实际上,P 在生物有机体中不仅是存在的,而且还是一种关键成分。虽然其含量只占有机质质量的 1% 左右,但是 P 元素却在细胞内能量的储存、输送和利用上起到了核心作用(见专栏 5.1)。另外,尽管 P 元素在地球上的含量排名位列第十,然而因为 P 元素在自然环境中容易形成不溶的化合物,它常常限制了许多生态系统的光合作用速率,特别是在水溶液中。由于上述原因,P 的生物地球化学循环是生物圈存活的基础。下面我们先回顾一下 P 的基本热化

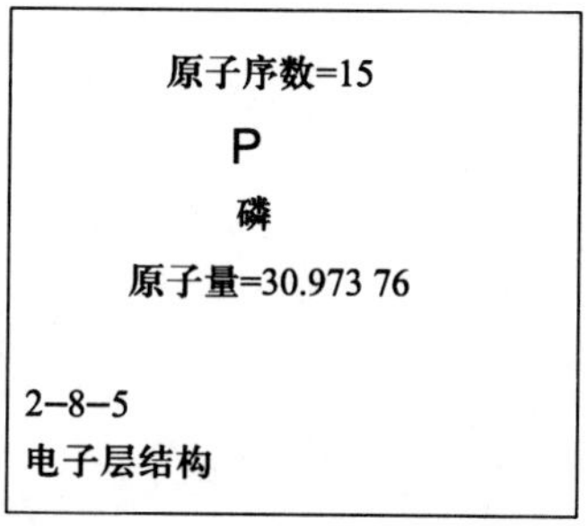

原子序数=15
P
磷
原子量=30.973 76
2-8-5
电子层结构

图 5.1 P 是一种非金属元素,位于元素周期表的第五(VA)主族。

学性质,然后再研究其循环。

专栏5.1 磷在细胞新陈代谢中的作用

P在生物圈中的关键作用源于其在细胞中的两种化合物:二磷酸腺苷和三磷酸腺苷(ADP和ATP)。这两种化合物则由两种有机化合物(腺嘌呤和核糖)和两个磷酸根(PO_4^{3-})(对ADP来说)或三个PO_4^{3-}(对ATP来说)组成。ATP发生水解(即与水反应)时,产生ADP、PO_4^{3-},并释放出能量;相反,如果提供能量,ADP则可以与PO_4^{3-}化合,生成ATP;即

$$ATP + H_2O \rightleftharpoons ADP + PO_4^{3-} + 能量$$

通过这个可逆反应,细胞能够以ATP的形式储存、输送能量,之后在需要的时间和地点将能量释放出来。例如,在细胞呼吸中心线粒体内,ATP是碳水化合物和脂肪转化能量的化学中介,这些能量可以输送到细胞的其他部分被利用(见图5.2)。在绿色植物进行光合作用的叶绿体中,太阳光能充当一系列酶反应的能源,这些酶反应也能够将ADP转化为ATP。储存在ATP中的能量最终用来将光合作用的初级产物转化为碳水化合物。

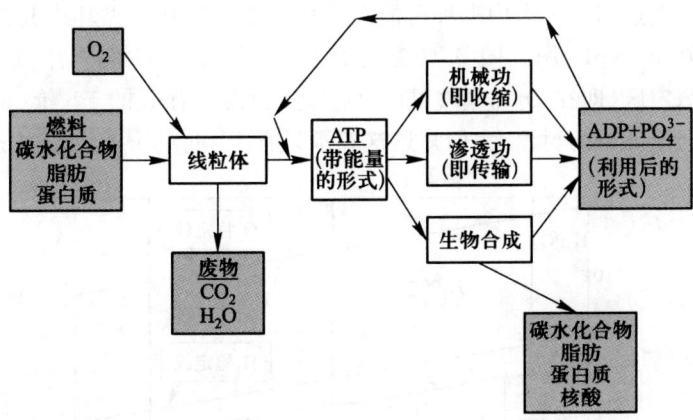

图5.2 细胞内能量流动示意图。在线粒体内,氧气(O_2)与碳水化合物、脂肪和蛋白质的反应释放的能量用来将ADP和PO_4^{3-}转化成ATP。ATP被输送到细胞的其他部分,并在那里释放能量以支持各种新陈代谢过程,包括机械工作、膜渗透工作和生物合成。ATP分解生成ADP和PO_4^{3-},返回到线粒体中并再次被转化成ATP。(来自Swanson,*The Cell*,Prentice-Hall,Englewood Cliffs,NJ,150 pages,1969.)

5.2 磷的氧化还原性质

在构建 P 的循环之前,我们要先了解 P 在地球系统中可能存在的化学形式。这就需要我们考虑 P 的氧化还原性质。从第 2 章的表 2.2 中,我们可以看到元素 P 有四种价态:-3、0、+3 和+5。图 5.3 总结了与这些价态相关的化合物:-3 价的磷化氢(PH_3)、元素态 P(经常以无定形状态存在,P_4)、+3 价的亚磷酸及其共轭碱(H_3PO_3,$H_2PO_3^-$,HPO_3^{2-})和+5 价的磷酸及其共轭碱(有时也称为正磷酸盐,H_3PO_4,$H_2PO_4^-$,HPO_4^{2-},PO_4^{3-})。这些化合物有两个值得注意的特点。首先,尽管 H_3PO_3 有三个质子,但它只是一种二元酸,有两个共轭碱,而不是三个。其次,在上述所有化合物中,只有 PH_3 在实际大气条件下具有显著的蒸气压,因此也是唯一可能成为大气气态组分的化合物。但是,在下面我们可以看到,由于 P 的热力学性质,PH_3 不是天然大气组分。

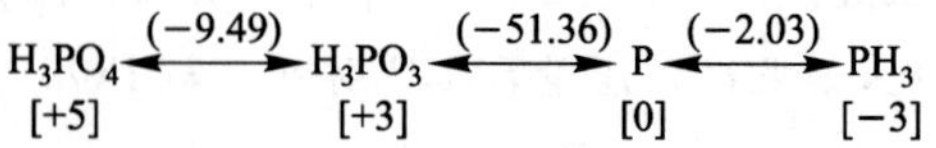

$$H_3PO_4 \xleftarrow{(-9.49)} H_3PO_3 \xleftarrow{(-51.36)} P \xleftarrow{(-2.03)} PH_3$$
$$[+5] \qquad [+3] \qquad [0] \qquad [-3]$$

图 5.3 P 的价态。每种磷化合物下的方括号中的数字表示的是 P 在该化合物中的价态;化合物之间括号中的数字表示的是在这两种化合物之间的氧化还原半反应平衡常数的对数值。

要确定上述四个价态中哪种可能在 P 的生物地球化学循环中起作用,我们需要查看其 pe-pH 图。图 5.4 就是 P 的一个 pe-pH 图。注意图中在水(H_2O)的稳定区(即在 O_2 和氢气(H_2)的稳定线)内只有 P 的+5 价(正磷酸盐)出现。根据第 2 章的讨论,我们知道这表示只有+5 价的 P 在溶液状态下是稳

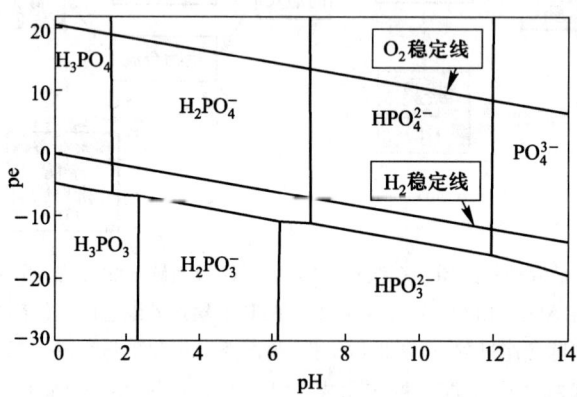

图 5.4 P 的 pe-pH 图。该图应用了第 2 章介绍的方法,使用了附录中的平衡常数。注意,在 H_2O 的稳定区间(即在 O_2 的稳定线以下,H_2 的稳定线以上)只有+5 价的 P(H_3PO_4,$H_2PO_4^-$,HPO_4^{2-} 和 PO_4^{3-})出现。因此,在 P 的生物地球化学循环中只需考虑+5 价的 P。

定的。因此，+5 价的 P 基本上是地球系统内唯一具有较高含量 P 的存在形式（见表 5.1）。在海洋中，溶解态的 P 总是以 PO_4^{3-} 的某种形式存在。类似地，在岩石圈内，P 存在于多种矿物质中，但这些矿物质中的 P 基本上总是以磷酸盐的形式存在。最常见的含 P 矿物质是磷灰石，它有六边形的晶体结构，包括氟磷灰石($Ca_5(PO_4)_3F$)、氢氧磷灰石($Ca_5(PO_4)_3OH$)和氯磷灰石($Ca_5(PO_4)_3Cl$)。P 也存在于生物圈中——但是仅以核酸内磷酸盐单位(即 DNA 和 RNA)以及 ATP 与 ADP 的形式存在。由于地球系统内的 P 限于+5 价，P 的生物地球化学循环并不包括稳定的气体状态。大气中的 P 要么以固态形式存在，即扬尘、沙中的矿物成分，要么以云水和雨水中的溶解磷酸盐形式存在(见表 3.4)。

表 5.1 磷的生物地球化学循环仅限于+5 价

地球圈层	主要含磷物质
海洋	正磷酸盐{$MgHPO_4$,HPO_4^{2-},$NaHPO_4^-$,$CaPO_4^-$,$CaHPO_4$} 有机正磷酸盐{磷酸糖类,磷脂}
岩石圈	磷酸盐矿物质{磷灰石:$Ca_5(PO_4)_3F$,$Ca_5(PO_4)_3OH$,$Ca_5(PO_4)_3Cl$}
生物圈	有机磷酸盐{DNA,RNA,ATP,ADP}
大气圈	正磷酸盐{在云水和雨水中}

5.3 磷循环的生物地球化学反应

上一节中，我们了解到 P 的生物地球化学循环仅限于+5 价(即 PO_4^{3-})。由于磷酸盐普遍存在于水圈、岩石圈和生物圈中，我们可以预料，这些圈层代表了该元素的重要储库。另一方面，因为+5 价的 P 没有稳定的气态化合物，我们可以预料，大气圈不是 P 的重要储库。要建立 P 的全球循环，下一步我们就需要确认导致 P 从地球系统的一个圈层流到另一个圈层的过程或生物地球化学反应。

5.3.1 磷循环与生物圈的耦合——光合与呼吸

P 流入和流出生物圈是由光合作用和呼吸作用控制的；光合作用吸收无机磷酸盐进入活的生物体，而呼吸和分解作用则将有机磷酸盐转化回到无机形式。在第 3 章我们讨论过，可以用两个计量反应方程式代表复杂的光合和呼吸过程：
对于海洋

$$106CO_2 + 64H_2O + 16NH_3 + H_3PO_4 + h\nu \rightleftharpoons$$
$$C_{106}H_{179}O_{68}N_{16}P + 106O_2 \quad (R3.3)$$

对于陆地

$$830CO_2 + 600H_2O + 9NH_3 + H_3PO_4 + h\nu \rightleftharpoons$$
$$C_{830}H_{1230}O_{604}N_9P + 830O_2 \quad (R3.4)$$

在这两种情况下,光合作用都是由从左向右的反应表示,而呼吸和分解作用由从右向左的反应代表。

在海洋反应(R3.3)中,N 与 P 的化学计量关系值得我们深入探讨,因为 P 在控制海洋生产力方面起到了非比寻常的作用。在深海,溶解 P 的总浓度大约为 2 μM(即 2×10^{-6} mol·L^{-1}),而溶解 N 的总浓度大约为 35 μM。因此深海中 N:P 大约为 17:1。但是从反应(R3.3)我们可以看到,海洋生物体中的 N:P 约为 16:1,跟深海海水中的比值非常接近。海洋地球化学家们认为这两个比值如此接近并非巧合。他们相信,海洋的 N:P 值是由一类特别的、称为"固氮菌"的海洋生物"工作"的结果。这些固氮菌包括蓝绿菌(蓝绿藻),它们具备将(不能用于光合作用的)分子 N_2 转化为光合作用可用 N(即硝酸盐和铵盐)的能力。因为固氮过程需要能量,这些固氮菌不可能无限制地固氮。相反,它们可能只是固定足够利用溶解 P 并进行光合作用所需要的 N。换句话说,只要有 P 存在,这些固氮菌就会一直固氮;而一旦所有的 P 都被光合作用消耗殆尽,固氮菌就停止固氮。光合作用产生的有机质经过较长时期的持续矿化,海洋的 N:P 就与生物圈本身的 N:P 相仿。如果这个理论是正确的,就意味着 P 最终控制着海洋的生产力,而不是 N。

5.3.2 磷循环与岩石圈的耦合——沉积与风化

P 向岩石圈的流入是通过在海底形成含磷酸盐沉积物完成的。而在岩石圈循环结束,即这些含磷酸盐沉积物被带到地球表面时,P 得以流出岩石圈,并被风化或侵蚀。为了简便,我们用有关 $Ca_5(PO_4)_3OH$ 的产生和降解的单个化学计量反应来代表这些过程

$$5Ca^{2+} + 3HPO_4^{2-} + 4HCO_3^- \rightleftharpoons (Ca_5(PO_4)_3OH)_s + 4CO_2 + 3H_2O \quad (R5.1)$$

从左向右的反应是沉积过程,从右向左的反应代表风化和侵蚀过程。该反应的一个重要特点是与碳(C)循环的耦合,这一点对地球系统中的许多沉积/风化反应是普遍存在的。沉积中生成 1 mol $Ca_5(PO_4)_3OH$ 可向大气释放 4 mol CO_2。反过来,1 mol $Ca_5(PO_4)_3OH$ 的风化需要消耗 4 mol CO_2 气体。

5.4 磷的循环

现在就可以开始构建我们的第一个全球生物地球化学循环——P 的循环。有一点我们要记住,不管是这个循环还是其他循环,都不存在唯一的正确描述。归根结底是由我们想要解决的问题来决定我们模型的详略和复杂程度。我们这里用 6 个箱或储库来代表 P 的循环。如图 5.5 所示,这 6 个储库为(1)沉积物,(2)陆地土壤,(3)陆地生物,(4)海洋生物,(5)表层海洋和(6)深层海洋[①]。

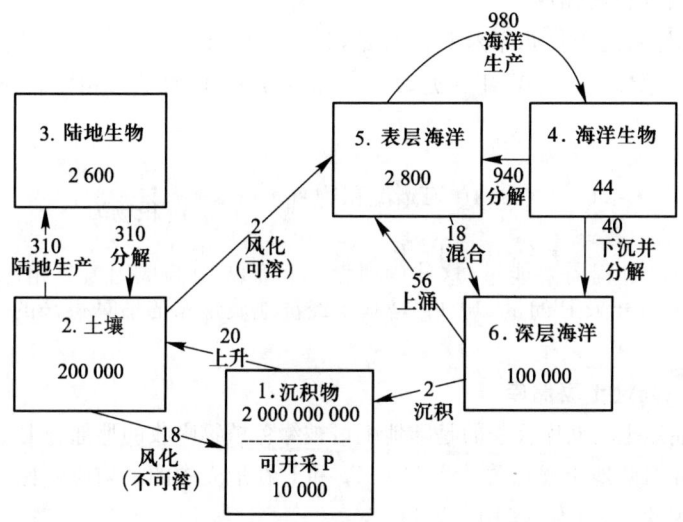

图 5.5　P 的全球生物地球化学循环的六储库模型。储库数量单位为 Tg,流量单位为 Tg·年$^{-1}$。(1 Tg=1×10^{12} g)

图 5.5 所表示的模型中有几点值得注意。P 是地球上含量最多的第 10 种元素,其重量相对丰度为 0.1%。由于地球的质量大约为 $6×10^{15}$ Tg(见表 3.1),可以推论地球上有大约 $6×10^{12}$ Tg P[②]。然而,大部分 P 都存在于地幔和地核中,因此并不能真正地参与 P 的全球生物地球化学循环。我们模型中的 P 只是地球上 $6×10^{12}$ Tg P 中的一部分,它们直接参与 P 的生物地球化学循环。从图 5.5 可以看到,这些数据加起来总共约为 $2×10^9$ Tg,包括(海洋)沉积物、土壤、

---

① P 循环的六储库模型是比较标准的,在许多其他的文献中也常见。本章后面"建议阅读"中列出了几篇文献。

② 1 Tg=1×10^{12} g。

海洋和生物圈中的 P。而且,由于海洋生物作为海底有机沉积物来源的特殊作用,我们将海洋生物圈与陆地生物圈分开处理。因为深海和表层海洋之间的营养交换控制着海洋光合作用的速率,我们将海洋这两部分分别处理。最后,为了解磷酸盐矿物开采的影响,我们在沉积物储库内指定了一个子储库,称为"可开采 P"。

至此,我们已经确定了代表全球 P 循环的储库,下面就要估算每个储库中现有 P 的量以及 P 从一个储库转移到另一个储库的流量。从下面对 P 储库和流量的讨论我们可以看到,许多必要的信息都已经在"地球系统"一章中给出(表 3.8)。

5.4.1 C_1：沉积物储库

估算得到,沉积物储库内 P 的总量,C_1,为 2×10^9 Tg。这一数值是从前面估算沉积物总质量 2×10^{12} Tg(见表 3.8)和地壳中 P 的平均相对含量 0.1% 得到的

$$C_1 = (2\times10^{12} \text{ Tg 沉积物})\left(0.001\ \frac{\text{g P}}{\text{g 沉积物}}\right)$$
$$= 2\times10^9 \text{ Tg P} \tag{5.4.1}$$

而沉积物中可开采 P 的量 10^4 Tg 是基于经济地质学家的估算得来的。

5.4.2 C_2：陆地土壤储库

P 的陆地土壤储库代表的是陆地上可被绿色植物吸收的那部分 P。该储库的量是从前面对陆地土壤总质量 2×10^8 Tg 和 P 在地壳中的平均质量比 0.1% 推算而来的。因此,C_2 约为 2×10^5 Tg P。

5.4.3 C_3：陆地生物储库

陆地生物储库可从第 3 章陆地生物圈的数据估算得到。表 3.8 给出活的陆地生物圈量约为 8.3×10^5 Tg C,陆地生物体内 P：C 平均值为 1：830。因此

$$C_3 = (8.3\times10^5 \text{ Tg C})\left(\frac{1\text{ mol P}}{830\text{ mol C}}\right)\left(\frac{31\ \frac{\text{g}}{\text{mol}}\text{P}}{12\ \frac{\text{g}}{\text{mol}}\text{C}}\right)\approx 2.6\times10^3 \text{ Tg P}$$

$$\tag{5.4.2}$$

5.4.4 C_4：海洋生物储库

与陆地生物储库的估算类似,海洋生物储库是基于活的海洋生物圈的量 1.8×10^3 Tg C,和海洋生物体内 P：C 平均值 1：106(见表 3.8)。因此

$$C_4 = (1.8 \times 10^3 \text{ Tg C}) \left(\frac{1 \text{ mol P}}{106 \text{ mol C}} \right) \left(\frac{31 \frac{\text{g}}{\text{mol}} \text{P}}{12 \frac{\text{g}}{\text{mol}} \text{C}} \right) \approx 4.4 \times 10^1 \text{ Tg P}$$

(5.4.3)

5.4.5 C_5：表层海洋储库

表层海洋 P 储库是通过表层水体中平均溶解 P 浓度 25 mg·m^{-3}，表层海洋的质量 1.1×10^{11} Tg，以及海洋密度 1 g·cm^{-3} 得到的。表层海洋储库 C_5 为 2.8×10^3 Tg P。

5.4.6 C_6：深层海洋储库

类似地，深层海洋储库的估算是基于：(a) 深海中 P 的平均浓度 80 mg·m^{-3} 和 (b) 深层海洋的质量 1.3×10^{12} Tg。估算得到 C_6 为 1.0×10^5 Tg P。

5.4.7 $F_{2 \to 1}$：陆地土壤储库到沉积物储库流量

$F_{2 \to 1}$ 表示的是从陆地到沉积物的有效流量，是不溶性磷酸盐矿物质的机械风化造成的。不溶性磷酸盐的机械风化可产生颗粒物或渣土，并被河流带入海洋，在海洋中下沉到海底，成为海底沉积物的一部分。由于这些颗粒物中的 P 在海水中不会溶解，我们可以把这种输送看做是 P 元素从陆地到沉积物的直接转移。$F_{2 \to 1}$ 的大小是从下面三个数值计算得来的：(a) 估算的风化速率 2×10^4 Tg·年$^{-1}$，(b) 地壳中 P 的平均含量 0.1%，和 (c) 估计 90% 的风化产生不溶性 P。因此，陆地土壤储库到沉积物储库的流量为

$$F_{2 \to 1} = \left(2 \times 10^4 \frac{\text{Tg 沉积物}}{\text{年}} \right) \left(0.001 \frac{\text{g P}}{\text{g 沉积物}} \right) (0.9) = 18 \frac{\text{Tg P}}{\text{年}} \quad (5.4.4)$$

5.4.8 $F_{2 \to 3}$：陆地土壤储库到陆地生物储库流量

根据估算的陆地生物圈总初级生产力 1×10^5 Tg C·年$^{-1}$，陆地生物平均 P:C 比 1:830，计算出陆地土壤储库到陆地生物储库流量为 310 Tg P·年$^{-1}$。

5.4.9 $F_{3 \to 2}$：陆地生物储库到陆地土壤储库流量

假设陆地生物储库到陆地土壤储库的流量等于 $F_{2 \to 3}$（即 310 Tg P·年$^{-1}$），因此陆地生物圈 P 的生产和损失达到平衡。

5.4.10 $F_{2 \to 5}$：陆地土壤储库到表层海洋储库流量

该流量的估算与 $F_{2 \to 1}$ 的估算基于同样的数据，只是在此我们假定磷酸盐矿

物质的风化中 10% 会产生溶解磷,并经径流以正磷酸盐的形式进入海洋。因此,$F_{2\to5}=2$ Tg P·年$^{-1}$。

5.4.11　$F_{5\to4}$:表层海洋储库到海洋生物储库流量

根据表层海洋总生产力 4×10^4 Tg C·年$^{-1}$,海洋生物体中平均 P:C 比值 1:106,得到表层海洋中的 P 被海洋生物吸收速率为

$$F_{5\to4}=\left(4\times10^4\ \frac{\text{Tg C}}{\text{年}}\right)\left(\frac{1\ \text{mol P}}{106\ \text{mol C}}\right)\left[\frac{31\ \frac{\text{g}}{\text{mol}}\text{P}}{12\ \frac{\text{g}}{\text{mol}}\text{C}}\right]$$

$$\approx 9.8\times10^2\ \frac{\text{Tg P}}{\text{年}} \tag{5.4.5}$$

5.4.12　$F_{4\to5}$:海洋生物储库到表层海洋储库流量

$F_{4\to5}$ 表示的是 P 从海洋生物经过呼吸和分解返回到表层海洋的流量。估计浮游植物表层海洋总生产力所吸收的 P 中约 96% 又经矿化立刻返回到表层海洋中。(在第 3 章我们谈到,表层海洋总生产力中只有 90% 的 C 返回到表层海洋。但是,一般情况下,P 的矿化比 C 更加有效;因此,返回到表层海洋的 P 更多,而下沉到深层海洋的更少些。)因此

$$F_{4\to5}=0.96F_{5\to4}=9.4\times10^2\ \frac{\text{Tg P}}{\text{年}} \tag{5.4.6}$$

5.4.13　$F_{4\to6}$:海洋生物储库到深层海洋储库流量

被浮游植物吸收的 P 中有 4% 在表层海洋中未发生矿化,而是从海洋生物流到深层海洋。因此,$F_{4\to6}=40$ Tg P·年$^{-1}$。

5.4.14　$F_{5\to6}$:表层海洋储库到深层海洋储库流量

从表层海洋流到深层海洋的无机 P 流量,是根据表层海洋与深层海洋的交换参数 2 m·年$^{-1}$,P 在表层海洋中的浓度 25 mg·m^{-3},以及表层海洋的面积 3.5×10^{18} cm^2 进行估算的

$$F_{5\to6}=\left(25\ \frac{\text{mg P}}{\text{m}^3}\right)\left(10^{-3}\ \frac{\text{g}}{\text{mg}}\right)\left(10^{-6}\ \frac{\text{m}^3}{\text{cm}^3}\right)\left(200\ \frac{\text{cm}}{\text{年}}\right)(3.5\times10^{18}\ \text{cm}^2)$$

$$\approx 1.8\times10^1\ \frac{\text{Tg P}}{\text{年}} \tag{5.4.7}$$

5.4.15　$F_{6\to5}$:深层海洋储库到表层海洋储库流量

从深层海洋流到表层海洋的 P 流量,则是根据这两层海洋的交换参数

2 m·年$^{-1}$，P 在深层海洋中的浓度 80 mg·m^{-3} 进行估算的。得到的流量为 56 Tg P·年$^{-1}$。

5.4.16　$F_{6\to 1}$：深层海洋储库到沉积物储库流量

通过磷灰石和其他磷酸盐矿物的沉降而导致的海洋沉积物中 P 的积累速率是深海中磷酸盐浓度和影响海洋中磷酸盐晶体形成速率的一些其他变量的复杂函数。为了简化，我们根据稳态假设来确定该流量；也就是，假设磷酸盐沉积速率刚好使深海 P 的输入和输出达到平衡。因此，$F_{6\to 1}=2$ Tg P·年$^{-1}$。

5.4.17　$F_{1\to 2}$：沉积物储库到陆地土壤储库流量

与求解 $F_{6\to 1}$ 一样，根据稳态平衡确定 P 从沉积物到陆地土壤储库的流量。因此，假设 $F_{1\to 2}=20$ Tg P·年$^{-1}$。

5.4.18　建立矩阵 K

现在，我们已经确定了循环中的所有储库含量和流量。最后一项工作是计算储库间的转移系数或者称为 k 值，这样才能进行数值模拟试验。从第 4 章，我们知道有下面的关系

$$k_{i\to j}=\frac{F_{i\to j}}{C_i} \qquad (5.4.8)$$

而且 K 矩阵的每一列都是由 $k_{i\to j}$ 元素构成的 $(i,j=1,2,\cdots N)$，很简单，矩阵 K 为

$$K=\begin{pmatrix} -1\times 10^{-8} & 9\times 10^{-5} & 0.0 & 0.0 & 0.0 & 2\times 10^{-5} \\ 1\times 10^{-8} & -1.65\times 10^{-3} & 0.119 & 0.0 & 0.0 & 0.0 \\ 0.0 & 1.55\times 10^{-3} & -0.119 & 0.0 & 0.0 & 0.0 \\ 0.0 & 0.0 & 0.0 & -22.27 & 0.35 & 0.0 \\ 0.0 & 1.0\times 10^{-5} & 0.0 & 21.36 & -0.356\,43 & 5.6\times 10^{-4} \\ 0.0 & 0.0 & 0.0 & 0.91 & 6.43\times 10^{-3} & -5.8\times 10^{-4} \end{pmatrix}$$

下一节，我们要采用第 4 章中的数值模拟技术来更深入地探讨 P 循环。

5.5　运用 BOXES 研究磷循环

现在，我们要运用 BOXES 或者任何其他相当的数学技术来研究 P 循环的内在特点。事实上，我们可以进行无限多的不同的数值模拟试验。下面我们就举几个有代表性的例子。

5.5.1 试验1:验证稳态模型

建立了生物地球化学循环并确定其矩阵 K 后,首先应该先确认它是正确的。如果所建立的循环处于稳态,那么很容易就可以采用 BOXES 验证该循环正确与否:输入矩阵 K 并使每个储库的初始量为处于稳态的量;然后,使用 BOXES 的菜单"运行/求解"。由于该循环处于稳态,运行结果应该显示没有变化(见专栏5.2)。

除了验证模型以外,稳态解还可以提供有关循环特点的一些信息。使用菜单中的"输出/屏幕显示"命令,在输出结果中有"特征值向量"一项。这里列出了循环的特征值。对于P元素循环的六储库模型来说,有5个非零特征值和1个等于0的特征值(见图5.7)。注意在这里,绝对值最小的非零特征值为 1.9×10^{-5} 年$^{-1}$。该特征值对应于循环特征响应(或称为e指数递减)时间。换句话说,若我们以任何方式干扰该循环,那么需要大概5万年(即 $1\div(1.9\times 10^{-5}$ 年$^{-1}$))的调整后所有的储库才能达到一个新的稳态。这个结果可能会令人意外。因为P在沉积物中的存在时间大约为2亿年(即 $1\div k_{1\to 2}$)。怎么会整个系统的响应时间只有5万年,而P在其中一个储库中的存在时间为2亿年呢?

专栏5.2 利用BOXES输出验证稳态模型

建立了稳态循环后,就可以利用 BOXES 确认其正确与否。输入稳态下储库的含量和 k 值,然后用鼠标点击"运行/求解"命令。运算完成后,可以检验模型是否处于稳态,方法有两种。方法一:使用"画图/查看"命令时,屏幕上会出现储库含量随时间变化的图形。如果 k 值是正确的,图形应该显示一系列直线,表明储库含量不随时间变化,如图5.6所示。方法二:使用"输出/屏幕显示"命令时,可以在屏幕上查看文本格式的结果。文本格式输出结果中,有几个部分的数字,分别带有不同的标记。前三个部分为储库名称、其初始含量及运行模型的矩阵 K 的记录。其余部分为解。要证明我们输入模型的是稳态条件,可以查看文件的最后两行。倒数第二行上有标记"无穷",显示当时间为无穷大时每个储库的含量,也就是说,此时解中所有与时间有关的部分都衰减消失了。最后一行上有标记"变化",即运行开始到时间无穷大时,每个储库含量的净变化。如果输入条件是稳态,"无穷"解应该基本上与储库初始含量相同,而"变化"应该为初始储库含量和最终储库含量的百分之几或更少。你知道"变化"不完全等于零的原因吗?

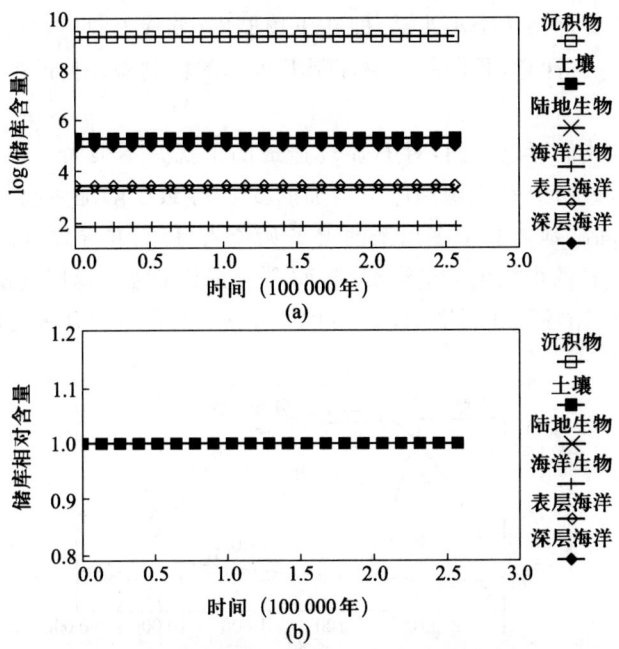

图 5.6 BOXES 给出的稳态 P 循环的解。类似的图可以由 BOXES 中"画图/选择"和"画图/查看"命令来选择和查看。(a) 每个储库含量。(b) 储库含量的相对值,即每个储库含量除以其初始值。(用户也可以利用"输出/文件"命令将结果以文本格式储存到一个文件中,然后将该文件输到电子表格或图形应用软件中。) 无论选择何种方式,稳态循环的结果都应该显示储库含量不随时间变化,是常数,就像这里 P 的稳态循环一样。

特征值向量:

$-1.376E+01 \quad -1.646E-01 \quad -2.077E-02 \quad -9.907E-05$

$-1.946E-05 \quad 0.000E+00$

图 5.7 BOXES 输出 P 循环的特征值。最后一个特征值对应稳态解,其余特征值对应 5 个与时间有关的解。倒数第二个特征值的倒数,即约 5 万年,是循环受到扰动后响应并再次达到平衡所需的最长时间。该时间被称为循环的特征响应时间。

5.5.2 试验 2:人为活动的影响

如图 5.5 所示,磷酸盐的开采以及作为化肥在农业和许多其他工业过程中的使用等人类行为可加快沉积物中 P 转移到土壤并最终可为生物利用的速率。为了搞清人类干扰对 P 循环的长期影响,我们采取一种"最坏情景":假设沉积物中的所有可开采 P,大约 10 000 Tg,被突然从沉积物储库转移到土壤储库中。这时,P 循环会有什么变化呢?

采用 BOXES,我们可以比较容易地阐述这一问题。我们对第 5.5.1 节稳态循环的输入文件做一个小改动,即在土壤储库(储库2)的初始值的基础上再加上10 000 Tg。注意,我们并未对控制P流动的机制做任何改变,因此矩阵 **K** 不变。

从图 5.8 我们可以看到,对 P 循环造成的干扰并不很大。在短期(几十年到几百年)内,最初 P 在土壤储库中增加的 5%,导致了陆地生物量的增加。但是之后,土壤和陆地生物中多出来的 P 开始流入海洋,并导致海洋中 P 的少量增加。海洋中 P 的增加也会渐渐减弱,而多余的 P 最终会返回到沉积物中。大约经过 5 万年,循环又达到平衡,而每个储库中 P 的含量与开采之前基本相同。

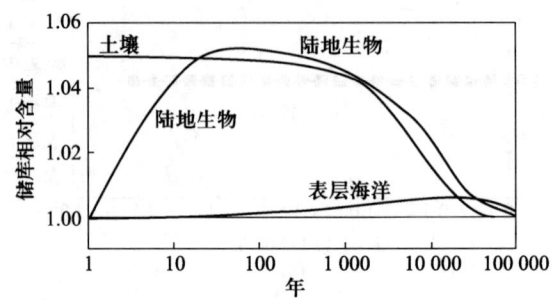

图 5.8 "最坏情景"下,人类对全球 P 循环的干扰:在 $t=0$ 时刻,突然将沉积物中可开采 P 储量全部转移至土壤中,之后土壤、陆地生物和表层海洋储库中 P 相对含量随时间的变化。"相对量"是指每个储库中的含量相对于稳态含量(由试验 1 计算得到)的比值。

上面这个试验,采用我们的全球模型模拟将可开采的 P 都倾倒到土壤储库中,所产生的效应相对较小,这并非表示对 P 循环的人为扰动不会对环境产生重要影响。实际上,人为向河流中加入磷酸盐已经对许多淡水系统的营养循环造成了很大影响,有的甚至使某些湖泊完全富营养化。但是,这些效应主要都是局限于受人为活动影响较大的一些地区。在上面的全球模型中,我们需要作一个简化的、并不真实的假设,即 P 被均匀地加入到所有土壤中,这就将人为干扰产生的影响淡化了。因此我们发现,在我们所采用的分析手段中存在一个严重的方法限制:由于我们采用了全球的分析视角,因此不能抓住区域生物地球化学循环的某些重要异化特点。

5.5.3 试验3:光合作用加倍

在第三个试验中,我们考虑如果陆地生物和海洋生物的光合作用速率加倍(也许由于大气中 CO_2 含量增加)会有什么影响。这与前面的试验相反,前面试验中只需改变储库初始值,在这个试验中我们要改变矩阵 **K**。具体的改变如下:我们要(1)将控制 P 从土壤到陆地生物转移的 $k_{2\to3}$ 和控制 P 从表层海洋到海洋生物转移的 $k_{5\to4}$ 加倍;(2)调整矩阵 **K** 中的对角线元素 K_{22} 和 K_{55},它们分

别与 P 流出储库 2 和储库 5 的总流量有关。结果得到下面的矩阵 **K**

$$K = \begin{pmatrix} -1\times10^{-8} & 9\times10^{-5} & 0.0 & 0.0 & 0.0 & 2\times10^{-5} \\ 1\times10^{-8} & -3.2\times10^{-3} & 0.119 & 0.0 & 0.0 & 0.0 \\ 0.0 & 3.1\times10^{-3} & -0.119 & 0.0 & 0.0 & 0.0 \\ 0.0 & 0.0 & 0.0 & -22.27 & 0.70 & 0.0 \\ 0.0 & 1.0\times10^{-5} & 0.0 & 21.36 & -0.70643 & 5.6\times10^{-4} \\ 0.0 & 0.0 & 0.0 & 0.91 & 6.43\times10^{-3} & -5.8\times10^{-4} \end{pmatrix}$$

式中,加粗数字表示矩阵中发生变化的元素。(注意由于这些干扰并未涉及储库中 P 初始含量的变化,在该试验中使用 BOXES 时输入初始储库含量与稳态模拟的输入值是相同的。)

图 5.9 显示的是光合作用加倍后,陆地生物、海洋生物和表层海洋储库的响应。陆地生物储库的变化相对来说比较直接,从初始值 2 600 Tg 开始单调上升,最后达到约 5 200 Tg。这一变化的时间常数较小(约 10 年),因此经过短短几十年就基本上达到了新的平衡。相对地,海洋生物的变化则更加复杂,先是上升,然后下降。经过 20~30 年后,海洋生物储库中 P 的量达到平衡值,最终

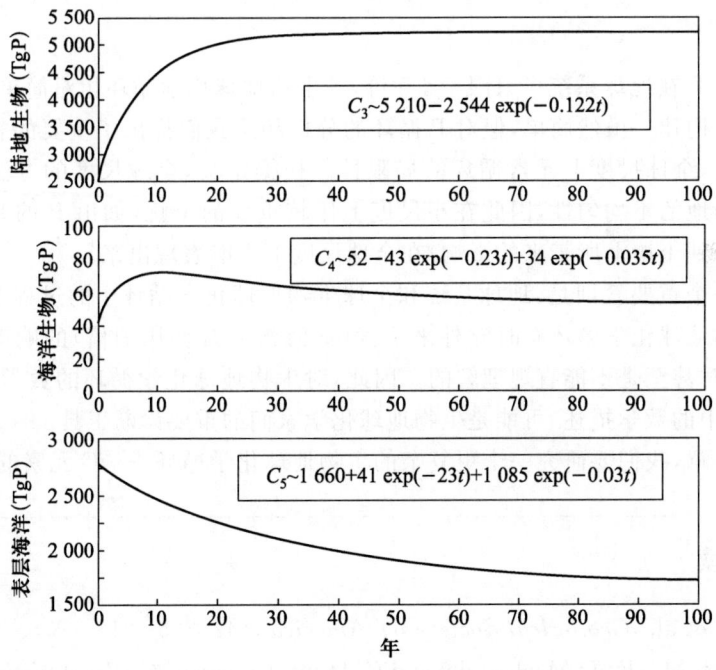

图 5.9 在光合作用加倍的情况下,陆地生物、海洋生物和表层海洋 P 储库的响应。方格中的函数表示的是每个储库解的近似变化式。我们可以通过 BOXES 的"输出/屏幕显示"命令显示解,在"一般解"部分可以看到这个函数。

只有 52 Tg,相比初始值 44 Tg 来讲,净增了 8 Tg。那么,为什么在光合作用加倍的情况下,海洋生物储库只有少量增加呢?答案可能在于表层海洋储库的变化,即表层海洋储库从初始值 2 800 Tg 降低到最终值约 1 660 Tg。

模型模拟得到的另一个结果很有趣,而且乍一看可能使人吃惊:光合作用加倍实际上导致表层海洋中的 P 大量减少,而在海洋生物圈中只有约 20% 的增加。再次查看图 5.5 就可以明白为什么会有这种情况发生。P 从表层海洋向深层海洋输送的主要途径是通过海洋生物的下沉和分解(即第 3 章中讨论的营养循环)。通过增加光合作用,实际上我们改变了表层海洋中无机 P 和有机 P 之间的平衡,因此加强了 P 从表层到深层海洋的转移速率,其结果是表层海洋中 P 的减少。

由此我们发现,数值模拟方法的一个好处是:能够揭开生物地球化学循环内的反馈与相互作用,这些反馈与相互作用可导致预料不到的结果,也促使我们更加了解元素的循环。另外,在本章结尾的习题中还有两个数值试验,可有助于我们进一步了解 P 的循环。

5.6 结 论

由于 P 在地球系统中只限于 +5 价,其生物地球化学循环相对简单,因此也不太难以构建。虽然简单,但对 P 循环的分析却给我们提出了重要的教训。一个教训是,全球尺度上元素循环的局限性。根据定义,全球尺度的方法忽略了区域和局地的不均匀性,因此在小尺度上比较重要的干扰(如由 P 的开采及其最终沉降到土壤上所带来的影响)在全球尺度上不能表现出来。

另一个重要教训是,地球系统和全球生物地球化学循环中的过程都十分复杂。生物地球化学循环有时对外来干扰(如海洋光合作用加倍)的响应是非线性的,有时甚至是不能直观理解的。因此,对生物地球化学循环的数学描述,如 BOXES 中的数学描述,可能是生物地球化学家们的重要诊断工具。

下一章,我们要研究一个更复杂的生物地球化学循环——C 元素的循环。

建议阅读

Lerman, et al., *Geological Society of America*, 142, 205-218, 1975.

Garrels, R. M., F. T. MacKenzie, and C. Hunt, *Chemical Cycles and the Global Environment*, W. Kaufman, Los Altos, California, 1975.

Graham and Duce, *Geochimica et Cosmochimica Acta*, 43, 1195-1208, 1979.

Jahnke, R. A., The phosphorus cycle, in *Global Biogeochemical Cycles*,

S. S. Butcher, R. J. Charlson, G. H. Orians, and G. V. Wolfe (eds.), Academic Press, New York, 301–315, 1992.

Pierrou, U., The global phosphorus cycle, in *Nitrogen, Phosphorus, and Sulfur — Global Cycles*, Scientific Committee on Problems of the Environment (SCOPE) Report 7, B. H. Svensson and R. Soderlund (eds.), Royal Swedish Academy of Sciences, 75–88, 1975.

Van Cappellen, P., and E. D. Ingall, Redox stabilization of the atmosphere and oceans by phosphorus-limited marine productivity, *Science*, 271, 493–496, 1996.

习题

1. 为什么 P 循环的响应时间仅仅为 5 万年，而 P 在沉积物中的存在时间却为 1 亿年？

2. "最坏情景"：设想所有光合作用都突然停止。利用 BOXES 预测在这一灾难性事件发生后，P 循环的短期和长期响应。

3. 模拟冰期：过去的 2 百万年中，每 10 万年气候在冰河期（冰期）与间冰期之间交替变化。在冰期内，海洋环流及表层海洋与深层海洋的混合都在很大程度上受到抑制。利用本章 P 循环的模型，研究冰期对于陆地生物和海洋生物的影响及间冰期的恢复。提示：从稳态循环入手。假设在 $t=0$ 时开始长达 5 万年的冰期，在此期间，没有表层海洋与深层海洋的混合。运行 BOXES，运行时间为 5 万年，然后恢复稳态 k 值并再次运行 5 万年。

第 6 章

全球碳循环

> "我不太愿意承认,自己是一个碳沙文主义者。碳在宇宙中的含量很高。它能构成无数复杂的分子,有益于生命……但是有时我会想:是否我对这些物质的好感与我是由它们构成的有关呢?"
>
> C. Sagan, *Cosmos*, Random House, New York, 1980.

6.1 引　　言

碳(C)在化学元素周期表中位于中间位置,第二周期、第四(ⅣA)主族(图 6.1),它在化学和生物学中具有核心的、独特的作用。该元素的独特作用是由于它可与其他 C 原子形成稳定的强键。实际上,C—C 键与 C 和许多其他元素

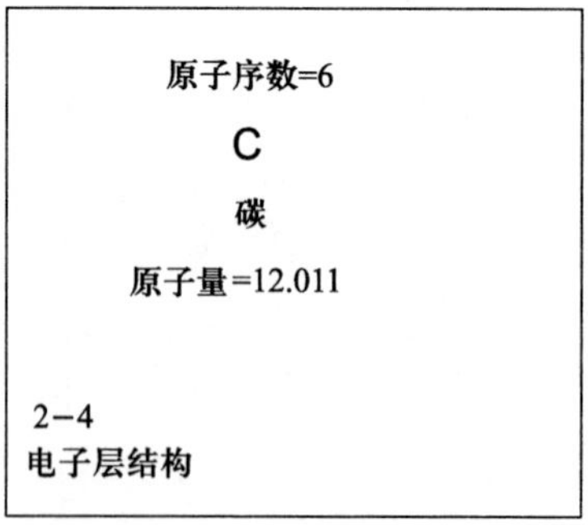

```
原子序数=6
    C
    碳
原子量=12.011

2-4
电子层结构
```

图 6.1　C 是周期表中第四(ⅣA)主族的一种非金属元素。

形成的键一样强;因此,C 原子跟其他 C 原子几乎可以形成无数的链状和环状分子;这些分子在跟氢(H)、氧(O)、氮(N)、磷(P)相结合时,就构成了生命的原材料。因此 C 的生物地球化学循环对我们了解地球系统是至关重要的。

然而,了解全球 C 循环并不仅仅是地球系统科学家的兴趣而已。大气二氧化碳(CO_2)浓度自工业革命以来稳步上升(图 6.2)。这无疑与人口的增加和人类社会技术进步有关。CO_2 的人为排放源包括化石燃料的开采与燃烧、水泥生产和森林砍伐。由于 CO_2 的辐射性质,它可以使地球表面变暖,是温室气体的一种。如果大气 CO_2 浓度持续增加(专栏 6.1),那么全球气候变暖会最终到来(如果现在尚未开始的话)。要预测全球温度上升多高,关键是能够预测在未来几十年 CO_2 浓度会升高多少,以及会持续上升多久。本章我们就来看一下,对 C 的全球生物地球化学循环的理解是如何帮助回答上述全球变暖问题的。

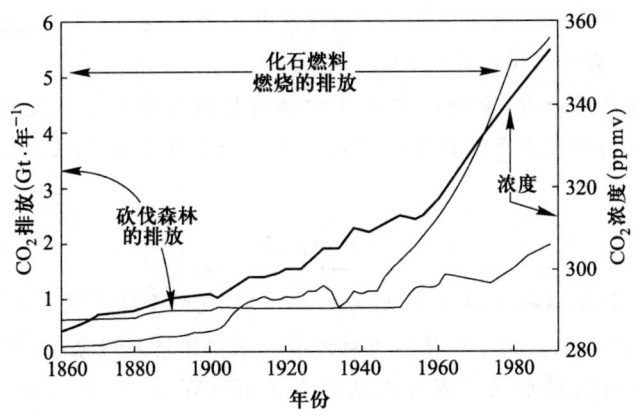

图 6.2 越来越多的人口和越来越高级的技术活动成为全球 C 循环的主要强迫,使大气 CO_2 浓度自工业革命以来急剧上升。本图显示,自 1860 年以来,在化石燃料燃烧和森林砍伐引起的年排放与年平均 CO_2 浓度之间存在紧密的相关关系,CO_2 浓度是由冰核气泡分析以及直接进行大气测量得到的。由于 CO_2 是一种温室气体,其浓度的增加引发了人们对全球变暖急迫性的关注。要评估变暖的可能性和严重性,关键是要了解这些由人类排放到大气中的过量 CO_2 将在大气中存留多长时间。在本章中,我们将利用 BOXES 来解决这一问题。(该图所使用的数据来自 IPCC, *Climate Change 1994*: *Radiative Forcing of Climate Change*, Cambridge University Press, New York, 1995 及其中的引用文献。)

专栏6.1 二氧化碳和增强的温室效应

来自太阳的能量中,绝大部分都以可见光的形式呈现。由于大气对于可见光波段的辐射是近乎透明的,因此来自太阳的能量中大部分都可以穿过大气并被地表吸收。地球要保持能量的收支平衡,需要向太空辐射能量以降低温度。然而,由于地球的温度要比太阳低得多,因此地球的能量主要是以红外形式向外辐射的。研究表明,大气中含有许多"温室气体",它们对可见光辐射来说是透明的,但对红外辐射却不是。因此这些气体可以吸收来自地表的辐射,并且将辐射的一部分返还地面。这使得地表的温度升高,引发温室效应(见图6.3)。

目前对于全球变暖的争论重点并不在于温室效应是否存在,因为它是明显存在的。如果大气中没有温室气体,地表温度就会低到$-20\ ℃$左右,地球上将会是完全不同的景象,也许甚至不会有生物存在。同样,争论的重点也不是CO_2以及其他温室气体浓度的升高是否会增强温室效应:19世纪中叶以来温室气体浓度的变化,已经使对流层的升温速率(或"辐射强迫")增加了约$2\sim 3\ W\cdot m^{-2}$(见图6.4)。

从科学角度来看,争论的重点在于辐射强迫到底对气候波动会有多大的影响。我们经常用下面这个简单的关系式来表示全球气候系统对给定辐射强迫的敏感性

$$\Delta T_s = \lambda \Delta F$$

其中,$\Delta T_s (K)$是辐射强迫变化$\Delta F(W\cdot m^{-2})$引发的全球平均表面温度变化,λ为气候敏感参数。由于气候模型对许多尚未研究清楚现象(如水文循环)的处理方式不同,λ的取值范围可以从零点几$K/(W\cdot m^{-2})$到几$K/(W\cdot m^{-2})$。当λ取值较小时,增强的温室效应的影响还相对较小;但是当λ取值较大时,其影响就相当严重了。

从公共政策角度来看,争论的重点在于如何面对这一科学不确定性。一些人认为,除非气候波动十分明显,否则我们不应采取任何行动。另外一些人则认为,哪怕只是存在气候波动的可能性,也需要采取紧急措施来遏制温室气体的增加。争论中关键的一点是气候波动的可逆性:如果现在不采取任何措施,而是允许温室气体浓度继续增加,等到气候波动确实发生时,我们再停止向大气排放温室气体,大气是否有能力去除过量的温室气体并使自身恢复到本来状态?如果可以,这一过程将花费多少时间?在这一章中,我们将解决这个问题的重要方面之一,也就是过量CO_2的存留时间问题。

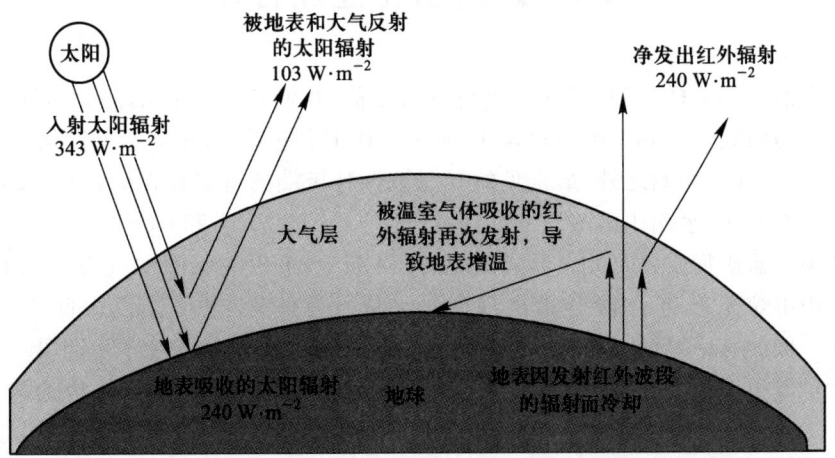

图 6.3 地球辐射平衡和大气温室气体作用简图。在入射太阳辐射中,大约有 2/3 穿过大气层并被地球表面吸收。地球同时向太空中发出红外辐射,以达到能量平衡。大气中的温室气体吸收部分来自地球表面的红外辐射,并且会将其中一部分再次辐射回地表,由此产生温室效应。如果没有温室效应,地表的平均温度大约为 255 K,比现在温度低 33 K。(来自 IPCC, *Climate Change 1994:Radiative Forcing of Climate Change*, Cambridge University Press, New York, 1995.)

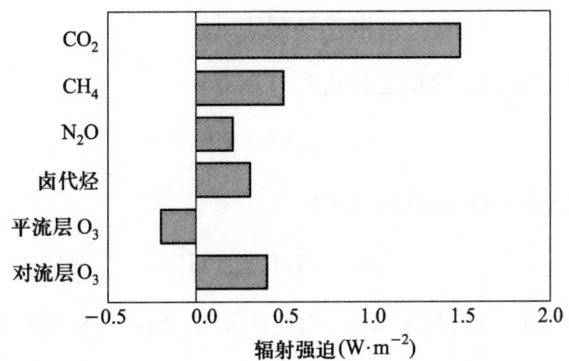

图 6.4 自 19 世纪中叶以来,由于 CO_2、CH_4、N_2O、卤代烃、平流层 O_3 和对流层 O_3 浓度变化所导致的辐射强迫(即对流层的净辐射加热)估算值。(来自 IPCC, *Climate Change 1994:Radiative Forcing of Climate Change*, Cambridge University Press, New York, 1995.)

6.2 碳的氧化还原性质

跟前一章一样,在对 C 循环进行分析之前,我们首先对 C 的热化学性质进行简单的回顾。图 6.1 中显示,C 的最外层有 4 个电子,因此价态可以从 -4 变化到 $+4$。在生物圈之外,最常见的 C 是以两种极端的价态存在的:(1) 以大气圈中气态 CO_2、水圈中碳酸及其共轭碱(H_2CO_3,HCO_3^-,和 CO_3^{2-})以及岩石圈中的碳酸盐矿物质($CaCO_3$)形式出现的 $+4$ 价;(2) 以大气圈中气态 CH_4 和岩石圈中甲烷笼形包合物形式出现的 -4 价。另外,C 也可以以中间价态存在——例如,以一氧化碳(CO)形式出现的 $+2$ 价,但是含量却比 $+4$ 价和 -4 价的含量低很多。生物圈中的有机 C 也可以有不同的价态,从 $+2$ 价的醚(即 $RC(O)OC$)到 $-2(n+1)/n$ 价的烷烃(即 C_nH_{2n+2})。

为了简便起见,在分析 C 的氧化还原化学性质时,我们考虑三种可能的价态:$+4$、0、-4。其中,0 价为 C 在葡萄糖($C_6H_{12}O_6$)中的价态,在热力学上与"CH_2O"(即所谓的通用有机 C 分子)是等价的。这三个价态之间的平衡可以由图 6.5 概括。沿用第 2 章中的方法,并利用图 6.5 和附录中的数据,我们可以推导出一系列线性方程来描述 pe-pH 相空间中三种价态稳定性的边界。假设 CO_2 和 CH_4 的平衡分压均为 1 atm[①],这几个方程如下所示

(1) CH_4 与 CO_2 的稳定性边界

$$pe = 2.86 - pH \qquad (6.1)$$

(2) $C_6H_{12}O_6$ 与 CH_4 的稳定性边界

$$pe = 6.81 - pH \qquad (6.2)$$

(3) $C_6H_{12}O_6$ 与 CO_2 的稳定性边界

$$pe = -1.08 - pH \qquad (6.3)$$

这些直线以及水(H_2O)的稳定区域,均在图 6.6 的 pe-pH 图中给出。

$$CO_2 \xleftrightarrow{(-5.03)} C_6H_{12}O_6 \xleftrightarrow{(142.51)} CH_4$$
$$[+4] \qquad\qquad [0] \qquad\qquad [-4]$$

图 6.5 C 的三种主要价态。方括号中的数字表明 C 在这些化合物中的价态,圆括号中的数字代表两种化合物间氧化还原半反应的平衡常数的对数值。

---

① 1 atm = 1.01325×10^5 Pa。

图 6.6 表明，$CO_2-C_6H_{12}O_6$ 边界和 $CH_4-C_6H_{12}O_6$ 边界均为亚稳态边界[①]。因此，在地球系统中只有 CO_2 和 CH_4 在热力学上是稳定的，其中 CO_2 在氧化性环境下更为稳定，而 CH_4 在还原性环境下更为稳定。有机 C，在这里用葡萄糖代表，在热力学上是不稳定的。事实上，尽管以上计算式仅适用于一种有机化合物，但结论适用于所有有机分子，不管它是 C 原子的哪种价态。因此我们发现，在地球环境中，所有有机化合物包括组成我们自身原生质的化学物质都是热力学不稳定的。因此自养过程要耗费能量来合成有机质，而所有生物都要持续消耗能量来保证其原生质与热力学不利环境的隔离。事实上，地球系统中一个非常矛盾的事实是，我们的呼吸系统十分依赖的氧气却是一种有害物质，如果氧气直接接触我们的细胞，就可以氧化并破坏它们。生物体需要与地球的氧化性环境隔离，同时又需要这一环境中的氧化剂，这一对矛盾是 C 的生物地球化学循环的基础。

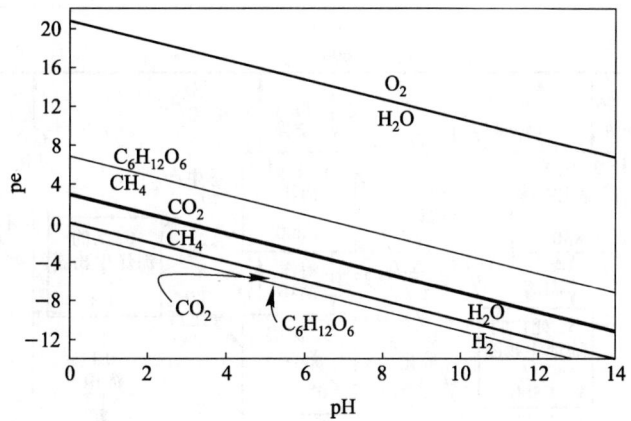

图 6.6 叠加在 H_2O 的稳定区域上 C 的 pe-pH 稳定边界。H_2O 的稳定边界用实线表示，C 的亚稳态边界用细线表示。CO_2 与 CH_4 的稳定边界用粗实线表示。要注意的是，在任何 pe-pH，$C_6H_{12}O_6$ 相对于 CO_2 和 CH_4 都是不稳定的。在 CO_2-CH_4 边界以上（即在高 pe 处），CO_2 比 CH_4 更为稳定，因此 $C_6H_{12}O_6-CH_4$ 是个亚稳态边界。同样，在 CO_2-CH_4 边界以下（即在低 pe 处），CH_4 比 CO_2 更为稳定，因此 $C_6H_{12}O_6-CO_2$ 是个亚稳态边界。

[①] 第 2 章曾提到亚稳态边界，它是指一种元素的两种形式均不是该元素的最稳定形式时，这两种形式之间的边界。例如，$C_6H_{12}O_6$ 和 CH_4 之间的边界在 pe-pH 图中的位置表明，CO_2 比 $C_6H_{12}O_6$ 和 CH_4 都更加稳定。因此，该边界为亚稳态边界。

6.3　工业化前碳的全球生物地球化学循环

图 6.7 是"工业化前"C 的全球生物地球化学循环示意图。"工业化前"这个词用来标注的是历史上的一定时间段（100～200 年前），那时大气 CO_2 浓度还没有由于人为活动而大量上升。我们通过 8 个储库的 BOXES 模型来分析 C 循环，这 8 个碳库包括大气、存活的和死亡的陆地生物圈、海洋生物圈、表层和深层海洋（主要是碳酸盐，此外还包括溶解态以及颗粒态有机质）、碳酸盐沉积物（主要是 $CaCO_3$）以及现今从中开采化石燃料的有机 C 沉积物。假设工业化前大气 CO_2 混合比为 280 ppmv（见图 6.1）[①]，由方程（3.9）可得出大气 C 库 C 含量为 600 Gt[②]。每个生物库中的 C 含量数据来自表 3.8，海洋和沉积物库中 C 量是通过 C 在地球系统的各个部分中的浓度计算得到的。

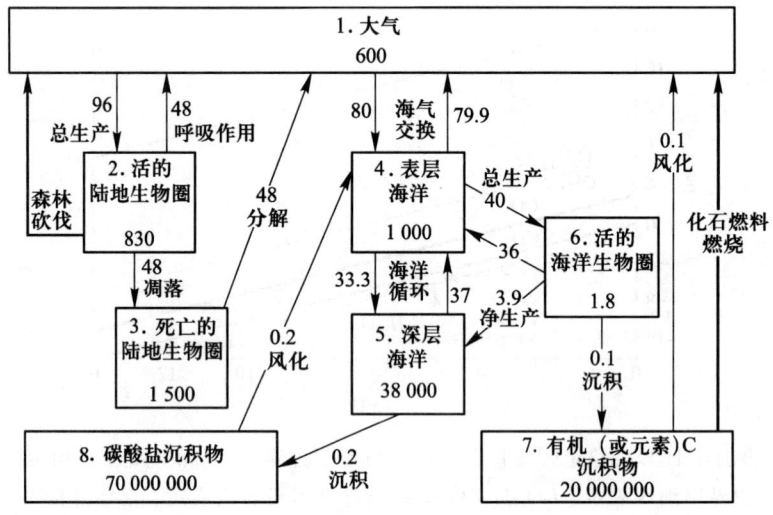

图 6.7　用 8 储库模型表示的工业化前、稳态的全球 C 循环。每个箱都代表一个特定的储库，箱中的数字是储库的 C 含量（单位：Gt C），储库之间的箭头表示这些储库间的 C 通量（单位：Gt C·年$^{-1}$）。加粗的箭头代表人类活动对全球 C 循环的扰动途径。

需要注意的是，与第 5 章中讨论的 P 循环不同，我们将陆地生物圈中的存活和死亡部分分开表示（即库 2 和库 3）。另一方面，海洋中的死亡有机 C 并不包括在海洋生物圈中，而是包括在表层和深层海洋 C 库中（即库 4 和库 5）。对

---

① 1 ppm＝1×10^{-6}。
② 1 Gt＝1×10^9 t＝1×10^{15} g。

陆地和海洋生物圈进行区别对待是因为 C 在这两个圈层中所经过的途径非常不同。在陆地生态系统中,存活的和死亡的有机 C 都可以通过呼吸作用和腐烂分解直接进入大气,因此分开表示陆地有机 C 库是十分有用的。然而在海洋中,C 流失的主要途径是从存活的生物圈通过呼吸作用和腐烂分解进入表层海洋,或者通过下沉并经过氧化以无机形式进入深层海洋(见图 3.14)。因此,死亡的海洋生物库存对我们的分析没有太多作用,我们也就没有对其进行分析。

C 循环主要受到两组生物地球化学反应的控制。第一组反应包括光合作用过程

$$CO_2 + H_2O + h\nu \longrightarrow \text{“}CH_2O\text{”} + O_2 \quad (R1.1)$$

和呼吸及分解过程

$$\text{“}CH_2O\text{”} + O_2 \longrightarrow CO_2 + H_2O \quad (R1.2)$$

这些反应促使 C 在陆地和海洋生物圈的流入和流出[①]。

另一组重要的生物地球化学反应,是通过有机 C 和碳酸盐沉积物的形成以及它们最终的抬升和风化,将 C 循环与岩石圈循环相耦合的反应。因为有机 C 沉积物的风化包括还原态 C 向 CO_2 的氧化过程,所以在图 6.7 中它是大气的 C 源。另外,碳酸盐沉积物的风化导致碳酸盐溶解而进入河流和溪水中,并最终流入海洋,所以这一过程是表层海洋的 C 源。需要注意的是,尽管在图 6.7 中,碳酸盐沉积物的形成和风化过程看起来并没有与大气耦合,但事实上它们是与大气耦合的。第 2 章曾提到,由于海洋的 pH 约等于 8,因此海洋中溶解无机 C 的主要形式为 HCO_3^-。因此,在 $CaCO_3$ 的沉降过程中可以产生气态 CO_2,使 C 从海洋转移到大气中,即

$$Ca^{2+} + 2HCO_3^- \longrightarrow (CaCO_3)_s + H_2O + (CO_2)_g \quad (R6.1)$$

相反地,$CaCO_3$ 在溶解时需要溶解气态 CO_2,因此 C 从大气转移到海洋,即

$$(CaCO_3)_s + H_2O + (CO_2)_g \longrightarrow Ca^{2+} + 2HCO_3^- \quad (R6.2)$$

因此可以看出,$CaCO_3$ 的形成不仅是深层海洋的 C 汇,每年还将 0.2 Gt C 从表层海洋传输到大气,而同样多 $CaCO_3$ 沉积物的风化也每年将 0.2 Gt C 从大气输送到海洋。

最后请注意图 6.7 所展示的工业化前的 C 循环处于稳定状态,每个 C 库的 C 源总量刚好和 C 汇总量相等。例如,陆地生物圈的总初级生产率为每年 96 Gt C,我们假设它与呼吸及凋落/分解的总量是相等的。在海洋中,海洋表

[①] 注意:由于我们在此关注的是 C,所以我们用"CH_2O"参与的简单反应来表示光合作用和呼吸作用。

面总生产率为每年 40 Gt C,而表层海洋有机 C 再矿化速率为每年 36 Gt,有机 C 从表层海洋沉降到深层海洋的速率为每年 4 Gt C,因此后两者之和与前者是平衡的。在这每年 4 Gt C 中,有 3.9 Gt C 在深海发生再矿化,然后通过抬升作用最终回到表层海洋,余下的 0.1 Gt C 沉入海底并形成有机 C 沉积物。

基于图 6.7 中的数据,可以得到如下工业化前稳态下 C 循环的 K 矩阵

$$K=\begin{pmatrix} -0.2933 & 0.0578 & 0.032 & 0.0799 & 0.0 & 0.0 & 5.0\times 10^{-9} & 0.0 \\ 0.16 & -0.1156 & 0.0 & 0.0 & 0.0 & 0.0 & 0.0 & 0.0 \\ 0.0 & 0.0578 & -0.032 & 0.0 & 0.0 & 0.0 & 0.0 & 0.0 \\ 0.1333 & 0.0 & 0.0 & -0.1532 & 9.737\times 10^{-4} & 20.0 & 0.0 & 2.85\times 10^{-9} \\ 0.0 & 0.0 & 0.0 & 0.0333 & -9.79\times 10^{-4} & 2.167 & 0.0 & 0.0 \\ 0.0 & 0.0 & 0.0 & 0.04 & 0.0 & -22.22 & 0.0 & 0.0 \\ 0.0 & 0.0 & 0.0 & 0.0 & 0.0 & 0.0566 & -5.0\times 10^{-9} & 0.0 \\ 0.0 & 0.0 & 0.0 & 0.0 & 5.263\times 10^{-6} & 0.0 & 0.0 & -2.85\times 10^{-9} \end{pmatrix}$$

在后面的内容中,我们将以这个模型为起点来研究全球 C 循环对过去一个世纪里大量 CO_2 输入大气的响应。

6.4 人为排放的影响及其"留存大气比例"

自前工业化时代以来,大气 CO_2 浓度从大约 280 ppmv 增至 355 ppmv。相应地,大气中 C 储量从 600 Gt 升至 755 Gt,增加了约 155 Gt。另一方面,如果我们将图 6.1 中描述 1860 年至 1990 年间人为排放 CO_2 量的几条曲线进行加和,就会发现人类活动向大气排放的过剩 CO_2 总量约为 350 Gt(也就是说,化石燃料燃烧产生 230 Gt C,热带森林砍伐产生 120 Gt C)。这两个数值的比值表示人为排放 CO_2 中依然存留在大气中的比例。这个比值被称作大气 CO_2 的留存空气比例,大小约为 40%。

$$留存比例 \approx \frac{155 \text{ Gt}}{350 \text{ Gt}} \approx 0.44 \tag{6.4}$$

因此我们发现,对于每 1 Gt 通过人为活动进入大气的 CO_2 来说,只有大约 0.4 Gt 存留在大气中,而 0.6 Gt 被去除并转移到地球系统的其他地方。究竟是哪些过程去除了这 60% 过剩的 CO_2?这些 C 最终又去了哪里?我们运用 BOXES 模型和八储库模型来尝试着回答这些问题。

6.4.1 运用 BOXES 模型进行简单模拟

为了模拟人为排放的 CO_2 对全球 C 循环的影响,我们首先需要确定如何去

呈现这个排放过程。事实证明,由于化石燃料燃烧和森林砍伐而造成的CO_2人为排放(见图6.8(a))是一个与时间有关的复杂函数,在k值恒定的BOXES模型中不易模拟。我们可以通过两个近似来简化这一问题。我们首先假设所有的人为排放都来自一个源,比如有机C沉积物(即化石燃料燃烧);同时我们还将这些排放近似看做是一个"分步函数"。模拟的前60年代表的是1860年到1920年这个阶段,我们假设此时人为排放CO_2速率为每年1 Gt C。在接下来的40年(1920年至1960年)里,假设人为排放CO_2速率为每年3.5 Gt C。对1960年至1990年这最后30年,假设人为排放CO_2速率为每年5 Gt C。请注意在图6.8(a)中,尽管这些函数不能很准确地重现这130年中CO_2的人为排放变化,但对其趋势的描述基本上是合理的。此外,从这些分步函数可以很容易得知这130年间的累积排放量为350 Gt C,这与1860年之后人为排放量的估算值是一致的。

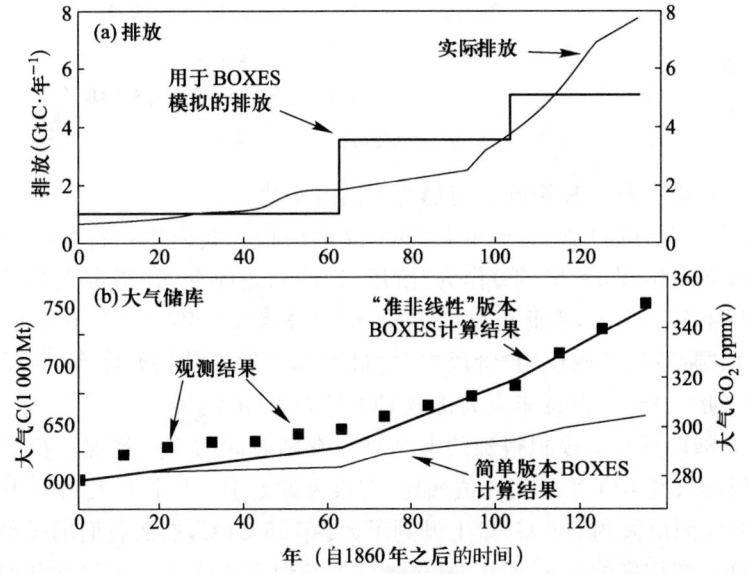

图6.8 自1860年以来,人类活动对全球C循环的影响。(a) 1860年以来的人类CO_2排放,细实线表示的是由于化石燃料燃烧和森林砍伐排放的真实总量(见图6.1),粗实线表示的是在BOXES模拟中使用的人为排放量。(b) 自1860年以来大气C储量(左边的纵坐标)和CO_2混合比(右边的纵坐标)随时间(年)的变化。图中方框表示观测值(见图6.1)。细实线表示在6.4.1节中BOXES模型的简单模拟结果。粗实线表示在6.4.2节中的"准非线性"模拟结果。

用分步函数来代表排放,我们就可以利用BOXES模型来模拟人为活动对C排放的影响。模拟过程分为3个连续的阶段,在每一个阶段仅需要调整K矩阵上的一个非对角线元素(见表6.1)。在"阶段一"中,模拟的是1860年至

1920 年这个阶段。由于计算始于 1860 年,所以这次模拟的初始 C 库存值就是工业化前稳态 C 循环中的含 C 值。对于这个阶段的人为 CO_2 排放,我们定义了从有机 C 沉积物到大气的通量 $F_{7\rightarrow1}$。

$$F_{7\rightarrow1} = F_{风化} + F_{人为}$$
$$= (0.1+1) \text{ Gt C}\cdot\text{年}^{-1} \quad (6.5)$$
$$= 1.1 \text{ Gt C}\cdot\text{年}^{-1}$$

这就需要将 $k_{7\rightarrow1}$ 从工业化前的 5×10^{-9} 年$^{-1}$ 改为 5.5×10^{-8} 年$^{-1}$。因此模拟"阶段一"的 **K** 矩阵如下:

$$K = \begin{bmatrix} -0.2933 & 0.0578 & 0.032 & 0.0799 & 0.0 & 0.0 & \mathbf{5.5\times10^{-8}} & 0.0 \\ 0.16 & -0.1156 & 0.0 & 0.0 & 0.0 & 0.0 & 0.0 & 0.0 \\ 0.0 & 0.0578 & -0.032 & 0.0 & 0.0 & 0.0 & 0.0 & 0.0 \\ 0.1333 & 0.0 & 0.0 & -0.1532 & 9.737\times10^{-4} & 20.0 & 0.0 & 2.85\times10^{-9} \\ 0.0 & 0.0 & 0.0 & 0.0333 & -9.79\times10^{-4} & 2.167 & 0.0 & 0.0 \\ 0.0 & 0.0 & 0.0 & 0.04 & 0.0 & -22.22 & 0.0 & 0.0 \\ 0.0 & 0.0 & 0.0 & 0.0 & 0.0 & 0.0566 & \mathbf{-5.5\times10^{-8}} & 0.0 \\ 0.0 & 0.0 & 0.0 & 0.0 & 5.263\times10^{-6} & 0.0 & 0.0 & -2.85\times10^{-9} \end{bmatrix}$$

其中粗体的数字表示 **K** 矩阵中与稳态不同的 k 值。

"阶段二"模拟的是 1920 年至 1960 年的时段。我们现在将"阶段一"计算得到的最终库存(即 $t=60$ 年)作为"阶段二"的初始库存,并指定人为排放 CO_2 速率为每年 3.5 Gt C,因此可以设定 $k_{7\rightarrow1}$ 为 1.8×10^{-7} 年$^{-1}$。对于从 1960 年至 1990 年的"阶段三",则使用"阶段二"的最终库存作为其初始库存,并设定 $k_{7\rightarrow1}$ 为 2.55×10^{-7} 年$^{-1}$,即每年人为排放 CO_2 量为 5 Gt C。

图 6.8(b)所示为模拟得到的大气 C 库存随时间的变化情况。模拟结果与同一阶段的大气 CO_2 浓度实测值相比,有很大的差别。尽管真实大气中 C 库存在这 130 年间由大约 600 Gt C 上升到了大约 755 Gt C,然而我们的模型模拟结果仅为这一增长量的 1/3,即从 600 Gt C 上升到 650 Gt C。很显然我们的模型存在一些问题。如果我们希望用 BOXES 模型来分析地球系统对人为排放 CO_2 的响应问题,我们就需要明确问题所在并进行修正。这些将在下一节中讨论。

6.4.2 BOXES 模型的"准非线性"模拟

在上一节我们对全球 C 循环所做的简化处理中,最重要的可能是我们对大气 C 储量与大气到海洋和陆地生物圈的 C 通量间的线性假设。由于 $k_{1\rightarrow2}$ 和 $k_{1\rightarrow4}$(分别控制从大气到陆地生物圈和海洋的通量)在模拟过程中是不变的,只要大气 C 库存值发生变化,从大气到这两个库的通量值就会发生相应的变化。事实上,这并不能很好地代表 C 循环的真实过程。我们先来讨论大气与海洋之间的交换。

6.4.2.1 海洋碳库的敏感性－Revelle 因子推导

设想大气 CO_2 分压 $p(CO_2)$ 有一个微量增长 $\Delta p(CO_2)$，并引起海洋总溶解 C 浓度 C_C 的增长 ΔC_C。我们定义 ε 为 $p(CO_2)$ 相对变化和 C_C 相对变化的比值

$$\varepsilon = \frac{\dfrac{\Delta p(CO_2)}{p(CO_2)}}{\dfrac{\Delta C_C}{C_C}} \tag{6.6}$$

这一比值又被称为 Revelle 因子，是为纪念地球化学家 Roger Revelle 而命名的。20 世纪 50 至 70 年代，他在大气和海洋间 CO_2 交换方面做出了很多开创性的贡献。

为了更好地理解 Revelle 因子以及它对于 $p(CO_2)$ 变化和 C_C 变化间关系的意义，我们先来回顾一下第 2 章提到的碳酸盐水溶液系统。在第 2 章的 2.5.1 节，我们得到了一个 pH 的函数式来表示在水溶液中 $p(CO_2)$ 和 C_C 间的关系

$$C_C = K_{H,CO_2} p(CO_2) \frac{[H^+]^2 + K_{H_2CO_3,1}[H^+] + K_{H_2CO_3,1} K_{H_2CO_3,2}}{[H^+]^2} \tag{2.5.4}$$

对于海洋 pH，式(2.5.4)可以简单近似为

$$C_C \approx p(CO_2) \frac{K_{H,CO_2} K_{H_2CO_3,1}}{[H^+]} \tag{6.7}$$

我们可以发现，在 pH 恒定的条件下，C_C 和 $p(CO_2)$ 是成正比的，因此我们首先会猜想 ε 等于 1。也就是说，$p(CO_2)$ 数值的翻倍会引起 C_C 数值的翻倍。这一错误结论是由 pH 恒定的假设所导致的。因为当 CO_2 溶解于水并形成碳酸及其共轭碱时，$[H^+]$ 势必升高，因此 C_C 和 $p(CO_2)$ 不可能是 1:1 的线性关系。特别地，由于 CO_2 的溶解使 $[H^+]$ 升高，C_C 的增长一定不如 $p(CO_2)$ 的增长那么快。所以，由式(6.6)所定义的 Revelle 因子 ε 一定大于 1。

为了求得 ε 的值，我们需要考虑以下过程：

(1) CO_2 与碳酸盐系统的平衡

$$(CO_2)_g \rightleftharpoons H_2CO_3^* \tag{R2.7'}$$

$$H_2CO_3^* \rightleftharpoons HCO_3^- + H^+ \tag{R2.9'}$$

$$HCO_3^- \rightleftharpoons CO_3^{2-} + H^+ \tag{R2.10}$$

式中，根据第 2 章，$H_2CO_3^* = (CO_2)_{aq} + H_2CO_3$ 是溶液中未分解的 CO_2 总量。

(2) 水的酸解离平衡

$$H_2O \rightleftharpoons H^+ + OH^- \tag{R2.2}$$

(3) 硼酸的酸解离平衡

$$B(OH)_3 + H_2O \rightleftharpoons H^+ + B(OH)_4^- \quad (R6.3)$$

海水的硼酸浓度为 4.1×10^{-4} M[①],虽然它的总量不大但却具有不可忽视的 pH 缓冲作用。

(4) 海水的电荷平衡

$$[H^+] + [Alk] = [HCO_3^-] + 2[CO_3^{2-}] + [B(OH)_4^-] + [OH^-] \quad (6.8)$$

式中,$[Alk] = 2.5 \times 10^{-3}$ Eq·L^{-1} 是海水的碱度,即过剩的强碱阳离子与强酸阴离子浓度之差。

运用第 2 章中的公式,我们可以派生出 6 个耦合的代数等式;利用这些等式,我们可以把 $C_C = [H_2CO_3^*] + [HCO_3^-] + [CO_3^{2-}]$ 用 $p(CO_2)$ 的函数来表示。图 6.9 所表示的结果,可以用来计算 Revelle 因子。Revelle 因子的数值约为 10,计算过程如下所示

$$\varepsilon = \frac{\dfrac{\Delta p(CO_2)}{p(CO_2)}}{\dfrac{\Delta C_C}{C_C}} \approx \frac{\dfrac{355 \text{ ppmv} - 280 \text{ ppmv}}{280 \text{ ppmv}}}{\dfrac{C_C(355 \text{ ppmv}) - C_C(280 \text{ ppmv})}{C_C(280 \text{ ppmv})}}$$

$$= \frac{0.27}{0.021} \approx 10 \quad (6.9)$$

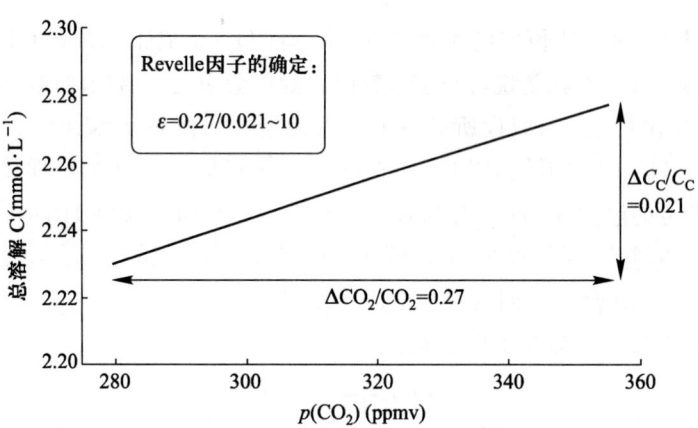

图 6.9 海水中总溶解 C 浓度(C_C)与大气中 CO_2 分压 $p(CO_2)$ 的关系。由图可知,$p(CO_2)$ 相对变化与 C_C 相对变化之间的比值,即 Revelle 因子为 $\varepsilon = 10$。(需注意以上结果的获得应用了表征离子强度效应的海水平衡常数,即 $K_{H,CO_2} = 0.048$ M·atm^{-1},$K_{H_2CO_3,1} = 8.8 \times 10^{-7}$ M,$K_{H_2CO_3,2} = 5.6 \times 10^{-10}$ M 和 $K_{H_3BO_3,1} = 1.6 \times 10^{-9}$。)

---

① 1 M = 1 mol·L^{-1}。

Revelle 因子为 10 表明当大气 CO_2 浓度变化 1‰时,海洋 C 储量只会变化 0.1‰。这与我们之前利用 BOXES 模型模拟的结果有很大不同。模型模拟认为大气储量 C_1 变化 1‰会引起大气向海洋碳通量也相应变化 1‰,因此最终海洋 C 库存将会跟着变化 1‰。如果我们希望准确模拟全球 C 循环,我们必须要考虑这一效应。然而这样做就带来了一个问题,那就是 BOXES 模型的数学方法中都存在着对储库含量变化和流出该储库通量变化之间具有一一对应关系的假设。

十分幸运的是,这并不是一个无法解决的难题。当然我们可以选择用更严密的数学方法来解析非线性项[①]。我们也还可以选择使用 BOXES,不过需要增加一些额外的工作。在使用 BOXES 时考虑到 Revelle 因子的影响,我们必须阶段性地停止运算,在 C_1 增加的同时减小 $k_{1\to 4}$ 的值,这样一来从大气到海洋的 C 通量的相对变化量仅为 C_1 相对变化量的十分之一,然后重新开始运算。例如,假设我们从某一时间 t 开始运行 BOXES 直到之后的某一时间 $t+\Delta t$,在这段时间内 C_1 值从 $C_1(t)$ 变为 $C_1(t+\Delta t)$。再假设 $k^o_{1\to 4}$ 是这段时间内所用的 k 值,为了将通量的变化量控制在 C_1 变化的十分之一,我们很容易可以知道下一阶段运算(比如从 $t+\Delta t$ 到 $t+2\Delta t$)的 k 值 $k'_{1\to 4}$ 应该调整为

$$k'_{1\to 4}=k^o_{1\to 4}\left(0.1+0.9\frac{C_1(t)}{C_1(t+\Delta t)}\right) \quad (6.10)$$

其中,系数 0.1 和 0.9 是由 ε 等于 10 得到的。与大多数数字积分方案一样,要得到满意的模拟结果,所需要的时间步长 Δt 取决于所模拟系统的特征时间尺度以及所期望的精确度。经过测试,我们发现 Δt 为 10 年时可以得到合理的精度。

6.4.2.2 陆地生物圈的敏感性—β 因子

正如海洋地球化学家用 Revelle 因子来描述大气 CO_2 和海洋 C 之间的关系一样,陆地生态学家用 β 因子来描述大气 CO_2 和陆地生物圈 C 储量之间的关系。然而 β 因子与 Revelle 因子的不同之处在于,大气 CO_2 的相对变化在分母的位置而不是分子上

$$\beta=\frac{\frac{\Delta C_T}{C_T}}{\frac{\Delta p(CO_2)}{p(CO_2)}} \quad (6.11)$$

其中,C_T 是储存在陆地生物圈中存活和死亡生物的 C 总量。

确定 β 值不太容易,因为它需要综合考虑小到细胞、大到全球尺度上的复杂

[①] 想进一步了解的学生可以就此发展自己的微分方程积分编码。J. C. G. Walker 的《地球科学中的数字方法》(*Numerical Methods in the Earth Sciences*, Cambridge University Press, 1993.)给出了一些有用的程序。不想深入了解的学生,如果使用的是 Macintosh 系统,则可以选择使用 STELLA——一个用来求解耦合微分方程系统的软件包。

的生物学过程。因此很自然，β 取值的不确定性比 Revelle 因子要大得多。通过简单的暴露熏蒸实验，即在控制条件下将绿色植物暴露于加强浓度 CO_2 环境下，可以证实 CO_2 施肥效应的存在。在两倍于环境 CO_2 浓度条件下，光合作用速率提高 20%~40%。然而这些结果并不能直接转化为 β 值，因为最终储存在陆地生物圈中的 C 总量是呼吸作用、分解作用以及光合作用的函数。实际上，由于增加的 CO_2 浓度将会引起地表温度的上升，而这又会引起土壤有机质分解速率的增加，所以 β 值小于零也是有可能的。

了解到我们这一方法的不确定性后，我们来假设暴露实验可以用来定义 β 值并取其中值 0.3。因此按照与前述确定 $k_{1\to4}$ 同样的方法，我们可以根据每一个 Δt 内 $k_{1\to2}$ 的调整要求得到下式

$$k'_{1\to2} = k^\circ_{1\to2}\left(0.3 + 0.7\frac{C_1(t)}{C_1(t+\Delta t)}\right) \tag{6.12}$$

6.4.2.3 运用"准非线性"模型的结果

在 6.3 节描述的 BOXES 模型简单版本中，我们将 1860 年至 1990 年间的 130 年划分为 3 个阶段分别进行模拟，这样我们可以使模拟的人类 CO_2 排放速率接近真实值。在 BOXES 模型的"准非线性"版本中，我们需要将这一模拟进行 13 阶段划分，每一阶段持续时间为 10 年，这样我们就可以将大气 C 交换的非线性因素考虑在内了。与简单版本的模型一样，这 13 个阶段的每一个阶段初始库存量都等于上一个阶段的最终总量，而 $k_{7\to1}$ 根据人类 CO_2 排放量赋予合适的输入值。此外，每一个阶段的 $k_{1\to4}$ 和 $k_{1\to2}$ 分别根据等式(6.10)和(6.12)以及前一个阶段得到的 C_1 进行调整。这 13 个阶段各自所使用的 k 值如表 6.1 所示。

表 6.1 在人类排放 CO_2 对全球 C 循环的影响的模拟中，BOXES 模型所采用的通量和 k 值

时间	人为排放 CO_2 ($Gt\cdot年^{-1}$)	简单 BOXES 版本 $k_{7\to1}$(年$^{-1}$)	"准非线性"BOXES 版本		
			时间	$k_{7\to1}$(年$^{-1}$)	$k_{1\to2}$(年$^{-1}$)	$k_{1\to4}$(年$^{-1}$)
1860—1920（阶段一）	1	5.5×10^{-8}	1860—1870	5.5×10^{-8}	0.16	0.1333
			1870—1880	5.5×10^{-8}	0.159	0.1325
			1880—1890	5.5×10^{-8}	0.158	0.1317
			1890—1900	5.5×10^{-8}	0.157	0.1307
			1900—1910	5.5×10^{-8}	0.156	0.1298
			1910—1920	5.5×10^{-8}	0.155	0.1289
1920—1960（阶段二）	3.5	1.8×10^{-7}	1920—1930	1.8×10^{-7}	0.1546	0.1281
			1930—1940	1.8×10^{-7}	0.1522	0.1255
			1940—1950	1.8×10^{-7}	0.1498	0.1230
			1950—1960	1.8×10^{-7}	0.1475	0.1206
1960—1990（阶段三）	5	2.55×10^{-7}	1960—1970	2.55×10^{-7}	0.1454	0.1183
			1970—1980	2.55×10^{-7}	0.1425	0.1153
			1980—1990	2.55×10^{-7}	0.1397	0.1124

图 6.8(b)中的粗实线反映了大气 C 储量随时间的变化。与 BOXES 模型的简单版本有很大的不同,我们可以发现模拟结果与实际观测大气 CO_2 变化值吻合得很好。例如,在 1990 年 BOXES 的"准非线性"版本预测大气储量为 745 Gt C,而 20 世纪 90 年代初的 CO_2 混合比观测值为 355 ppmv,与之对应的储存量为 755 Gt C。而 BOXES 简单版本预测 1990 年大气储存量仅为 650 Gt C。很显然,考虑大气向海洋以及陆地生物圈 C 交换的非线性因素,可以很好地改善我们对于全球碳循环的模拟。更重要的是,它可以帮助我们合理地复制过去 100 年左右的 CO_2 增加量,这样我们可以正确地预测人类排放 CO_2 的留存大气比例为 40%。在下一节里,我们将使用 BOXES 模型的"准非线性"版本来解决本节开始提出的其他问题:那 60% 的未留存大气比例跑到哪里去了?

6.4.2.4 未留存大气比例的去向与"失踪的碳汇"

表 6.2 列出了我们模拟的 130 年间 C 循环过程中 8 个库的初始(1860 年)及结束(1990 年)时的储量。模型预测,大约有 82 Gt C 或者说人类从 1860 年开始排放 C 的 23% 进入到海洋中,其中有大约三分之二进入深层海洋,其余部分留在表层海洋。根据我们的模型,更大一部分的 128 Gt C(即人类排放量的 35%)进入了陆地生物圈,其中存活的和已死亡的两部分近似等量。我们用更严谨的全球 C 循环模型模拟得到的结果与我们利用 BOXES"准非线性"模型得到的结果是基本一致的(见表 6.3)。

表 6.2 "准非线性"版本 BOXES 模拟得到的人类排放 CO_2 的去向

储库	1860 年假设量[a] (Gt C)	1990 年计算量[b] (Gt C)	变化量 (Gt C)	占 350 Gt C 排放百分比(%)
大气圈	600	745[c]	145	41
活的陆地生物圈	830	890	60	17
死亡陆地生物圈	1 500	1 568	68	19
表层海洋	1 000	1 026	26	7
活的海洋生物圈	1.8	1.85	0.05	—
深层海洋	38 000	38 056	56	16
有机 C 沉积物	20 000 000	20 000 000	—	—
碳酸盐沉积物	70 000 000	70 000 000	—	—

[a] 基于工业化前稳态模型。
[b] 由"准非线性"版本 BOXES 得到。
[c] 实际值为 755 Gt C。

表 6.3 20 世纪 80 年代人为排放 CO_2 收支与去向的最佳估计

	Gt C·年$^{-1}$	占全部源的百分比(%)
(A) 人为源		
化石燃料燃烧和水泥生产排放	5.5	77

续表

	Gt C·年$^{-1}$	占全部源的百分比(%)
热带森林砍伐排放	1.6	23
人为排放总和	7.1	100
(B) 在各储库间的分配		
大气圈	3.2	44[a]
海洋	2.0	28[a]
陆地生物圈		
北半球森林再生长	0.5	0.07[a]
达到收支平衡所需额外陆地汇[b]	1.4	20[a]

[a] 注意这些百分比与表 6.2 中"准非线性"版本 BOXES 模型模拟得到的结果类似。
[b] 即所谓的"失踪的汇"。
来源：IPCC, *Climate Change 1994*: *Radiative Forcing of Climate Change*, Cambridge University Press, New York, 1995.

  这些分析有一个底线：在过去 100 年左右的时间里，人类排放了大量的 CO_2，为了在这一情况下仍然可以达到全球 C 的收支平衡，海洋 C 储量以及陆地生物圈物质都必须在这一阶段内增加大约 100 Gt C。海洋地球化学家们认为海洋中增加 100 Gt C 并不困难，因为他们估计每年进入海洋的 C 约增加 2 Gt。但另一方面，陆地生态学家们认为，陆地生物圈中增加 100 Gt C 则很困难。首先，在过去的 100 年中人口的快速增长，促使人类不断地开发土地用于农业及城市或工业的发展，在这个过程中有大量的陆地生物被摧毁。事实上，据估计从 19 世纪中叶开始的森林清除及森林燃烧已经使大气增加（而不是去除）了约 120 Gt C。这些毁林活动主要发生在 20 世纪后半叶的热带地区。因此 C 收支的平衡要求非热带地区森林要增长大约 200 Gt C（即没有进入海洋的未留存大气比例的 100 Gt C，以及用以抵消毁林活动的另外 100 Gt C）。尽管有证据表明从 20 世纪初开始已有温带及寒带森林在北半球扩张或重新生长（见表 6.3），但这些森林所储藏的额外 C 量至多为 100 Gt C。这样的话就有 100 Gt C 下落不明，我们称这一部分为"失踪的碳汇"。"失踪的碳汇"去哪里了？是不是海洋模型低估了进入海洋的 CO_2 交换速率，所以这部分 C 存在于海洋里？或者是不是陆地生态学家们低估了温带及寒带森林所储存的 C？这些问题困扰着研究全球 C 循环的科学家们并且至今无法解决。遗憾的是，当我们可以很好地回答这些问题时，我们才具备对于全球 C 循环在未来将会如何对持续的人类 CO_2 排放做出响应这一问题的预测能力（见专栏 6.2）。

专栏6.2 留存大气比例:它会在将来发生变化么?

历史上人类排放 CO_2 的留存大气比例约为0.4。如果这一数值一直不变,那么预测大气 CO_2 浓度随着人类排放将会如何变化就很简单了。但是很明显,实际情况并非如此。例如,我们来考虑陆地生物圈的响应。正如前面讨论的那样,基本上没有什么证据可以支持我们在模型中对 β 值等于0.3的假设。但是就算我们接受这个数值对于过去的一个世纪是适用的,我们也没有理由认为这个数值在今后的几十年中也是适用的。其他营养物质的供应不足最终可能限制光合作用速率,这阻碍了 CO_2 施肥效应对光合作用的促进作用。相反地,增强的温室效应引发的温度上升会加速土壤中死亡有机物的分解速率,它超过了 CO_2 的施肥效应并使得原本储存在陆地生物圈中的额外的 C 迅速转化并回到了大气中。这些情景都会引起大气 CO_2 浓度迅速增加,增加的速度远大于基于0.4的留存大气比例预测得到的速度,并且因此可能加剧接踵而至的气候波动。在这章结束的习题中,我们给出了一个评估未来大气 CO_2 浓度对 β 因子敏感度的练习。

6.5 人为干扰的持续性

我们假设,也许因为对全球气候变暖的恐惧,人类决定要立刻停止所有导致向大气排放 CO_2 的活动。那么自工业革命开始在大气中累积的额外 CO_2 需要多久才能消散呢?我们可以使用 BOXES 模型来回答这个问题。很简单,我们只需要重新将 $k_{7\to1}$ 设为其工业革命前的数值 5×10^{-9} 年$^{-1}$,使初始库存量等于我们在前一节 130 年模拟的最终结果,然后运行模型。[对 BOXES 模型的"准非线性"版本,还需要以 10 年为一个阶段进行模拟,并且根据 6.4 节中的式(6.10)和(6.12)来调整 $k_{1\to4}$ 和 $k_{1\to2}$ 数值。]

图 6.10 为分别用 BOXES 模型的简单版本和"准非线性"版本计算得到的 C 库存量随时间的变化。尽管通过 BOXES 的"准非线性"版本计算得到的离开大气的 C 总量要远大于简单版本的计算结果,但是剩余 CO_2 消减的指数递减时间对两个模型来说基本上是相同的——都在几十年数量级上。这个结果和我们的直觉有点不同。通过标准的计算可以得出,大气 C 的存在时间小于 10 年(用离开大气的通量去除大气的库存得到在大气中的存在时间),然而将人类排放到大气中的 C 完全清除则需要几十年。需要这么长的时间是因为人类向系统中排放的 CO_2 已经分别进入了大气、海洋和陆地生物圈。因此,CO_2 流出大气所需时间很大程度上受到其与深层海洋进行混合以及与死亡的陆地生物圈进

行交换所需要的长时间尺度控制的。

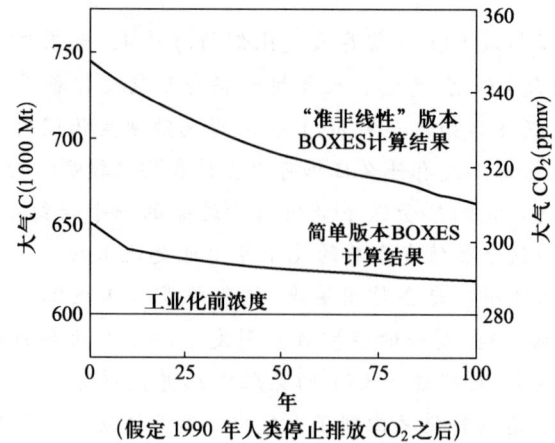

（假定1990年人类停止排放CO_2之后）

图6.10 假设在1990年人类停止了向大气排放CO_2,进而得到的大气C库的衰减计算结果。细实线是BOXES简单版本的结果,粗实线是BOXES"准非线性"版本的结果。

去除人类过量排放的CO_2需要这么长的时间,这使我们关于全球变暖的讨论变得更为紧迫。如果人们发现CO_2和其他温室气体的增加正在使气候产生明显的、人们不愿意看到的波动,那么即使人们立刻停止CO_2的排放活动,这一状况也需要好几十年才能逆转。

6.6 结 论

对生物地球化学家们来说,全球C循环的研究不是一件容易的事。虽然全世界都在争论面对大气中增长的CO_2浓度我们应该做些什么的时候,我们仍然无法为争论核心的几个关键科学问题提供确定答案:(1)过去一个世纪向大气排放的CO_2现在存在于何处?(2)生物圈将会对大气中持续增长的CO_2做出何种响应?以及(3)如果人类继续排放CO_2,那么将来的CO_2浓度变化轨迹将会是什么样的?

C循环的研究同时也为生物地球化学专业的学生们上了具有警示性的一课。尽管构建一个全球生物地球化学循环的简单线性模型一般来讲是很容易的,但是无法保证这个模型可以抓住重要的、有时是最终决定系统如何响应扰动的关键的循环特征。出于这一原因,我们在使用类似BOXES模型的运算结果时要特别小心,有时我们还需要增加一些其他步骤来确保结果可以合理地反映真实的地球系统。

建议阅读

Bolin, B., The carbon cycle, *Scientific American*, 223, 124−132, 1970.

IPCC, *Climate Change 1994: Radiative Forcing of Climate Change*, Cambridge University Press, New York, 1995.

Moore, B., III, and B. H. Braswell, The lifetime of excess atmospheric carbon dioxide, *Global Biogeochemical Cycle*, 8, 23−38, 1994.

Siegenthaler, U., and J. L. Sarmiento, Atmospheric carbon dioxide and the ocean, *Nature*, 365, 119−125, 1993.

Stryer, L., *Biogeochemistry*, 2nd edition, W. H. Freeman, New York, 1981.

Woodward, F. I., Predicting plant responses to global environmental change, *Plant Physiologist*, 122, 239−251, 1992.

习题

1. 联合国气候变化框架公约采取了将大气温室气体浓度稳定在"……可以阻止危险的对气候系统的人为干扰"水平上的长期目标。假定对"气体系统的危险干扰"的阻止要求我们将 CO_2 浓度保持在 400 ppmv 以下,利用 BOXES 模型确定该公约允许的最大人为排放速率。

2. 如果 β 因子变为 0.15,或 0,那么习题 1 的结果将如何变化?

第 7 章

全球硫循环

> "毋庸置疑，煤炭燃烧带来的硫（污染）问题必须解决。"
> Garrels, et al., *Chemical Cycles and the Global Environment*, 1975.
>
> "减少化石燃料排放是否会引起全球气候变暖？可以想象在今后 10～30 年里，由于 SO_2 浓度变化带来的增加气候变暖效果要超过由于 CO_2 排放减少所带来的缓解气候变暖的效果"
> T. M. L. Wigley, *Nature*, 349, 503-506, 1991.

7.1 引 言

硫（S）是化学元素周期表中第六（ⅥA）主族的一种非金属元素。如图 7.1 所示，它的原子序数为 16，原子量为 32.06，在其最外层有 6 个电子。与磷（P）一样，S 也是生物体中的微量元素（含量约为 0.25%），在大部分生物的生物合成过程中扮演重要角色。不过它们的共同点也就仅限于此。与 P 不同，在大多数天然水体中溶解态 S 的含量较高；因此 S 几乎不会是限制性营养元素。此外，P 在自然环境中只有一种价态（+5），而 S 则可以有多种不同价态。而且，我们将会看到，正是由于 S 这

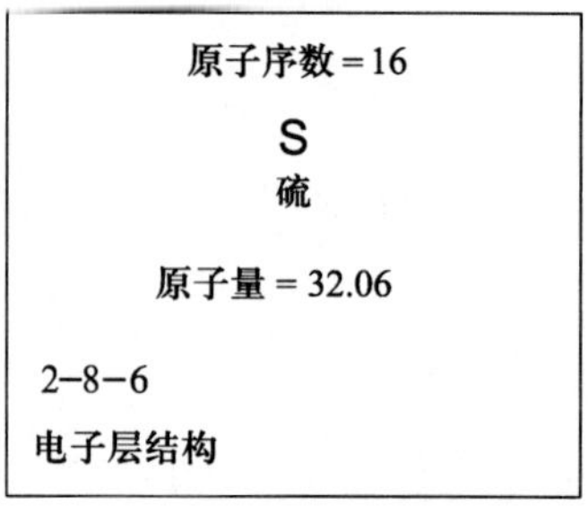

原子序数 = 16
S
硫
原子量 = 32.06
2-8-6
电子层结构

图 7.1 S 是化学元素周期表中第六（ⅥA）主族的一种非金属元素。

种可以从一种价态转化到另一种价态的便利特点使得这种元素在地球系统的生物地球化学过程中起着十分重要的作用。

7.2 硫的氧化还原性质

因为 S 在最外层有 6 个电子,所以它可以拥有从还原性最强的 -2 价到氧化性最强的 $+6$ 价之间 8 个价态中的任何一个价态。实际上,地球系统中的 S 化合物一般表现为其中的 6 个价态。表 7.1 中列出了较常见的一些 S 化合物。该表中所列化合物有一个特征值得注意,即尽管在大气圈、水圈和岩石圈中 S 可以以不同的价态存在,但是在有机化合物中 S 的主要价态是 -2 价。

表 7.1 自然界中 S 化合物及其价态[a]

	大气圈		水圈	岩石圈		生物圈
	气体	颗粒物		土壤	岩石	
-2	$H_2S, RSH,$ $RSR, OCS,$ CS_2	—	$H_2S, HS^-,$ S^{2-}, RS^-	$S^{2-}, HS^-,$ MS	S^{2-}, HgS	甲硫氨酸,半胱氨酸
-1	$RSSR$	—	$RSSR$	SS^{2-}	FeS_2	—
0	CH_3SOCH_3	—	—	S_8	—	—
$+2$	—	—	$S_2O_3^{2-}$	—	—	—
$+4$	SO_2	$SO_2 \cdot H_2O,$ CH_3SOOH	$H_2SO_3,$ $HSO_3^-,$ SO_3^{2-}	SO_3^{2-}	—	—
$+6$	SO_3	$H_2SO_4,$ $NH_4HSO_4,$ $(NH_4)_2SO_4,$ $Na_2SO_4,$ CH_3SO_3H	$H_2SO_4,$ $HSO_4^-,$ SO_4^{2-}	$CaSO_4$	$CaSO_4 \cdot 2H_2O,$ $MgSO_4$	—

[a] "R"表示有机基团(如 CH_3),"M"表示金属离子。
来源:Charlson, R. J., T. L. Anderson, and R. E. McDuff, The sulfur cycle, in *Global Biogeochemical Cycles*, S. Butcher, R. J. Charlson, G. Orians, and G. V. Wolfe (eds.), Academic Press, New York, 1992.

图 7.2 总结了 S 的不同价态间的热力学关系。根据这些数据以及附录中的数据,我们可以推导出一系列方程来描述每对不同价态 S 的稳定性边界。在图 7.3(a)中的 pe-pH 图中画出了这些配对价态中的 7 条稳定性边界。这些重复交叉的线条描述了一个非常复杂的情况。不过幸好这些线中大部分描述的是亚稳态边界。如果我们忽略这些亚稳态边界,并且只考虑水(H_2O)平衡的 pe-pH 区域范围,我们就可以获得图 7.3(b)。这是一个简单得多的图,只包括 $+6$ 价、0 价和 -2 价三条稳定性边界。

$$SO_4^{2-} \xleftrightarrow{(-3.73)} SO_3^{2-} \xleftrightarrow{(39.51)} S_8 \xleftrightarrow{(-7.24)} S_2^{2-} \xleftrightarrow{(-7.8)} S^{2-}$$
$$[+6] \quad\quad\quad [+4] \quad\quad\quad [0] \quad\quad\quad [-1] \quad\quad\quad [-2]$$

图 7.2 S 的价态。含 S 化合物下方的方括号内的数字表示的是该化合物中 S 的价态,而每对化合物间圆括号中的数字表示的是这两种化合物间氧化还原半反应平衡常数的对数值。(注意 0 价 S 常以 S_8 形式出现,这是一种有菱形结构的晶体。)

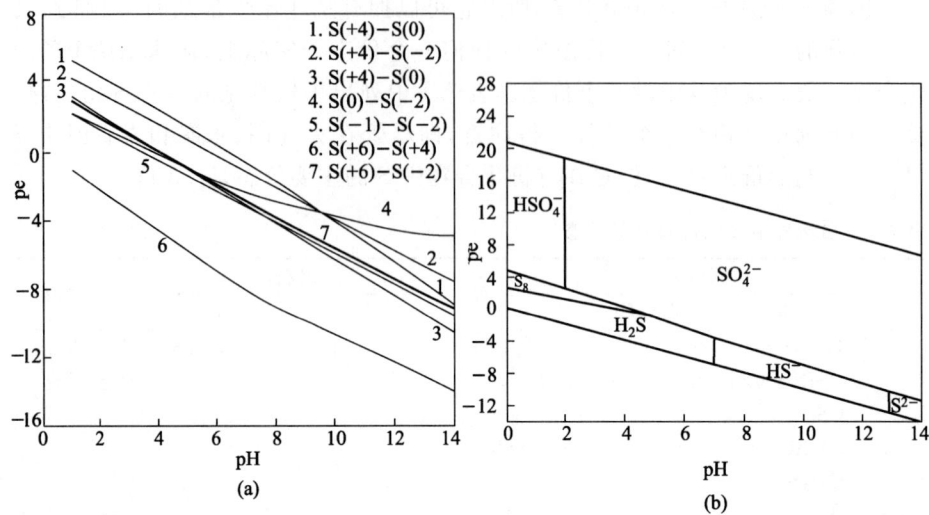

图 7.3 S 的 pe-pH 稳定性图。(a) S 的 7 对价态的稳定边界。(b) 去除所有亚稳态边界后,H_2O 稳定区域的 pe-pH 图。注意:在 H_2O 稳定区域内只有 +6、0 和 -2 价的 S 化合物才是真正的稳态。

图 7.3(b) 的结果表明,在 H_2O 稳定的大部分区域中,S 只有两种稳定价态:在稳定区域下部的 -2 价和上部的 +6 价。(S 的中性价态也比较稳定,不过只能是在强酸条件下并且处于 H_2O 稳定区域中很小的区域内。)另外,从表 7.1 可以看出,在自然界里 S 可以 6 种不同的价态存在。如果只有两种价态的 S 是稳定的,那么在自然界里是怎样发现存在 6 种价态呢?这是由其热力学和动力学的差异造成的。在还原性环境中的 S,倾向以其热力学稳定形式存在,即 -2 价。但是,如果 S 从最初的还原性环境迁移到氧化性环境中,它立刻成为热力学不稳定形态。为了重新建立热力学平衡,S 会经过一系列动力学过程从它初始的 -2 价转化为 -1 价,并依此类推,直至最终达到它的热力学稳定状态 +6 价。类似地,当 S 从一个氧化性环境进入一个还原性环境,动力学过程会使 S 从 +6 价转化为新的稳定态 -2 价。因为这些动力学过程不会瞬间完成,所以 S 在有限的时间内以它的各种中间价态存在——因此在地球系统中这些价态无处不在。

7.3 硫循环中的重要生物地球化学反应

尽管 S 是生物圈的重要组成部分,但是它最重要的生物地球化学反应却是那些无机形式的 S 参与的反应,并且随着它在 -2 和 $+6$ 价态间的变化,S 在很多重要的氧化还原反应中扮演电子贡献者和接受者的角色。例如,在富含有机物、缺氧的水中,硫酸盐还原菌可以利用硫酸根离子(SO_4^{2-})作为氧化剂从有机分子中通过以下反应吸收化学能

$$SO_4^{2-} + 2\text{"}CH_2O\text{"} + 2H^+ \longrightarrow (H_2S)_g + 2CO_2 + 2H_2O + 能量 \quad (R7.1)$$

在浅水系统中,由反应(R7.1)产生的气态硫化氢(H_2S)常常进入大气,并散发出"臭鸡蛋"气味,这是盐沼和潮泥滩的特征。

在绿色植物光合作用出现和大气氧气(O_2)含量上升之前,通过反应(R7.1)产生的大量 H_2S 在紫色和绿色硫细菌的作用下通过光合作用转化成为 SO_4^{2-},即

$$(H_2S)_g + 2CO_2 + 2H_2O + h\nu \longrightarrow SO_4^{2-} + 2\text{"}CH_2O\text{"} + 2H^+ \quad (R7.2)$$

在如今氧化性更强的大气圈和水圈中,大部分 H_2S 通过一系列反应被氧化成硫酸盐,这些反应的净效应可以用化学计量反应式表示(见专栏 7.1)

$$(H_2S)_g + 2O_2 \longrightarrow SO_4^{2-} + 2H^+ \quad (R7.3)$$

有趣的是,反应(R7.1)和反应(R7.2)的加和形成了一个闭合的循环,没有化合物的净产生,也没有净损失,但反应(R7.1)和反应(R7.3)的加和就不是这样,即

$$SO_4^{2-} + 2\text{"}CH_2O\text{"} + 2H^+ \longrightarrow (H_2S)_g + 2CO_2 + 2H_2O + 能量 \quad (R7.1)$$

$$(H_2S)_g + 2O_2 \longrightarrow SO_4^{2-} + 2H^+ \quad (R7.3)$$

净效应: $2\text{"}CH_2O\text{"} + 2O_2 \longrightarrow 2CO_2 + 2H_2O + 能量$

开始时,我们可能由此得出结论:上面的反应(R7.1)和反应(R7.3)构成了一个生物地球化学循环,此循环可不断地从大气中去除 O_2。但是,在得出这一结论之前,我们必须问一个问题:在净效应左边的有机分子(即"CH_2O")是从哪里来的。在当前的大气中,有机分子当然是来自绿色植物的光合作用

$$CO_2 + H_2O + h\nu \longrightarrow \text{"}CH_2O\text{"} + O_2 \quad (R1.1)$$

因此,为反应(R7.1) + 反应(R7.3)提供了所需的有机物和 O_2,在此过程中,使循环得以闭合。

专栏7.1 OH自由基和相关光化学氧化物驱动下的大气硫循环

在7.2节中提到,如果还原态S的化合物比如H_2S被排放进入大气,它们会立刻处于热动力学不稳定状态。因为在大气中存在大量的O_2分子,所以S更倾向于以+6价存在。结果,大气中任何一种还原态S的化合物都会被氧化。如果这个氧化过程需要直接与氧气分子进行反应,那么氧化过程将会十分缓慢。O_2分子中O—O键的强度使得它在室温和常压下与大部分化合物的反应都十分缓慢。大气实际上有另外一种氧化的途径,并最终将还原态S的化合物(以及大部分其他热动力学不稳定化合物)从大气中清理干净。在这一途径中产生高活性的光化学氧化物,如羟基(OH)。这些光化学氧化物与H_2S以及其他还原性化合物的反应相对较迅速(见图7.4),使其更快地转化为热动力学稳定形态。由于这些热动力学稳定形态化合物的氧化性更强,所以它们的极性更强,也相对更容易在水中溶解。出于以上原因,大气中的氧化产物很容易通过降水、冲刷以及其他沉降过程从大气中去除。以H_2S为例,它与OH的反应引发了一系列基元反应,并最终生成二氧化硫(SO_2)。SO_2又被氧化成为硫酸(H_2SO_4),形成含硫酸根颗粒物并从大气中去除,使S回到它最初产生的天然水体系统中。

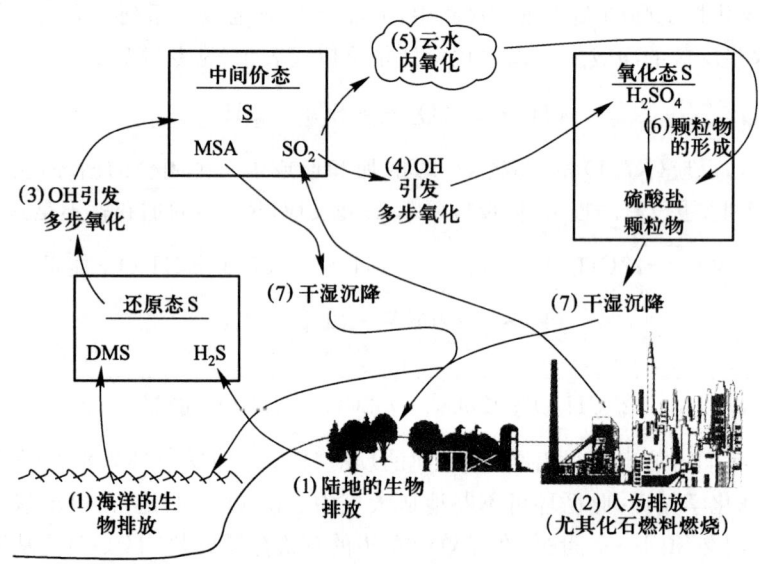

图7.4 大气S循环的关键途径示意图。(1)来自陆地生物的还原态S化合物(例如H_2S)和来自海洋生物的二甲基硫(CH_3SCH_3)的天然排放;(2)含S化合物的人为排放,主要是SO_2;(3)还原态S化合物被OH和其他光化学氧化物氧化,生成中间价态的S化合物(如SO_2和甲磺酸(MSA));(4)中间价态的S化合物在气相中被OH氧化,生成H_2SO_4蒸汽;(5)中间价态S化合物在液态云滴中的转化,一经蒸发便产生硫酸盐颗粒物;(6)H_2SO_4向硫酸盐颗粒物的转化;(7)干湿沉降将S最终从大气中去除。

7.3.1 黄铁矿(FeS_2)的形成与风化

硫酸盐的厌氧还原产生 H_2S，H_2S 接着会发生氧化，这就构成了一个完全封闭的循环。这个循环在很大程度上与前面讨论过的光合作用和呼吸作用循环非常类似。由于与光合作用/呼吸作用循环的相似性，而且在全球尺度上，这一循环只涉及光合作用实际产生的 C 中的一部分，因此由反应（R7.1）和（R7.3）表示的 S 的氧化和还原循环从全球角度来看是有局限性的。（另一方面，这个循环在厌氧微生物环境中可能相当重要。）

图 7.5　图（a）FeS_2 晶体，产地为西班牙（阿姆巴萨瓜斯，洛格罗诺）；尺寸大约为 2″。图（b）结晶的金标本，来自美国（布雷肯里奇，科罗拉多）。尺寸大约为 3/4″。FeS_2 因呈金色而被称为"愚人金"。与金不同，FeS_2 是沉积岩中的矿物质，一般具有层状结构。（照片由 United States Geological Survey 提供。）

然而，在含有赤铁矿（Fe_2O_3）的海洋沉积物中发生硫酸盐厌氧还原时，就可能引发一个重要的全球循环。在这些沉积物中，所谓的无色细菌可通过将赤铁矿中的铁（Fe）和硫酸根离子中的硫（S）还原而氧化有机化合物，同时生成不溶性的还原性含硫化合物并积聚在海洋沉积物中。这种化合物就是 FeS_2，有时被称为"愚人金"，因为它是金色的（见图 7.5）。在海洋沉积物中生成 FeS_2 的反应，其净的化学计量关系为式（R7.4）

$$8SO_4^{2-} + 2Fe_2O_3 + 15"CH_2O" + 16H^+ \longrightarrow 4(FeS_2)_s + 15CO_2 + 23H_2O$$
(R7.4)

如果生成并积聚在海底沉积物中的 FeS_2 最终通过板块运动过程被带到地球表面并风化，则由式（R7.4）引发的循环就是闭合的。风化的反应可由下式表示（见专栏 7.2）

> **专栏7.2　黄铁矿的风化和酸性矿山废水——局地地下水酸化的起因**
>
> FeS_2 广泛分布于沉积物以及由这些沉积物构成的岩石中。因此,采矿作业,尤其是煤炭和金属硫化物矿的开采,经常会将大量 FeS_2 带到地表。由于 FeS_2 没有什么显著的经济价值,所以在过去只是简单地把 FeS_2 留在采矿场,这些被称为煤矿尾矿。通过在第 7.2 节的讨论,我们知道,FeS_2 暴露在空气中会通过如下反应发生风化或氧化
>
> $$4FeS_2 + 8H_2O + 15O_2 \longrightarrow 2Fe_2O_3 + 8SO_4^{2-} + 16H^+ \quad (R7.5)$$
>
> 结果就是产生了 H_2SO_4。最终这个反应所生成的 H_2SO_4 将会渗入当地地下水,造成酸性矿山废水这一现象。酸性矿山废水的影响非常显著,有时对环境甚至是破坏性的,这是因为当地地下水系统会遭到污染,而且酸化会将痕量金属从土壤中释放出来。对尾矿谨慎地进行隔离和储存,或者挖掘其经济价值,不失为解决这一问题的好策略。

$$4FeS_2 + 8H_2O + 15O_2 \longrightarrow 2Fe_2O_3 + 8SO_4^{2-} + 16H^+ \quad (R7.5)$$

这个循环非常重要,因为每次反应(R7.4)发生时,"CH_2O"都被氧化,而未消耗 O_2 分子。因为光合作用中每生成 1 mol "CH_2O",都会同时生成 1 mol O_2,所以从反应(R7.5)可知,在海底沉积物中每沉积 1 mol S(以 FeS_2 的形式),都代表着 15/8 mol 的 O_2 进入大气。最终,在 FeS_2 发生风化时(R7.5),这些 O_2 当然都被从大气中除去。然而,海底沉积物上升并发生风化的特征时间是 1 亿年左右。因此,FeS_2 沉积和风化速率的任何暂时性不平衡,都会导致大气中 O_2 含量在相当长时间内的扰动。我们在本章稍后的数值试验中会对这种可能性进行更细致的探究。

7.3.2　石膏($CaSO_4 \cdot 2H_2O$)的形成与风化

具有全球重要意义的另一种含 S 矿物质是 $CaSO_4 \cdot 2H_2O$,它是一种蒸发岩。$CaSO_4 \cdot 2H_2O$ 沉降的最简单形式可由下式表示

$$Ca^{2+} + SO_4^{2-} + 2H_2O \longrightarrow (CaSO_4 \cdot 2H_2O)_S \quad (R7.6)$$

然而,反应(R7.6)需要 $CaSO_4 \cdot 2H_2O$ 晶体发生均相成核,而这是一个相对缓慢的过程。相反,$CaSO_4 \cdot 2H_2O$ 的成核更经常发生的是非均相反应——通过取代方解石(($CaCO_3$)$_S$)中的碳酸根离子(CO_3^{2-}),即

$$(CaCO_3)_S + H^+ + SO_4^{2-} + 2H_2O \longrightarrow (CaSO_4 \cdot 2H_2O)_S + HCO_3^- \quad (R7.7)$$

十分有趣的是，$CaSO_4 \cdot 2H_2O$ 的形成还有可能会影响大气含氧量。如反应 (R7.7) 所示，从海洋沉积物中移除的碳酸盐进入海洋库存，在海洋库存中它可以被浮游植物利用进行光合作用，这一反应可以间接促进大气中 O_2 的产生。跟 FeS_2 的沉积一样，当这些沉积物被带到地表通过以下反应风化时，$CaSO_4 \cdot 2H_2O$ 沉积的循环也就闭合了

$$(CaSO_4 \cdot 2H_2O)s \longrightarrow Ca^{2+} + SO_4^{2-} + 2H_2O \qquad (R7.8)$$

7.4 工业化前的全球硫循环

在进行 S 的全球生物地球化学循环数值分析之前，我们首先来建立一个工业化前就可能存在的稳定状态循环，也就是说还不存在人为的扰动。如图 7.6 所示，我们的模型包括 5 个库，氧化态 S 沉积物（即 $CaSO_4 \cdot 2H_2O$）、还原态 S 沉积物（即 FeS_2）、土壤中的 S、大气中的 S 和海洋中的 S。遵循和前几章一样的基本方法，可以估算各库容量和库之间的通量。我们在这里要采用的数值分别如图 7.6 和表 7.2 所示。因为我们最终想得知这个循环的扰动会如何影响 O 和 C 循环，所以采用摩尔单位比质量单位更为方便。因此，S 库存单位用万亿摩尔

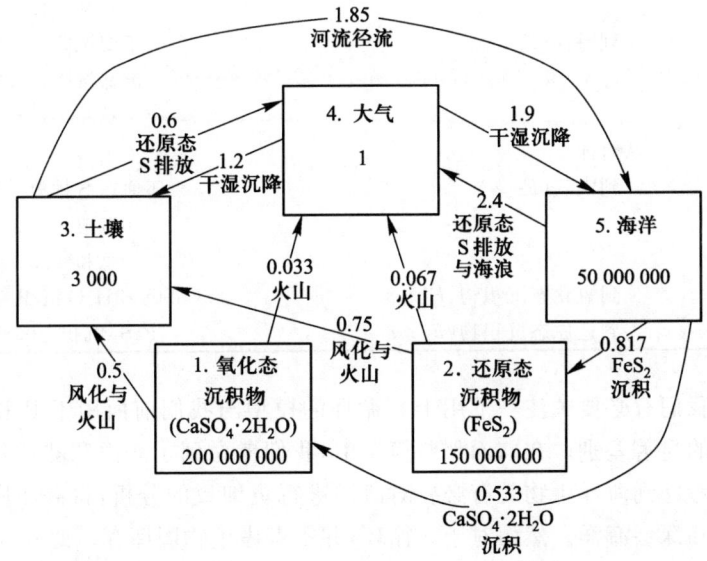

图 7.6　工业化前稳态 S 循环的五储库模型，其中氧化态和还原态 S 沉积物分别由不同的库表示。库存总量以万亿摩尔（Tmol）为单位，通量以万亿摩尔·年$^{-1}$（Tmol·年$^{-1}$）为单位。（1 Tmol=1×10^{12} mol.）

(Tmol)来表示,而通量单位用万亿摩尔/年(Tmol·年$^{-1}$)来表示[1]。

表 7.2　工业化前 S 的五储库稳态模型通量

通量	流量(Tmol·年$^{-1}$)
从氧化态 S 沉积物	
到土壤($F_{1\to3}$)	风化＝0.4
	火山＝0.1
	总和＝0.5
到大气($F_{1\to4}$)	火山＝0.033
从还原态 S 沉积物	
到土壤($F_{2\to3}$)	风化＝0.6
	火山＝0.15
	总和＝0.75
到大气($F_{2\to4}$)	火山＝0.067
从土壤	
到大气($F_{3\to4}$)	还原态 S 排放＝0.6
到海洋($F_{3\to5}$)	河流径流＝1.85
从大气	
到土壤($F_{4\to3}$)	干湿沉降＝1.1
	海盐沉降＝0.1
	总和＝1.2
到海洋($F_{4\to5}$)	干湿沉降＝0.6
	海盐沉降＝1.3
	总和＝1.9
从海洋	
到大气($F_{5\to4}$)	还原态 S 排放＝1.0
	海浪＝1.4
	总和＝2.4
到氧化态沉积物($F_{5\to1}$)	$CaSO_4\cdot2H_2O$ 沉积＝0.533
到还原态沉积物($F_{5\to2}$)	FeS_2 沉积＝0.817

在此我们有必要关注一下用于 S 循环的模型与我们前面用于 P 和 C 循环模型之间的显著差别。在前面那些模型中,我们考虑到了海洋和陆地生物圈的库存。而考虑到海洋生物就有必要对海洋进行更细致的分析,将海洋库存分为表层海洋和深层海洋。然而对于 S 循环,并不考虑生物圈库存。此外,不同于 P 循环但是类似于 C 循环的一点是,S 循环包括两个不同的沉积库。这样的选择反映了我们在本章前面的讨论。从全球视角出发,S 循环的关键在于沉积物的

[1]　1 Tmol＝1 万亿 mol＝1×10^{12} mol。

形成速率和风化速率,以及沉积物中氧化态 S 和还原态 S 的分配比例。我们设计的模型将会关注这些方面。

根据图 7.6 和表 7.2 的数据,我们可以直接为工业化前的 S 循环建立一个 **K** 矩阵,如下所示

$$K = \begin{pmatrix} -2.67\times10^{-9} & 0.0 & 0.0 & 0.0 & 1.07\times10^{-8} \\ 0.0 & -5.45\times10^{-9} & 0.0 & 0.0 & 1.63\times10^{-8} \\ 2.50\times10^{-9} & 5.00\times10^{-9} & -8.17\times10^{-4} & 1.20 & 0.0 \\ 1.65\times10^{-10} & 4.47\times10^{-10} & 2.00\times10^{-4} & -3.10 & 4.80\times10^{-8} \\ 0.0 & 0.0 & 6.17\times10^{-4} & 1.90 & -7.50\times10^{-8} \end{pmatrix}$$

7.5 数值试验1:二叠纪时期石膏沉积物增加的模拟

在前一节的工业化前稳定状态下的 S 循环模型中,氧化态 S 沉积物(即 $CaSO_4 \cdot 2H_2O$)和还原态 S 沉积物(即 FeS_2)的形成和风化速率均是处于平衡的。因此,S 沉积物循环在这一模型中对于大气 O_2 含量没有净的影响。然而,并没有先验知识证明事实总是如此。实际上,以 S 同位素作为诊断工具对地质记录的调查表明,在不是很遥远的过去一个阶段,$CaSO_4 \cdot 2H_2O$ 和 FeS_2 的形成速率与今天的大不相同(见专栏 7.3)。二叠纪就是这样一个阶段,它是指距今 2.75 亿年—2.25 亿年之间的 5 000 万年,那时 $CaSO_4 \cdot 2H_2O$ 的沉积量要远大于现在。(二叠纪同时也是海洋大规模覆盖陆地的阶段,海水频繁的侵入可能使蒸发沉积物的形成更加方便,因此促进了这一阶段 $CaSO_4 \cdot 2H_2O$ 的形成。)这一节中,我们将使用 BOXES 模型来探究 S 沉淀速率这一改变带来的可能后果。

专栏 7.3 石膏的同位素组成是研究地质历史的关键

地球中含量最多的 S 同位素的原子量为 32(即 ^{32}S),排在第二位的是 ^{34}S。平均来说,^{32}S 与 ^{34}S 的比例为 22.5∶1。然而这一比率并不是一成不变的,在对地球上不同物质进行分析时,可以发现这一比率会有百分之几的变化。地质学家发现,这些微小的变化可以帮助我们解释地球的历史。在弄清这一问题之前,我们先来介绍一些名词。根据传统,样品的相对质量或者同位素馏分用千分比来表示(‰)同位素比例与事先规定的标准比例的差别。对于 S 的馏分,用下式表示

$$\delta^{34}S(‰) = \{[(^{34}S/^{32}S)_{样品}]/[(^{34}S/^{32}S)_{标准}] - 1\}1000$$

其中,标准比例采用代阿布洛峡谷陨石(Canyon Diablo Meteorite)测定数值。

现在让我们来考虑海洋、$CaSO_4 \cdot 2H_2O$ 以及 FeS_2 沉积物中的 S 馏分。在当代海洋中,$\delta^{34}S$ 的观测值为 +20‰。换句话说,海洋中的 ^{34}S 比代阿布洛峡谷陨石中含量高或重 2‰。当海洋中形成 $CaSO_4 \cdot 2H_2O$ 蒸发沉积物时,它的 S 馏分与海洋的差不多。但是,FeS_2 就不一样了。因为 FeS_2 的形成是以微生物为媒介的,从能量上来讲,还原 ^{32}S 比还原 ^{34}S 耗能要少,所以海底的 FeS_2 馏分比海洋中的轻,一般轻 30‰ 左右。这些事实带给我们如下启发:

(1) 对已知年份的 $CaSO_4 \cdot 2H_2O$ 沉积物进行同位素馏分分析,有助于推断过去地质年代海洋中的同位素馏分。

(2) 相比今天而言,在更容易形成 FeS_2 的年代里,海洋中的馏分相对较重,而这一时期形成的 $CaSO_4 \cdot 2H_2O$ 沉积物中馏分也相对较重(即 $\delta^{34}S > 20‰$)。

(3) 相比今天而言,在更容易形成 $CaSO_4 \cdot 2H_2O$ 的年代里,海洋中的馏分相对较轻,而这一时期形成的 $CaSO_4 \cdot 2H_2O$ 沉积物中馏分也相对较轻(即 $\delta^{34}S < 20‰$)。

利用这些信息,现在让我们来看看图 7.7 中在过去几亿年间 $CaSO_4 \cdot 2H_2O$ 沉积物中 $\delta^{34}S$ 的变化。有趣的是我们发现这一比率在过去约 1 亿年的时间内相当稳定地保持在 +20‰,这说明 $CaSO_4 \cdot 2H_2O$ 和 FeS_2 沉积的比例在这段时间内基本不变。但是,当我们再看更早的年代时,会发现情况发生了变化,$\delta^{34}S$ 在 5 000 万年~1 亿年的时间尺度上有 ±10‰ 的不规则震荡。我们可以得到如下结论,即在这些时期内,$CaSO_4 \cdot 2H_2O$ 和 FeS_2 沉积比例一定与当代的有很大不同。

在稳态模型中,每年约有 1.35 Tmol 的 S 进入海洋沉积物中,其中每 1 mol S 成为氧化态的或 $CaSO_4 \cdot 2H_2O$ 沉积物的同时就有 1.5 mol S 成为还原态的或者 FeS_2 沉积物(见表 7.2)。为了创建一个可以模仿二叠纪时期循环的模型,我们假定 S 的总沉积速率没有发生改变(即 1.35 Tmol·年$^{-1}$),但是成为还原态和氧化态 S 的比例将发生变化。在扰动循环中我们假定每生成 1mol 还原态 S 沉积物的同时会生成 3 mol 氧化态 S 沉积物。这一扰动使得 **K** 矩阵产生了轻微的变化

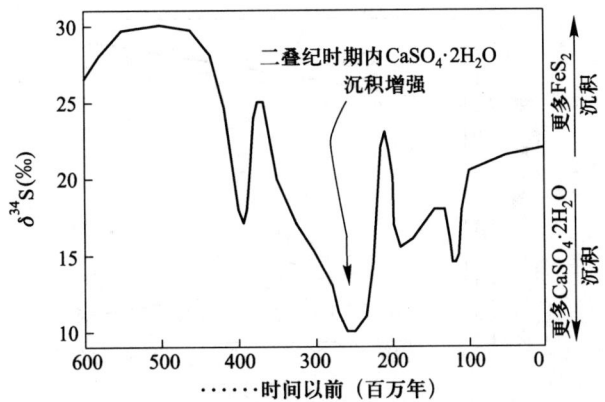

图 7.7　$CaSO_4 \cdot 2H_2O$ 沉积物中 S 同位素馏分的变化可以用来推断海洋中 $CaSO_4 \cdot 2H_2O$ 和 FeS_2 沉积物形成的相对速率。$\delta^{34}S$ 值相对较高的时期,可能 FeS_2 沉积速率相对较快;而 $\delta^{34}S$ 值相对较低的时期(如二叠纪),可能 $CaSO_4 \cdot 2H_2O$ 沉积速率相对较快。(来源:Walker, J.C.G., *Evolution of the Atmosphere*, Macmillan, New York, 1977.)

$$K = \begin{matrix} -2.67\times 10^{-9} & 0.0 & 0.0 & 0.0 & \mathbf{2.02\times 10^{-8}} \\ 0.0 & -5.45\times 10^{-9} & 0.0 & 0.0 & \mathbf{6.75\times 10^{-9}} \\ 2.50\times 10^{-9} & 5.00\times 10^{-9} & -8.17\times 10^{-4} & 1.20 & 0.0 \\ 1.65\times 10^{-10} & 4.47\times 10^{-10} & 2.00\times 10^{-4} & -3.10 & 4.80\times 10^{-8} \\ 0.0 & 0.0 & 6.17\times 10^{-4} & 1.90 & -7.50\times 10^{-8} \end{matrix}$$

式中,粗体的数字表示的是发生改变的 k 值。

以这个新矩阵及图 7.6 中的 C 储量数据作为初始条件,运行 BOXES 模拟 5000 万年(大约等同于二叠纪时间长度),我们得到图 7.8 中 S 在还原态和氧化态沉积物库存中的总量。由于我们没有改变 K 矩阵中会对 S 沉积物风化速率产生影响的要素,我们发现改变还原态 S 沉积物和氧化态 S 沉积物的相对比例将会改变这两个库中相应的 S 总量。对于我们这一试验中设定的数值,我们发现在 5000 万年结束的时候大约有 2×10^{19} mol 的 S 从还原态库转移到氧化态库中。

这一结果很有趣的一个方面就是我们要考虑沉积岩中 S 含量的变化将会如何影响大气 O_2 含量。回顾 7.2 节,氧化 1 mol 还原态 S 需要消耗 15/8 mol 的大气 O_2。因此,在我们数值试验的 5000 万年间,从还原态 S 沉积物转移到氧化态 S 沉积物的 2×10^{19} mol S 还会消耗大气中约 4×10^{19} mol O_2。这一情景的唯一问题在于,大气中实际只有约 3.5×10^{19} mol 的 O_2。这意味着在二叠纪这样的时期,大气中会严重缺乏 O_2,但显然这不是事实。例如,化石中有大量证据表明,在二叠纪存在一定数量的呼吸类动物。

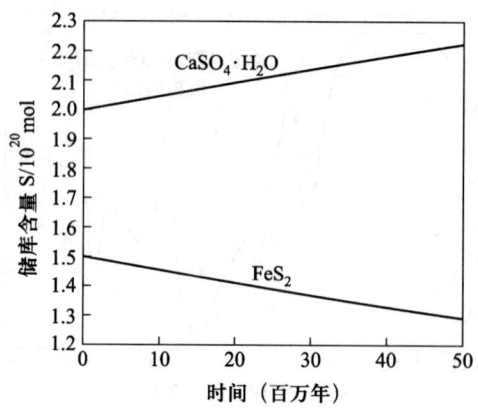

图 7.8 当还原态(FeS_2)和氧化态($CaSO_4 \cdot 2H_2O$)S 沉积物的相对比例设定为 1∶3 时,氧化态 S 沉积物和还原态 S 沉积物库存随时间的变化。根据我们的计算,由于沉积的相对速率发生变化,约有 2×10^{19} mol 的 S 从还原态沉积物转化为氧化态沉积物。这一计算结果有趣的一面在于其对大气 O_2 储量的影响。

从这一结果我们还可以得到一个推论,那就是地球系统一定存在某种反馈机制,这种机制可以稳定大气的 O_2 含量,使其不会在地质年代发生 S 沉积速率变化中减少或耗尽。例如,Garrels,Lerman 和 Mackenzie(*American Scientist*,64,306–315,1974)在题为《大气 O_2 和 CO_2 的控制因素:过去、现在和未来》的会议论文中提出一种机制,这种机制基于如下事实:通过反应(R7.7)沉积的 $CaSO_4 \cdot 2H_2O$ 会导致碳酸盐溶解于海洋。这些学者认为,这些额外的碳酸盐可以在光合作用过程中被摄取,同时释放 O_2 使大气不会缺少 O_2。我们将在第 9 章讨论这一反馈机制的强度以及其他反馈机制,同时我们会更加定量地考虑 C、O 和 S 循环的耦合结果。

7.6 数值试验 2:人为干扰的影响和持续性

在 7.5 节中我们考虑过了在地质年代尺度上 S 循环扰动的原因和结果,现在转而研究另一个与我们人类联系更加密切的问题,也就是现代的工业社会活动将会在多大程度上影响 S 循环,以及如果活动停止,需要多少时间才能消除这些影响。目前人类活动影响 S 循环的途径主要有两个:一个是通过采矿以及其他土地利用方式的改变,加快还原态以及氧化态 S 的风化和转入土壤的速度。另一个是通过化石燃料燃烧,人类活动导致沉积物中的还原态 S 直接进入大气。表 7.3 列出了每个过程的代表性速率。

表 7.3　人类活动导致的 S 通量

过程	通量（Tmol·年$^{-1}$）
氧化态 S 沉积物通过采矿向土壤的迁移（F_{13}）	0.4
还原态 S 沉积物通过采矿向土壤的迁移（F_{23}）	0.6
还原态 S 沉积物通过化石燃料燃烧向大气的迁移（F_{24}）	2.0

与 C 循环数值试验一样，我们采用一个假想的情景。在此情景中人类实施的扰动影响了稳态循环，这些扰动持续了 130 年，然后突然停止。情景中，第一个 130 年通过 BOXES 模型的第一阶段进行模拟，其初始库存采用工业化前的稳态数值，K 矩阵则包括表 7.3 所示的人类驱动通量。含人为扰动的新的 K 矩阵如下式

$$K = \begin{pmatrix} \mathbf{-4.67 \times 10^{-9}} & 0.0 & 0.0 & 0.0 & 1.07 \times 10^{-8} \\ 0.0 & \mathbf{-2.28 \times 10^{-8}} & 0.0 & 0.0 & 1.63 \times 10^{-8} \\ \mathbf{4.50 \times 10^{-9}} & \mathbf{9.00 \times 10^{-9}} & -8.17 \times 10^{-4} & 1.20 & 0.0 \\ 1.65 \times 10^{-10} & \mathbf{1.38 \times 10^{-8}} & 2.00 \times 10^{-4} & -3.10 & 4.80 \times 10^{-8} \\ 0.0 & 0.0 & 6.17 \times 10^{-4} & 1.90 & -7.50 \times 10^{-8} \end{pmatrix}$$

式中，粗体的数字表示的是发生改变的 k 值。

130 年后我们通过 BOXES 的第二个阶段进行模拟，将阶段一得到的 $t=130$ 年的库存值作为这一阶段的初始库存，此外由于假设了人为排放在这一阶段是中止的，所以采用了工业化前的 K 矩阵。将第一阶段和第二阶段的结果放在一起，我们就得到一个记录这 130 年人类驱动力对 S 循环扰动影响累积以及此后消退的过程图。

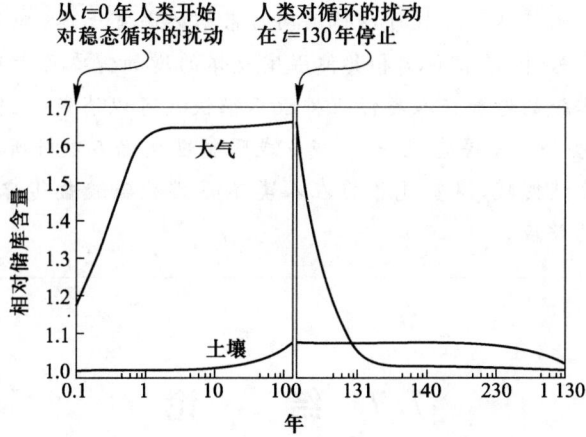

图 7.9　对于工业化前稳态 S 循环施加假设的 130 年扰动后，大气及土壤中 S 的相对存量随时间的变化。其中，扰动包括采矿和燃烧化石燃料。对该循环最大的扰动发生在大气层。然而由于 S 在大气中的停留时间很短，人类排放 S 的活动一旦停止，这一扰动会很快消失。尽管对于土壤的扰动较小，只有 10% 的水平，但却需要大概 1000 年时间来削减这一扰动。

预测显示(图7.9),大气和土壤的含S量都受到明显的扰动。其中,对大气的扰动十分明显(大约有两倍的变动),而土壤扰动就相对较缓和,在130年假定人类排放停止时扰动幅度大约为10%。当浏览表7.2和表7.3中的通量时可能会推测到,大气中的S增长几乎可以完全归咎于化石燃料的燃烧,尤其是煤炭。还应该特别注意的是,大气和土壤的响应时间有明显的差别,大气只需要大约1年的时间适应改变的通量,而土壤却需要1000年。正如后面的讨论(专栏7.4)提到的,大气对S排放如此迅速的响应给决策者们提出了一个难题。

专栏7.4　控制化石燃料燃烧产生的硫排放:决策者们的难题

我们的模拟结果表明,人类由于燃烧化石燃料排放的S对大气影响巨大,使S的平均浓度增长了1.5~2倍。浓度的增长对环境的影响具有两面性,同时也为决策者们提出了难题。

如图7.4所示,当S被排放进入大气后,它会被氧化成为H_2SO_4。H_2SO_4容易成核并冷凝于气溶胶上,形成酸性硫酸盐颗粒物。当浓度很高时,这些酸性颗粒物会对人类的健康造成威胁;当通过干湿沉降离开大气时,会产生酸沉降并对敏感的生态系统造成潜在的危害。因此,决策者们希望限制由于化石燃料燃烧造成的S排放。

但是含有硫酸盐的颗粒物还有很重要的气候效应。硫酸盐颗粒物的光学性质使它们可以在太阳辐射被大气和地表吸收之前将其反射回太空,从而起到降温作用。事实上一些气候模型模拟的结果已经表明,工业化以来大气中累积的硫酸盐气溶胶可以抵消同时累积的温室气体(如CO_2)所产生的增温作用。另外,尽管CO_2和其他温室气体的增加需要几十年来消散,但是硫酸盐气溶胶的增加在人类停止排放后很快就可以消散(比较图6.10和图7.9)。一些科学家警告说,如果减少或限制燃烧化石燃料所排放的S,结果就是气候突然变暖,温室气体将在人类不再排放硫酸盐气溶胶的情况下充分发挥它的效应。

7.7　结　　论

地球系统环境的多样性使得S的价态可以在还原性最强的-2价到氧化性最强的+6价的范围内变化。因此,S的生物地球化学循环围绕着一系列氧化还原反应进行,这些反应使S在这两种极端价态间循环。由于每年有大量的S

在这两种极端价态间循环变化，S 的生物地球化学循环对地球本身的氧化平衡就有着重要的影响，最终影响大气中 O_2 含量以及有机 C 的循环。

除了对控制地球系统氧化平衡具有重要作用外，全球 S 循环还受到了明显的扰动影响。这些扰动中最显著的恐怕就是人类活动的扰动了。比较肯定的一点是，由于采矿和燃烧化石燃料导致的 S 从岩石圈转移到土壤和大气的通量达到了相当于甚至超过自然传输速率的程度。因此，自工业化以来，大气和土壤中的 S 含量很可能会上升。可能带来的后果就是局地和区域的空气质量下降，酸化或毒化当地地下水系统和生态系统，以及区域和全球性的气候变冷。这些影响的强度以及地球系统对这些影响的响应，是生物地球化学家们在今后几十年中的两个重要的研究领域。

建议阅读

Charlson, R. J., J. E. Lovelock, M. O. Andreae, and S. G. Warren, Oceanic phytoplankton, atmospheric sulphur, cloud albedo, and climate, *Nature*, 326, 655–661, 1987.

Charlson, R. J., J. Langner, and H. Rodhe, Sulphate aerosol and climate, *Nature*, 348, 22, 1990.

Charlson, R. J., T. L. Anderson, and R. E. McDuff, The sulfur cycle, in *Global Biogeochemical Cycles*, S. Butcher, R. J. Charlson, G. Orians, and G. V. Wolfe (eds.), Academic Press, New York, 1992.

Lawrence, M., An empirical analysis of the strength of the phytoplankton-dimethylsulfide-cloud-climate feedback cycle, *J. Geophys. Res.*, 98, 20663–20673, 1993.

Taylor, K. E., and J. E. Penner, Response of the climate system to atmospheric aerosols and greenhouse gases, *Nature*, 369, 734–737, 1994.

Wigley, T. M. L., Could reducing fossil-fuel emissions cause global warming?, *Nature*, 349, 503–506, 1991.

习题

1. 本章中我们用于 S 循环的五储库模型有一个缺点，即假设了整个大气的 S 含量是均一的。因为 S 在大气中的停留时间为几个月，而物质在大气中的混合时间约为 1 个月(见表 3.8 和(或)图 3.15)，因此在释放 S 的源区域以及从大气中消除 S 的汇区域之间会存在 S 的浓度梯度。请为 S 循环发展一个六储库模型，模型中考虑 S 的区域性变化。具体来说，就是设立两个独立的大气储库，其中一个为污染大陆地区上空的 S，另一个为洁净遥远地区上空的 S。利用 BOXES 来估算由人类活动导致的这些区域的 S 的增加量。

2. 在 1987 年 *Nature* 上发表的一篇论文中，Charlson、Lovelock、Andreae 和 Warren 提出，S 的生物地球化学循环在地球系统内是一个自然气候稳定机制。在这一机制中，二甲基硫（CH_3SCH_3）的生产导致 S 向大气释放并氧化成为硫酸盐气溶胶。由于硫酸盐气溶胶可以使地表降温，作者认为，如果因为温度上升或下降而导致海洋生物产生 CH_3SCH_3 的速率相应地提高或减少，那么表面温度会趋于稳定。试在准非线性模式下运用 BOXES 模型（或者其他的数值模型），并估算大气 S 与温度之间关系的强度，以及保持气温稳定所需要的温度和海洋生物的 CH_3SCH_3 生产量。

第 8 章

全球氮循环

> "氮在大气中占79%,但是它不能直接被大部分生物利用。它首先需要被'固定'。"
>
> C. C. Delwiche, The Nitrogen Cycle, in *The Biosphere*, W. H. Freeman, San Francisco, 1970.

8.1 引 言

氮(N)在化学元素周期表中位于第五(VA)主族,在 C 和 O 之间、P 的上方,原子序数为 7,原子量为 14.006 7(图 8.1)。N 是主要营养元素中最稀缺的一个,在陆地上的平均丰度仅为 50 ppm[①](质量分数)。尽管如此,该元素对于所有生物体来说都是十分重要的(专栏 8.1)。虽然 N 的丰度很低,但它仍然是有机质中含量第四多的元素,大约占生物圈质量的 0.3%。当然 N 在地球的另一个圈层中丰度更大,那就是大气,约占大气质量的 80%。

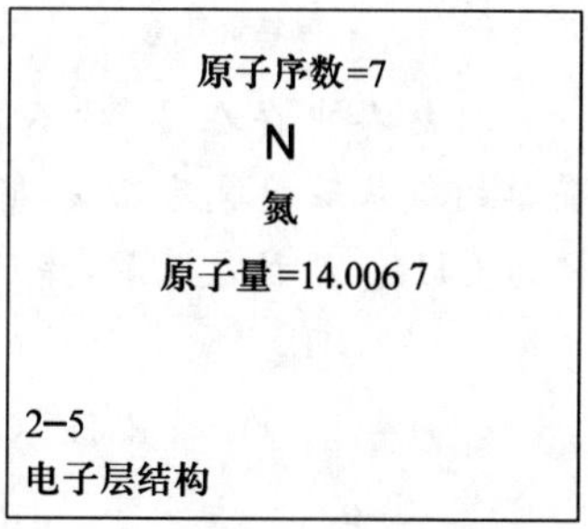

具有讽刺意味的是,虽然大部分绿色植物都生活在富含氮气(N_2)的大气中,但是它们必须不断努力才能获得新陈代谢所需的 N,因此

```
原子序数=7
N
氮
原子量=14.006 7

2-5
电子层结构
```

图 8.1 N 是化学元素周期表中第五(VA)主族的一种非金属元素。

---

① 1 ppm = 1×10^{-6}。

很多生态系统的生产力最终都受到生态系统中光合作用者对N同化能力的限制。造成这一矛盾的原因是大气N是十分稳定的化学形式(即N_2),无法被大部分生物所利用。在大气N可以被绿色植物同化前,将两个N原子结合在一起的叁键必须首先断裂,形成固定的N,也就是说N原子不再与另一个N原子键合在一起。这一过程需要能量,而生物圈已经形成了许多产生固定N并防止其重新回到N分子形式的方法。为了了解这个过程是如何进行的,我们需要先来讨论N的氧化还原性质。

专栏8.1 氮:自然界生物分子的化学黏合剂

组成大部分蛋白质的基本结构单元是氨基酸,大部分氨基酸含有以氨基(NH_2)形式存在的氮(N)。氨基酸还含有一个羧基(COOH)、一个氢(H)原子和一个侧链或者一个有机基团(R)。这些氨基酸的非离子形式表示如下

$$\begin{array}{c} NH_2 \\ | \\ H-C-COOH \\ | \\ R \end{array}$$

实际上,氨基酸总是有一个或者更多带电荷的原子,这与它的结构和pH有关。当R不含有额外的氨基或羧基时,氨基酸是一个二元酸,其形式因pH不同而不同。例如

$$\begin{array}{ccc} NH_3^+ & NH_3^+ & NH_2 \\ | & | & | \\ H-C-COOH & H-C-COO^- & H-C-COO^- \\ | & | & | \\ R & R & R \end{array}$$

共轭酸形式　　　两极形式　　　共轭碱形式
酸性条件下　　　中性条件下　　　碱性条件下

自然界中存在20种不同的氨基酸,每一种都有不同的侧链。比如,最简单的氨基酸是氨基乙酸,它的侧链是一个H原子。第二简单的是丙氨酸,R为CH_3。两种氨基酸(半胱氨酸和蛋氨酸)的侧链含有S。

$$\begin{array}{c} NH_3^+ \\ | \\ H-C-COO^- \\ | \\ R_1 \end{array} + \begin{array}{c} NH_3^+ \\ | \\ H-C-COO^- \\ | \\ R_2 \end{array} \rightleftharpoons {}^+H_3N-\begin{array}{c} H \\ | \\ C \\ | \\ R_1 \end{array}-\begin{array}{c} O \\ \| \\ C \\ \end{array}-\begin{array}{c} \\ | \\ N \\ | \\ H \end{array}-\begin{array}{c} H \\ | \\ C \\ | \\ R_2 \end{array}-\begin{array}{c} O \\ \| \\ C \\ \| \\ O^- \end{array}+H_2O$$

C原子和N原子间的键被称作肽键(以粗体表示)。
一系列这样的肽键以线性链状结构连接在一起就形成了多肽链

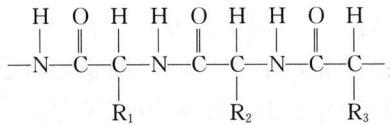

一般来说,多肽链可以因为上百的肽键和不同侧链的组合而变得十分复杂。作为所有生命物质原材料的蛋白质,就含有一个或多个这样的多肽链。(多链蛋白质常常通过链间二硫键结合在一起。)

8.2 氮的氧化还原性质

和 P 一样,N 有 5 个价电子,因此价态在 +5 到 -3 之间。但是不像 P 那样只有一种价态,自然界中的 N 有 6 种价态,可存在于全部三个相态。表 8.1 列出了地球各圈层中常见的含 N 化合物。这些化合物有如下两种显著的特征:(1) 基本上所有在有机质中发现的 N 都与一个氨基有关,因此有机 N 几乎总是以 -3 价存在。(2) 在岩石圈中没有任何重要的含 N 矿物质,因此固态地球中 N 的存在形式为土壤和海洋沉积物中部分分解的有机质、溶解的硝酸盐、亚硝酸盐和土壤孔隙水中的氨,或者硅酸盐矿物中捕获的铵离子。

表 8.1　自然界中的含 N 化合物及其价态

价态	大气圈		水圈	岩石圈		生物圈
	气体	颗粒物		土壤	岩石	
−3	NH_3 RNH_2[a]	NH_4HSO_4, $(NH_4)_2SO_4$, NH_4NO_3, NH_4Cl	NH_3, NH_4^+, NH_2CONH_2, 氨基酸 腐殖质	NH_4^+, 氨基酸, 腐殖质	腐殖质, 硅酸盐中 的 NH_4^+	蛋白质 DNA RNA
0	N_2	—	N_2	—	—	—
+1	N_2O	—	N_2O	—	—	—
+2	NO	—	—	—	—	—
+3	HNO_2	—	HNO_2, NO_2^-	NO_2^-	—	—
+4	NO_2	—	—	—	—	—
+5	HNO_3, N_2O_5	HNO_3, NH_4NO_3, $NaNO_3$, $Ca(NO_3)_2$	HNO_3, NO_3^-	NO_3^-	—	—

[a] "R"表示有机基团(如 CH_3)。

图 8.2 总结了 N 的各种价态之间的热力学关系。基于这些以及附录中所列数据,我们可以得到描述 N 不同价态间稳定性边界的一系列线性方程(图 8.3(a))。除去亚稳态边界并加上水(H_2O)的稳定性边界后,我们得到如图 8.3(b)所示 N 的 pe-pH 稳定性图。该图表明,N 存在三个稳定价态:-3、0 和 +5。虽然在 H_2O 的稳定区域内 N_2 是主要的存在形式,但 NO_3^- 是靠近 H_2O/O_2 稳定线区域的最稳定状态,而这也是地球系统中的大部分环境集中所处的区域(见图 2.7)。N 的这一氧化还原性质使得 N 循环与 C 循环类似。与有机 C 一样,有机质中的 N(即-3 价)一般是热力学不稳定的,因此有机质中 N 的产生、同化和保持需要消耗生物圈中的能量。

$$NO_3^- \xrightarrow{(13.03)} (NO_2)_g \xrightarrow{(15.61)} NO_2^- \xrightarrow{(19.77)} (NO)_g \xrightarrow{(27.11)} \tfrac{1}{2}(N_2O)_g$$
$$[+5] \quad\quad [+4] \quad\quad [+3] \quad\quad [+2] \quad\quad [+1]$$

$$\tfrac{1}{2}(N_2O)_g \xrightarrow{(29.63)} \tfrac{1}{2}(N_2)_g \xleftarrow{(13.92)} NH_4^+$$
$$[+1] \quad\quad [0] \quad\quad [-3]$$

图 8.2 N 的价态。含 N 物质下方方括号中的数字表示该化合物中 N 的价态,在每对物质中间括号中的数字表示这两种化合物间氧化还原半反应的平衡常数的对数值。

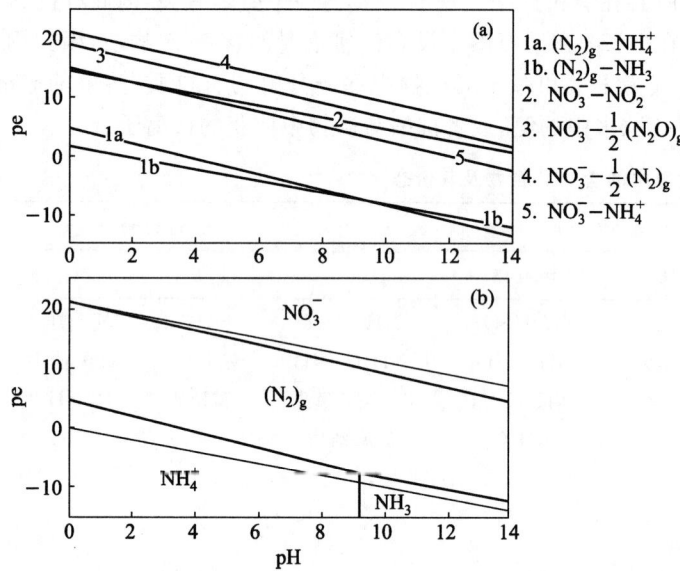

图 8.3 N 的 pe-pH 稳定性图。(a) N 的 6 对价态的稳定性边界。(b) 去除所有亚稳态边界并加上 H_2O 的稳定性边界后得到的 pe-pH 图。注意在 H_2O 的稳定性区域内只有+5、0 和-3 价是真正稳定的。(注意:所有的稳定性边界都是在含 N 气体大气分压为 1 个大气压、含 N 溶质的浓度为 1 M 的假设条件下得到的。[①])

---

① 1 atm=1.013 25×10^5 Pa,1 M=1 mol·L^{-1}。

另一方面，N 的最极端价态，−3 价和 +5 价，分别在地球氧化性与还原性的环境中是稳定的，这一事实使得 N 循环与 S 循环相似。能够存活于这种极端环境中的生物体通过对进入这些环境的含 N 化合物进行催化性氧化和还原来获取能量。这些过程及其与全球 N 循环的关系将在下一节进行讨论。

8.3 氮循环的关键生物地球化学反应

在上一节我们已经知道在水的稳定区域，N 有 3 种稳定价态。研究表明，N 的生物地球化学循环主要是受其在这几种价态间的转换过程控制。这些过程如图 8.4 所示，下面对这些过程进行简要的介绍。

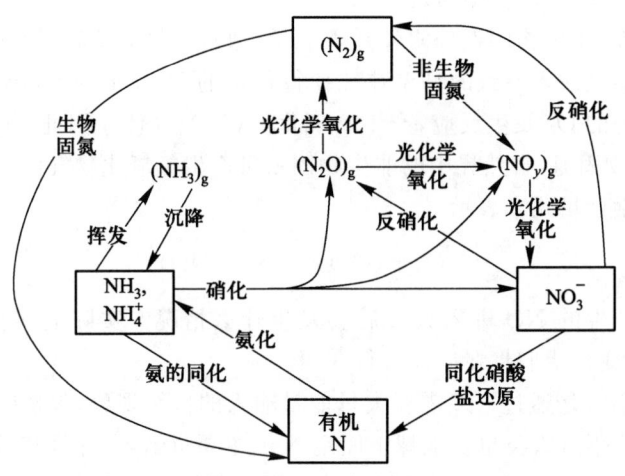

图 8.4 N 循环的关键生物地球化学循环途径。（注意："光化学氧化"表示通过大气化学反应的光化学氧化。）

8.3.1 氮的固定——生物固氮与非生物固氮

正如前面所提到的，大部分自养生物都不能直接同化大气中的氮。由于连接两个 N 原子的叁键键能（225 kcal·mol^{-1}）很高，所以 N_2 是一种相对惰性的气体[①]。然而幸运的是，地球系统已经发展出很多可以打开大气中 N_2 的 N≡N 键的方法，并且产生易于进入有机质的固定 N。这些方法包括生物固氮以及非生

---

① 事实上，18 世纪 Antoine Lavoisier 在将 N_2 从空气中分离时，他就因为氮气的惰性性质而将其命名为"无生命之气"（Weeks, M. E., and H. M. Leicester, Discovery of the Elements, *Journal of Chemical Education*, Easton, PA, 896 pages, 1968.）。

物固氮。前者是通过活的生物体将大气中 N_2 转变为固定 N(一般为氨),而后者的发生没有生物作用。

生物固氮是由自养生物或者与自养生物共生的生物体完成的,因此其结果就是生成有机 N。从化学计量学上来讲,我们可以将这一过程表示为两个步骤。第一步是利用 N_2 和 H_2O 产生氨,即

$$N_2 + 5H_2O \longrightarrow 2NH_4^+ + 2OH^- + 1\frac{1}{2}O_2 \tag{R8.1}$$

第二步就是将氨同化成为有机质,这将在下一节中介绍。

生物固氮的能力仅限于许多高度异化的、含固氮酶的生物。这种酶起到催化剂的作用,可促进耗能的固氮第一步的发生,打开 N≡N 键。固氮生物包括共生菌(比如,根瘤菌和弗兰克菌)和一些非共生菌,即土壤中自由生存的细菌,还有水表的蓝绿藻(即蓝藻菌)。

在自然界,非生物固氮经常伴随着能量(通常为热能或辐射)向大气的快速注入。由于能量注入导致的高温往往使得稳定的 N_2 分子分解,小部分 N 原子于是与大气中的 O_2 发生反应,产生一氧化氮(NO)气体。因此,相较可以产生有机 N 的生物固氮,自然界中的非生物固氮可产生氮氧化物气体。该过程可以通过如下化学计量式来表示

$$(N_2)_g + (O_2)_g \longrightarrow 2(NO)_g \tag{R8.2}$$

非生物固氮产生的 NO 进入大气后会发生什么情况?实际上,会发生很多变化,不过这些变化我们将在后面进行介绍。

非生物固氮是通过许多需要大量能量输入的自然现象,包括闪电和森林大火来完成的。不过人类也是地球上固定 N 的主要贡献者,并且其贡献越来越重要,其中最主要的途径是生产氮肥以及燃烧化石燃料。在本章的后面部分,我们会利用 BOXES 模型来检验固定 N 的人为源是否会对 N 的全球生物地球化学循环产生影响。

8.3.2 氨的同化或光合作用

固定 N 非常容易通过氨同化作用被生物体吸收,在这个过程中溶解氨被自养者摄入并且转化成有机 N。因为这一过程是绿色植物生成复杂生物分子整个过程中的一部分,我们可以用第 3 章光合作用的反应式来表示氨同化作用的化学计量式。这样,对海洋来说,氨同化作用的化学计量式如下

$$106CO_2 + 64H_2O + 16NH_3 + H_3PO_4 + h\nu \longrightarrow C_{106}H_{179}O_{68}N_{16}P + 106O_2 \tag{R3.3}$$

对陆地来说,氨同化作用的化学计量式如下

$$830CO_2 + 600H_2O + 9NH_3 + H_3PO_4 + h\nu \longrightarrow C_{830}H_{1230}O_{604}N_9P + 830O_2$$
(R3.4)

8.3.3 同化硝酸盐的还原

NO_3^- 也可以被自养者直接利用来生成复杂的生物分子,但该过程不如氨的同化作用那样可以高效地利用能量。在该过程中,生物体必须首先从环境里获得硝酸盐,将其还原成氨,即

$$NO_3^- + H_2O + 2H^+ \longrightarrow NH_4^+ + 2(O_2)_g$$
(R8.3)

然后,铵离子就可以像氨的同化作用一样,通过反应(R3.3)和反应(R3.4)来产生蛋白质。由于该过程涉及硝酸盐的还原和同化,所以被称作同化硝酸盐的还原。

8.3.4 氨化或矿化

正如有机质的合成需要氨(不管是通过直接的氨同化,还是通过间接的同化硝酸盐还原)一样,有机质在呼吸和分解过程中可以释放氨。因此,在 N 循环研究中呼吸和分解作用经常被称作氨化。海洋和陆地上氨化的总计量化学式自然分别是反应(R3.3)和反应(R3.4)的逆反应。

8.3.5 硝化

将氨释放到氧化性的环境中给那些需要能量的生物提供了机会,因为在这些环境中氨在热力学上是不稳定的。所谓的硝化细菌就利用了这个机会,它催化了还原态 N 的氧化并从氧化过程中获取能量来进行它的新陈代谢过程。硝化细菌分为两类:(1) 亚硝化单胞菌,它通过反应(R8.4)来催化铵根向亚硝酸盐的转化

$$NH_4^+ + \frac{3}{2}(O_2)_g \longrightarrow NO_2^- + 2H^+ + H_2O$$
(R8.4)

(2) 硝化细菌,它通过反应(R8.5)将亚硝酸盐氧化成硝酸盐

$$NO_2^- + \frac{1}{2}(O_2)_g \longrightarrow NO_3^-$$
(R8.5)

因此,当反应完成时,硝化过程将 N 从 −3 价氧化成 +5 价。但是,硝化过程并不是 100% 有效的,一般情况下会有一小部分被硝化的 N 氧化不完全,变成气态物质,如 NO、NO_2 和 N_2O 并进入大气。这些物质的产生大部分可能是反应(R8.4)产生亚硝酸盐离子副反应的结果,其总的化学计量式如下

$$2H^+ + 2NO_2^- \longrightarrow (NO)_g + (NO_2)_g + H_2O$$
(R8.6)

以及

$$2H^+ + 2NO_2^- \longrightarrow (N_2O)_g + H_2O + (O_2)_g$$
(R8.7)

8.3.6 氨的挥发

氨是一种相对容易挥发的物质，并且当以溶解态铵离子(NH_4^+)存在时，尤其是在碱性条件下，通过下面的反应可以转化成气态

$$NH_4^+ + OH^- \longrightarrow (NH_3)_g + H_2O \tag{R8.8}$$

若反应(R8.8)发生在自然环境下，比如土壤孔隙水(或者海洋)中，反应生成的氨气就会扩散进入大气。因此，该反应为-3价的固定N从岩石圈(或者海洋)到大气圈的转移提供了一个途径，因而通常被称作氨的挥发。

8.3.7 大气化学

非生物固氮、硝化以及我们在下一节将看到的反硝化过程都可以产生NO、NO_2和N_2O气体，这些气体生成后会进入大气。而氨挥发过程则可以向大气中释放NH_3气体。这些气体一旦进入大气，会发生什么变化？它们将会对环境产生何种影响？这些都是大气化学要解决的问题。在下面各节(及表8.2)中，我们总结了大气化学领域所给出的回答。

8.3.7.1 大气一氧化二氮(N_2O)

N_2O又被称作笑气，因为它对人体具有麻醉的作用。N_2O是一个具有线性结构的分子，一端为O原子，另一端为一个N原子，另一个N原子在中间(N≡N≡O)。N_2O是氮氧化物气体中最不活跃的，这在很大程度上是由于两个N原子之间化学键的稳定性。N_2O在对流层中基本上是惰性的；如果要从大气中将其去除，首先需要将其输送至平流层，在那里太阳紫外辐射引发的光化学反应会将其消耗掉。因为从对流层向平流层的输送速率较慢，N_2O在大气中的停留时间相对较长，约为150年。

大气N_2O中的绝大部分N可以通过两个途径转化成N_2，一种途径是通过紫外光子的直接光解[①]

$$N_2O + h\nu(UV) \longrightarrow N_2 + O \tag{R8.9}$$

另一种途径是通过与电子激发态O原子(O^*)的反应

$$N_2O + O^* \longrightarrow N_2 + O_2 \tag{R8.10a}$$

反应(R8.10a)中的O^*是由光化学反应产生的，主要是O_2和O_3在紫外光子作用下光解产生的。然而，并不是每一次N_2O和O^*的反应时都会产生N_2；在大约50%的情况下，反应会沿着另一个途径进行，生成NO而非N_2O

$$N_2O + O^* \longrightarrow 2NO \tag{R8.10b}$$

[①] 由于我们讨论的是大气反应，若非注明，在该反应和本节其他反应中出现的物质均为气体。为了简便，我们就不再使用下角标"g"来表示气体。

表 8.2 含 N 痕量气体的环境效应

N_2O	NO_y	NH_3
(1) 全球变暖 N_2O 是一种温室气体。自工业革命以来，其浓度上升约 13%，这可能对全球变暖有贡献。	(1) 大气氧化 NO_x 有助于决定对流层 OH 自由基的浓度，而 OH 自由基则控制着大气中各种污染物被氧化去除的速率。NO_x 的排放增加可能会改变大气的氧化能力。	(1) 新颗粒生成 在大气中，NH_3 与水和硫酸蒸汽一起，通过三分子成核过程产生新的颗粒。这些新的颗粒物可以对气候起降温作用，因此部分抵消了温室气体引起的气候变暖（见第 7 章相关讨论）。
(2) 平流层臭氧 平流层 N_2O 被氧化后生成 NO_x。平流层中 NO_x 对平流层臭氧的催化去除可能起促进作用，也可能起阻碍作用。这取决于平流层反应活性强的氯化合物含量。因此 N_2O 浓度升高可能会导致平流层臭氧含量发生变化。	(2) 光化学烟雾 在有阳光和挥发性有机化合物（即碳氢化合物）的条件下，NO_x 起催化作用，在对流层下部产生臭氧和光化学烟雾。城市地区及周边的高水平 NO_x 是城市和区域尺度上空气质量恶化的部分原因。	(2) 酸性中和 NH_3 是大气中仅有的少数碱性物质之一，因此对中和气溶胶和雨水中的酸起到关键的作用。
	(3) 酸雨 NO_x 的氧化产生硝酸（HNO_3）气体。硝酸通过干湿沉降从大气中去除可以影响降水的酸度，并造成"酸雨"现象。	(3) NO_x 的源 大气 NH_3 的氧化可成为大气 NO_x 的源（或汇）。

关于含氮痕量气体化学性质和效应的更多信息，建议阅读下列文献：

Chameides, W. L., and D. D. Davis, Chemistry in the troposphere, *Chemical and Engineering News*, 60, 38-52, 1982.

Seinfeld, J., et al. *Rethinking the Ozone Problem in Urban and Regional Air Pollution*, National Academy Press, Washington, D. C., 500 pages, 1991.

Warneck, P., *Chemistry of the Natural Atmosphere*, International Geophysical Series, Vol. 41, Academic Press, San Diego, 1988.

Wayne, R. P., *Chemistry of Atmospheres*, Oxford University Press, Oxford, 447 pages, 1993.

据估计，反应（R8.10b）将大气中大约 5% 的 N_2O 转化成平流层 NO，这使得 N_2O 在环境中起到了一个非常重要的作用：即作为平流层 NO 的主要来源对平流层臭氧施加控制作用。（如表 8.2 所示，N_2O 也是一种温室气体，因此它在大气中会使气候变暖。）

控制大气 N_2O 含量的过程在过去 20 年受到了大气化学家越来越多的关注，其原因有二：(1) 对 N_2O 作为温室气体和平流层 NO 来源的重要作用的认识。(2) 大气和冰芯数据表明，工业革命以来大气 N_2O 浓度在缓慢而稳定地增长。这些数据表明 N_2O 浓度已经由工业革命以前的约 275 ppbv[①]增长至现今的约 310 ppbv，约增长了 13%。数据同时显示现今大气 N_2O 在持续增长，增长速率约为每年 0.3%。工业革命以来 N_2O 浓度的持续增长说明，人类人口增长以及随之而来的不断增强的农业和工业活动导致了，或者说至少是助长了，N_2O 浓度的增加。我们是否可以通过建立一个模型，将人类对于全球 N 循环的扰动与 N_2O 浓度的增加联系起来，来进一步探讨这一猜测呢？在本章的后面我们会使用 BOXES 模型来讨论这个问题。

8.3.7.2 大气 NO_y

大气化学家用 NO_y 来表示一类氮氧化物气体，在此类气体中 N 原子不与另一个 N 原子相连接。（N_2O 是一种氮氧化物气体，但不属于 NO_y 家族，因为分子中含有 N—N 键。）NO_y 化合物又常被分为两大类：(1) NO_x，包括 NO 和 NO_2，是直接排放进入大气的两种氮氧化物；(2) NO_z，包括 NO_x 经光化学氧化产生的所有 NO_y 化合物（如 NO_3、N_2O_5、HNO_3 和有机硝酸盐）。因此

$$NO_y = NO_x + NO_z \\
= (NO + NO_2) + (NO_3 + N_2O_5 + HONO + HNO_3 + RNO_3 + \cdots) \quad (8.1)$$

其中 R 代表有机基团或者分子片段。

图 8.5 为 NO_y 化合物及将其耦合在一起的光化学反应示意图。NO_y 的光化学性质与第 7 章讨论的和图 7.6 所示的硫氧化物性质在大体特征上是相似

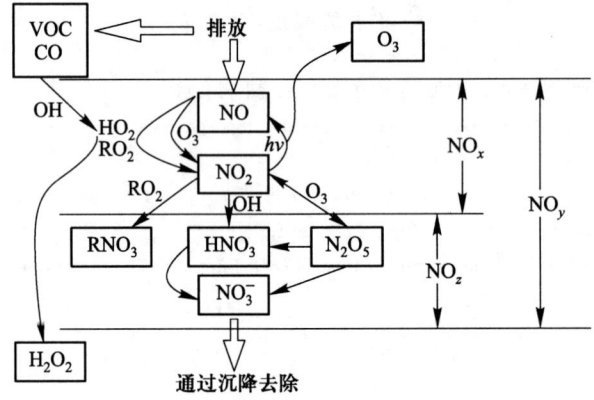

图 8.5　组成大气 NO_y 家族的化合物及将它们耦合在一起的过程。这些过程包括：NO_x（$= NO + NO_2$）排放；循环 NO 和 NO_2 及将 NO_x 转化成为 NO_z 化合物的光化学反应；以 HNO_3 和 NO_3^- 颗粒物的干湿沉降形式发生的大气 NO_y 的去除。注意 NO_y 的光化学反应包括挥发性有机化合物（VOC）和一氧化碳（CO）的氧化，以及在有 OH、HO_2 和 RO_2 环境下臭氧（O_3）和过氧化氢（H_2O_2）的生成。

[①]　1 ppb = 1×10^{-9}。

的。跟 SO_2 一样，NO_x 的氧化也是始于与 OH 的反应（在这种情况下，是 NO_2 和 OH 的反应），最后生成一种酸（在这种情况下，生成了 HNO_3 气体）。另外，跟硫氧化物一样，NO_x 从大气中去除的主要途径也是通过其最高价态氧化物的干湿沉降完成的（在这种情况下，是硝酸盐）。

另外，硫氧化物和氮氧化物的大气化学性质还有一些重要的差别。比如，硫氧化物的化学转化过程主要是一个线性的化学反应过程，使得 S 向越来越高价态转变。虽然 NO_y 化学转化的总体趋势也是向更高价态转变，但其中的化学反应顺序是循环的，使得 N 在高价态和低价态之间往复变化。这些循环的反应顺序最显著的代表就是 NO 和 NO_2 之间的耦合反应，因为它们促进了可以催化大气对流层和平流层臭氧产生和破坏的光化学机制，并使得 NO_y 成为大气化学状态的核心要素（见专栏 8.2）。

专栏 8.2　NO_x 的光化学循环为臭氧的产生和破坏提供了重要的催化机制

组成 NO_x 的两种物质通过许多反应序列耦合在一起，使得 N 在 NO 和 NO_2 之间快速循环。很多情况下，这一循环是依次由反应(R8.11)、(R8.12)和(R8.13)完成的

$$NO + O_3 \longrightarrow NO_2 + O_2 \quad (R8.11)$$

$$NO_2 + h\nu \longrightarrow NO + O \quad (R8.12)$$

$$O + O_2 + M \longrightarrow O_3 + M \text{（其中 M} = N_2 \text{ 或 } O_2\text{）} \quad (R8.13)$$

这个反应序列是一个空循环，即没有任何物质的净生成或净消失（也就是说，出现在一个反应式左侧的物质会出现在另一个反应式的右侧）。然而，这个反应序列还是十分重要的。这些反应在快速地发生，并使 NO_x 化合物在相对较短的时间尺度内循环（即在几分钟内）。由于循环时间很短，反应序列会建立一种被称为"光稳态"的状态，在这种状态下每一个反应的反应速率相同，并且在给定臭氧浓度下 NO 和 NO_2 的相对浓度是固定的。

在对流层和平流层下部，存在另一种反应序列：NO 偶尔可以通过(R8.14)与过氧羟基(HO_2)而不是与 O_3 反应

$$NO + HO_2 \longrightarrow NO_2 + OH \quad (R8.14)$$

$$NO_2 + h\nu \longrightarrow NO + O \quad (R8.12)$$

$$O + O_2 + M \longrightarrow O_3 + M \quad (R8.13)$$

净反应：$HO_2 + O_2 \longrightarrow OH + O_3$

> 与前一个反应序列不同的是,这个序列有净化学变化:HO_2转化成OH,产生O_3。因为NO_x既没有净产生也没有净破坏,我们说反应序列(R8.14),(R8.12)和(R8.13)是一个催化循环。这个反应序列以及类似的包括有机过氧自由基的反应序列,被认为是对流层区域(无论是洁净区还是污染区)中一个重要的产生O_3和OH的途径。
>
> 在平流层,O原子的浓度非常高,在这里存在另一个反应序列,为O_3提供了重要的催化分解循环
>
> $$NO + O_3 \longrightarrow NO_2 + O_2 \quad (R8.11)$$
> $$O_3 + h\nu \longrightarrow O_2 + O \quad (R8.15)$$
> $$NO_2 + O \longrightarrow NO + O_2 \quad (R8.16)$$
>
> 净反应: $2O_3 + h\nu \longrightarrow 3O_2$
>
> 在很大程度上,正是因为这些催化循环,大气中微量的氮氧化物才在大气化学中扮演了如此重要的角色,甚至对于我们的环境质量起到了关键的作用。

因为大气NO_y化合物反应活性较强,它们在大气中的停留时间较短。当它们以NO_x形式排放进入大气后,通常会在几天到一两个星期内从大气中去除。这么短的停留时间使得这些化合物与大气的混合不均匀(在第3章我们提到大气的混合时间为1~2个月),因此大气中的NO_y浓度有很大差异。NO_y的浓度范围一般为从对流层下部清洁环境(远离明显的NO_x源)中的小于0.1 ppbv到世界城市污染核心区的约1 ppmv,后者由于化石燃料燃烧而成为巨大的NO_x源。高浓度NO_y往往发生在具有较大的NO_x人为源区域,与N_2O的情况一样,这一事实说明人类可能正在改变大气NO_y含量。我们将在8.5节中利用BOXES来讨论这一猜测的可能性。

8.3.7.3 大气NH_3

与排放进入大气的其他含氮气体不同的是,氨气在水中的溶解度相对较高。因此大气中的大部分氨气是通过铵离子的干湿沉降从大气中被去除的,也就此结束了以氨挥发开始的大气循环。尽管在这个循环中N的价态没有改变,它仍是N循环的一个重要方面。因为挥发和沉降的位置并不相同,所以这两个过程会对土壤及海洋储库中的固定N进行重新分配。(这并不奇怪,农民因此费大力气向他们的土地施用氮肥,试图通过管理施肥方式、灌溉时间等等以减少通过挥发从土壤中损失的氨。)

虽然大气中的大部分氨通过干湿沉降被去除了,但还有一小部分(大约

$5\%\sim10\%$)氨通过反应(R8.17)被 OH 氧化
$$NH_3+OH \longrightarrow NH_2+H_2O \tag{R8.17}$$
生成 NH_2,即一种具有 -2 价 N 原子的自由基。

生成的 NH_2 会发生许多种可能的化学反应,包括(1) 与 NO_2 反应生成 N_2O,(2) 与 NO 反应生成 N_2,以及(3) 与 O_2 反应生成 NO。但是,由于相关化学动力学性质的不确定性,所以难以估算这些途径中哪个相对比较重要。因此,反应(R8.17)中 N 的归宿具有很大的不确定性。

8.3.8 反硝化

N 的生物地球化学循环的最后一步是反硝化。通过这个过程,固定 N 转化回到它的分子形式,然后回到大气,至此结束了以固定 N 开始的循环。反硝化过程是由特殊的细菌通过还原硝酸盐中的 N 来完成的,在此过程中细菌获得 O 并利用 O 来氧化有机质。很多时候,反硝化的终极产物是 N_2 分子,在这种情况下该过程的总化学计量反应式如下

$$NO_3^- + 1\frac{1}{4}\text{"}CH_2O\text{"} + H^+ \longrightarrow \frac{1}{2}(N_2)_g + 1\frac{1}{4}(CO_2)_g + 1\frac{3}{4}H_2O \tag{R8.18}$$

但是,反硝化过程中一小部分(通常只有百分之几)N 转化成 N_2O 而不是 N_2。在这些情况下,总的化学计量反应式如下

$$NO_3^- + \text{"}CH_2O\text{"} + H^+ \longrightarrow \frac{1}{2}(N_2O)_g + (CO_2)_g + 1\frac{1}{2}H_2O \tag{R8.19}$$

这两个反应都是放热反应,反应(R8.18)比反应(R8.19)放热更多。释放出来的能量被反硝化者利用来支持它们的新陈代谢活动,就像我们呼吸者利用 O_2 和有机质反应的能量一样。但是,反硝化过程产生的能量并不像呼吸作用产生的那么多(见表 3.5),因此在好氧环境下这一过程是不具竞争力的。所以,反硝化仅限于厌氧环境,那里呼吸作用由于缺氧而受到抑制。事实上,反硝化通常是由一种叫做兼性厌氧细菌完成的。"兼性"一词表述的是一种细菌,它们生活在有氧环境下就进行呼吸作用,而在厌氧环境下就依靠氧化物而不是氧分子来驱动它们的新陈代谢。

8.4 工业革命以前的稳态氮循环

图 8.6 所示为全球工业革命以前的稳态 N 循环示意图。我们用八储库图来表示这个循环,其中包括大气 N_2、N_2O 和 NO_y,土地生物圈 N 和土壤 N,海洋生物 N、无机 N 以及沉积 N 储库。每一储库的库存量以及库之间的交换速率分别如表 8.3 和表 8.4 所示。

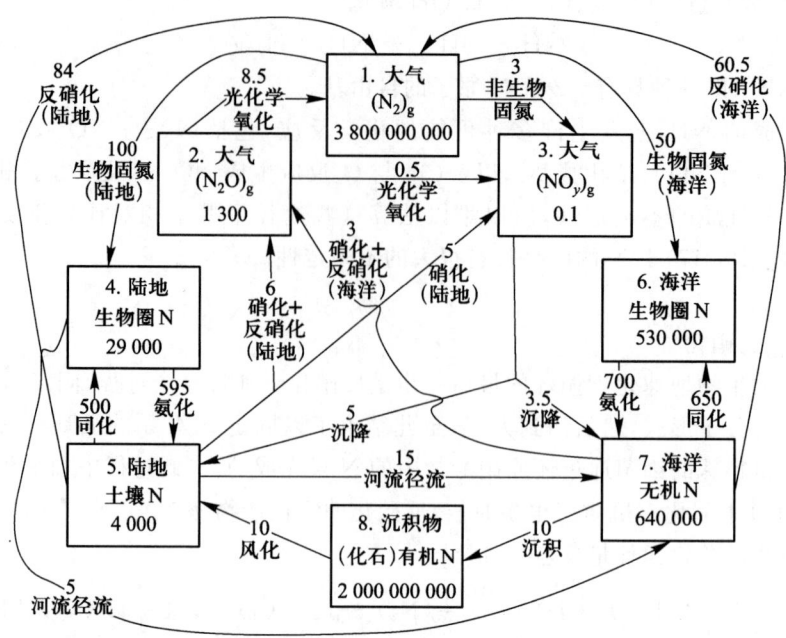

图 8.6 工业化前的稳态 N 全球生物地球化学循环八储库模型。详见表 8.3 和表 8.4。

表 8.3 工业化前的稳态全球 N 循环——储库含量

储库	含量 (Tg N)	备注
(1) 大气$(N_2)_g$	3.8×10^9	由式(3.9)推导得到,假定大气混合比为 0.78。(注意储库含量体现了每个 N_2 分子含 2 个 N 原子的事实。)
(2) 大气$(N_2O)_g$	1.3×10^3	由式(3.9)推导得到,假定工业化前大气混合比为 275 ppbv。
(3) 大气$(NO_y)_g$	0.1	利用表 8.4 中的通量数据,使 NO_y 大气停留时间达到几天的大致估计。
(4) 陆地生物圈 N	2.9×10^4	由存活和死亡陆地生物圈的碳含量(2.3×10^6 Tg C)推导得到,假定在每个原子的基础上 N:C 比为 9:830。(见第 3 章生物圈的讨论)
(5) 陆地(土壤)N	4×10^3	由地壳质量(2×10^8 Tg)推导得到,假定每 g 地壳中的 N 含量为 20 μg。
(6) 海洋生物圈 N	5.3×10^5	由存活和死亡海洋生物圈的 C 含量(3×10^6 Tg C)推导得到,假定在每个原子的基础上 N:C 比为 16:106。(见第 3 章生物圈的讨论)

续表

储库	含量 (Tg N)	备注
(7) 海洋无机 N	6.4×10^5	由深海硝酸盐的平均浓度 35 μM 推导得到。
(8) 沉积物 N	2×10^9	由沉积物的有机 C 含量(20×10^9 Tg C)推得到,假定在每个原子的基础上 N:C 比为 1:10。该比值是在允许海洋中下沉有机物中的 N 比 C 发生矿化速度更快的情况下确定的(也就是说,比值 1:10 较假定的海洋有机物比值16:106小)。

表 8.4 工业化前的稳态全球 N 循环——通量

通量	速率 (Tg N·年$^{-1}$)	备注
$F_{1\to3}$ 从大气$(N_2)_g$到大气$(NO_y)_g$	3	非生物固氮速率,根据闪电产生 NO 速率估算得到。
$F_{1\to4}$ 从大气$(N_2)_g$到陆地生物圈	100	陆地生物固氮速率,根据文献中代表性数值得到。
$F_{1\to6}$ 从大气$(N_2)_g$到海洋生物圈	50	海洋生物固氮速率,根据文献中代表性数值得到。
$F_{2\to1}$ 从大气$(N_2O)_g$到大气$(N_2)_g$	8.5	N_2O 氧化速率,根据文献中大气光化学模型计算得到。
$F_{2\to3}$ 从大气$(N_2O)_g$到大气$(NO_y)_g$	0.5	N_2O 氧化速率,根据文献中大气光化学模型计算得到,其中 5% 的 N_2O 转化为 NO_y。
$F_{3\to5}$ 从大气$(NO_y)_g$到陆地土壤 N	5	达到稳态所需 NO_y 沉降速率,土壤(海洋)NO_x源中的 80%(30%)沉降到土壤。
$F_{3\to7}$ 从大气$(NO_y)_g$到海洋无机 N	3.5	如上。
$F_{4\to5}$ 从陆地生物圈到陆地土壤	595	使 N 吸收 600 Tg N·年$^{-1}$ 与径流损失 5 Tg N·年$^{-1}$(由净初级生产力和 N:C 比 9:830 推得出)达到平衡所需陆地氨化速率。
$F_{4\to7}$ 从陆地生物圈到海洋无机 N	5	达到稳态所需河流径流损失速率。
$F_{5\to1}$ 从陆地土壤到大气$(N_2)_g$	84	达到稳态所需陆地反硝化的 N_2 排放速率。

续表

通量	速率 (Tg N·年$^{-1}$)	备注
$F_{3\to2}$ 从陆地土壤到大气$(N_2O)_g$	6	达到稳态所需陆地反硝化和硝化的N_2O排放速率。
$F_{5\to3}$ 从陆地土壤到大气$(NO_y)_g$	5	文献中土壤排放NO_y速率的数值。
$F_{5\to4}$ 从陆地土壤到陆地生物圈	500	使总N吸收速率600 Tg N·年$^{-1}$(如上)与生物固氮100 Tg N·年$^{-1}$达到平衡所需的同化速率。
$F_{5\to7}$ 从陆地土壤到海洋无机N	15	达到稳态所需河流径流损失速率。
$F_{6\to7}$ 从海洋生物圈到海洋无机N	700	使总N吸收速率700 Tg N·年$^{-1}$(由海洋新生物量和N:C比16:106推导得出)达到平衡所需的海洋氨化速率。
$F_{7\to1}$ 从海洋无机N到大气$(N_2)_g$	60.5	达到稳态所需海洋反硝化的N_2排放速率。
$F_{7\to2}$ 从海洋无机N到大气$(N_2O)_g$	3	达到稳态所需海洋反硝化和硝化的N_2O排放速率。
$F_{7\to6}$ 从海洋无机N到海洋生物圈	650	使总N吸收速率700 Tg N·年$^{-1}$(如上)与生物固氮50 Tg N·年$^{-1}$达到平衡所需的同化速率。
$F_{7\to8}$ 从海洋无机N到沉积物	10	由碳埋藏速率100 Tg N·年$^{-1}$推导得到的沉积速率,假定在每个原子的基础上N:C比为1:10。
$F_{8\to5}$ 从沉积物到陆地土壤	10	达到稳态所需风化速率。

　　N循环的一个特别之处在于大气在其中起到关键作用。其一,地球系统最大的N储库存在于大气中(即大气$(N_2)_g$)。与之相比,其他主要营养元素的最大储库均为沉积物。此外,N循环是唯一一个我们设定多个大气储库的循环。在图8.6描述的循环中,有三个独立的大气储库(即除了大气$(N_2)_g$外,还有

$(N_2O)_g$和$(NO_y)_g$)。这是为了便于我们了解具有不同大气停留时间及环境效应的不同氮氧化物对于N循环的扰动是如何响应的。事实上,更完全的N循环研究应该包括第四个大气储库:大气$(NH_3)_g$。但是,由于大部分以氨形式进入大气的N最终还是以同样的-3价通过干湿沉降回到岩石圈和海洋,因此在全球模型中加入这个储库的意义不大。为了简化,我们在全球N循环模型中忽略了氨的子循环。(在全球循环中加入这个子循环的工作留在本章结尾的习题中。)

这一循环大气部分的最后一个需要注意的地方与大气$(NO_y)_g$有关。我们已知NO_y化合物在大气中的停留时间非常短(只有几天)。因此,在大气中NO_y没有混合均匀,不能用单一的全球大气浓度来表征,也不能用BOXES这样的全球箱式模型来准确处理。所以我们对于BOXES得到的大气$(NO_y)_g$储库结果,只能视为示意性的而不是定量的。

基于图8.6中的数据,工业革命以前稳态N循环的**K**矩阵如下

$$K = \begin{pmatrix} -4.03\times10^{-8} & 6.54\times10^{-3} & 0.0 & 0.0 & 2.1\times10^{-2} & 0.0 & 9.45\times10^{-5} & 0.0 \\ 0.0 & -6.92\times10^{-3} & 0.0 & 0.0 & 1.5\times10^{-3} & 0.0 & 4.69\times10^{-6} & 0.0 \\ 7.89\times10^{-10} & 3.85\times10^{-4} & -85 & 0.0 & 1.25\times10^{-3} & 0.0 & 0.0 & 0.0 \\ 2.63\times10^{-8} & 0.0 & 0.0 & -2.07\times10^{-2} & 0.125 & 0.0 & 0.0 & 0.0 \\ 0.0 & 0.0 & 50 & 2.05\times10^{-2} & -0.1525 & 0.0 & 0.0 & 5.0\times10^{-9} \\ 1.32\times10^{-8} & 0.0 & 0.0 & 0.0 & 0.0 & -1.32\times10^{-3} & 1.02\times10^{-3} & 0.0 \\ 0.0 & 0.0 & 35 & 1.72\times10^{-4} & 3.75\times10^{-3} & 1.32\times10^{-3} & -1.13\times10^{-3} & 0.0 \\ 0.0 & 0.0 & 0.0 & 0.0 & 0.0 & 0.0 & 1.56\times10^{-5} & -5.0\times10^{-9} \end{pmatrix}$$

在下面几节中,我们将利用这个模型来研究N循环对于人类扰动的响应。

8.5 数值试验:人类扰动的影响及持续时间

越来越多的人口以及工业社会活动在以下三个方面扰动了全球N的生物地球化学循环:(1)化肥生产每年会从大气$(N_2)_g$储库中转移80 Tg N进入无机土壤N库;(2)农民种植越来越多的豆科植物,这人为地使得生物固氮速率提高了大约40 Tg N·年$^{-1}$;(3)燃烧化石燃料使非生物固氮速率增加了30 Tg N·年$^{-1}$。表8.5对这些扰动以及它们对N的生物地球化学循环各通量速率的影响进行了总结。从表中可以看出,人类活动导致大气、陆地岩石圈和生物圈之间的N交换速率以及总的固氮速率发生重大变化。这些变化是否对全球尺度的N分配产生明显扰动?如果已经产生了扰动,那么在终止人类活动后这些扰动还会持续多久?让我们用BOXES来探究这些问题。

表 8.5　人类活动对 N 的全球生物地球化学循环通量的影响

人类活动	影响
(1) 化肥生产	将 80 Tg N·年$^{-1}$ 从大气$(N_2)_g$储库转移到土壤无机 N 储库：$F_{1\to 5}=80$ Tg N·年$^{-1}$
(2) 豆科植物耕种	陆地系统的生物固氮速率增加了 40 Tg N·年$^{-1}$。这使从大气$(N_2)_g$储库到陆地生物圈 N 储库的转移速率 100 Tg N·年$^{-1}$增加到 140 Tg N·年$^{-1}$；$F_{1\to 4}=140$ Tg N·年$^{-1}$
(3) 化石燃料燃烧	非生物固氮速率增加了 30 Tg N·年$^{-1}$。这使从大气$(N_2)_g$储库到大气$(NO_y)_g$储库的转移速率 3 Tg N·年$^{-1}$增加到 33 Tg N·年$^{-1}$：$F_{1\to 3}=33$ Tg N·年$^{-1}$

我们会采用与在第 6 章和第 7 章中研究 C 和 S 循环类似的方法来研究人类活动对于 N 循环的影响。我们采用的假设情景需要分两个阶段来完成 BOXES 的模拟。在第一阶段，我们将表 8.5 中描述的人类扰动叠加在工业革命以前的稳态 N 循环上，并让这种扰动持续 130 年。在第二阶段，我们除去人类扰动，让循环回到工业革命前的状态。因此，使用与第 6 章、第 7 章同样的方法，第一阶段模拟采用工业革命以前稳态循环的含量作为初始库存（如图 8.7 所示），受到人类扰动的 K 矩阵如下

$$K=\begin{pmatrix} -7.98\times 10^{-8} & 6.54\times 10^{-3} & 0.0 & 0.0 & 2.1\times 10^{-2} & 0.0 & 9.45\times 10^{-5} & 0.0 \\ 0.0 & -6.92\times 10^{-3} & 0.0 & 0.0 & 1.5\times 10^{-3} & 0.0 & 4.69\times 10^{-6} & 0.0 \\ \mathbf{8.68\times 10^{-9}} & 3.85\times 10^{-4} & -85 & 0.0 & 1.25\times 10^{-3} & 0.0 & 0.0 & 0.0 \\ \mathbf{3.68\times 10^{-8}} & 0.0 & 0.0 & -2.07\times 10^{-2} & 0.125 & 0.0 & 0.0 & 0.0 \\ \mathbf{2.11\times 10^{-8}} & 0.0 & 50 & 2.05\times 10^{-2} & -0.1525 & 0.0 & 0.0 & 5.0\times 10^{-9} \\ \mathbf{1.32\times 10^{-8}} & 0.0 & 0.0 & 0.0 & 0.0 & -1.32\times 10^{-3} & 1.02\times 10^{-3} & 0.0 \\ 0.0 & 0.0 & 35 & 1.72\times 10^{-4} & 3.75\times 10^{-3} & 1.32\times 10^{-3} & -1.13\times 10^{-3} & 0.0 \\ 0.0 & 0.0 & 0.0 & 0.0 & 0.0 & 0.0 & 1.56\times 10^{-5} & -5.0\times 10^{-9} \end{pmatrix}$$

式中，粗体的数字表示的是与工业革命前稳态循环不同的矩阵元素。需要注意的是，所有人类活动带来的扰动都涉及与大气$(N_2)_g$库存 N 交换速率的变化，因此 K 矩阵的所有变化都发生在第一列。在第二阶段，我们用第一阶段结束时($t=130$)的库存量作为这一阶段的初始库存，并采用原始的工业革命前稳态循环的 K 矩阵。

通过第一阶段和第二阶段模拟得到的大气$(NO_y)_g$、大气(N_2O)、陆地生物圈和土壤无机 N 的相对库存含量分别如图 8.7 和图 8.8 所示。（其他储库含量的变化十分微小，在图中未显示。）大气$(NO_y)_g$储库含量的变化最大，在第一阶段的模拟中增长了 4 倍。这一增长是由化石燃料燃烧带来的非生物固氮的增加引起的直接结果。因为该储库的停留时间很短（只有几天），所以从图 8.7 中

的时间尺度上来说,该储库对人类扰动以及扰动中止的响应几乎是瞬间发生的。但是,我们在看待这些问题时需要记得前面关于用 BOXES 模拟大气$(NO_y)_g$时的告诫。因为 NO_y 的停留时间如此之短,在大气中不能充分混合,因此在类似于 BOXES 的全球箱式模型中不能被准确模拟。所以我们对图 8.7 中的结果不能完全信任。我们从这些模拟结果中可以获得的信息如下:(1)大气中 NO_y 浓度的显著升高可能是人为排放的结果(全球城市核心区及其周围大幅提高的 NO_y 浓度水平可以支持这个观点)。(2)如果化石燃料燃烧排放的 NO_x 突然停止,NO_y 浓度的升高将会很快消失。

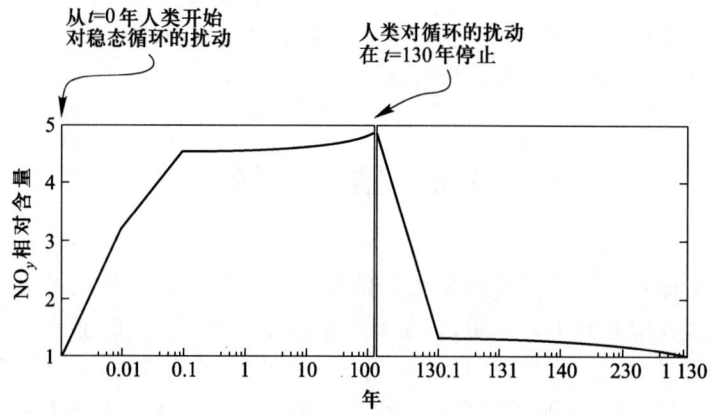

图 8.7　大气$(NO_y)_g$储库对 130 年的人类扰动的响应预测图。大幅度增长以及快速响应是具有短停留时间库存的特征。

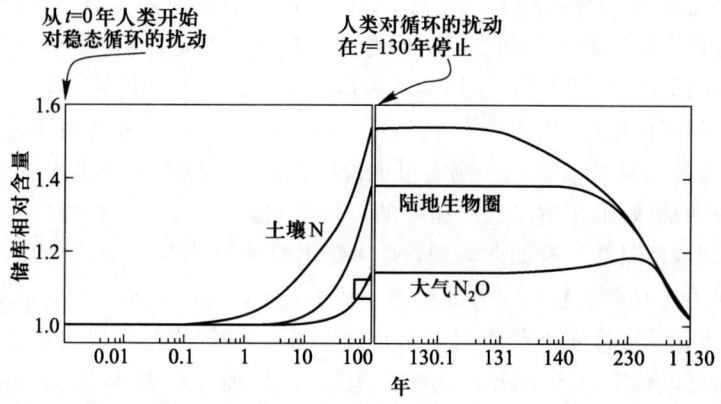

图 8.8　大气$(N_2O)_g$、土壤无机 N 和陆地生物圈库存对 130 年的人类扰动的响应预测图。注意:增长越缓和(相对于大气$(NO_y)_g$),扰动影响消失需要的时间就越长。图中的空心方格处表示的是通过测量环境大气及冰芯中气体得到的工业革命以来大气 N_2O 浓度的增长。模型预测与 N_2O 浓度增长观测值的高度一致是否可以说明我们已经完全并且准确地理解了 N 循环呢?

与大气$(NO_y)_g$库的变化不同,BOXES预测的大气$(N_2O)_g$、陆地生物圈和土壤无机N的扰动是比较缓和的(10%~50%),但是也更为持久,在恢复到工业革命前的条件后仍然需要许多世纪才能消除这种扰动。值得关注的是大气$(N_2O)_g$的缓慢响应速度,它在人类扰动停止之后的200~300年还在持续增加,这是因为储存在陆地土壤中的过量N依然驱动着反硝化和硝化速率的增长。

对大气$(N_2O)_g$、陆地生物圈和土壤无机N的扰动,其持续时间较久,这样的扰动相比于预测得到的对NO_y的更剧烈但持续时间较短的扰动更难对付。即使在未来的某个时间,考虑到越来越多的N_2O带来的有害影响(见表8.2),以及土壤中增加的N储量引发的不可预见的生态影响,人类社会意识到了这种扰动具有不合理性,且停止了一切影响N循环的活动,我们的很多代子孙还将继续面临这些行为所带来的后果。

8.6 结 论

N在地球系统中占据着独一无二的位置。它是一种主要的营养元素并因此在生物过程中起到关键作用,它在大气中占80%。此外,由于大气中含N痕量物质的重要性,该元素的生物地球化学循环也会影响气候、局地和区域的空气质量、降水的酸度和平流层臭氧。由于人类活动对全球N循环具有显著的影响,且影响的持续时间较长,因此这些影响可能会在人类扰动停止后还将持续几个世纪,这些都是令人不安的。

鉴于全球N循环的重要性以及BOXES预测的扰动强度,我们要问自己是否真正理解了这种循环。回答这个问题的一个方法就是比较BOXES预测结果与实际观测值的吻合程度。从图8.8可以看出,大气$(N_2O)_g$在130年人类扰动之后的预测变化值(大约14%)与工业革命以来大气N_2O浓度观测值变化(大约13%)有很好的吻合。这一吻合可能说明我们的BOXES全球N循环模型是准确的,我们很好地了解了这一循环的运行机制。

事实上,情况并没有如此乐观,N_2O变化的预测值与观测值的吻合更多可能是一种运气而不是基于完善的科学。比如,如果观察表8.4中的细节可以发现,我们通过设定许多重要的通量来迫使工业革命前的循环成为稳态,包括硝化和反硝化过程中N_2O的排放速率。实际上,仔细计算N_2O收支并不会得到平衡的结果,而是每年存在约2 Tg N的不足(见表8.6)。而且,尽管BOXES预测人类排放会引起陆地生物圈和土壤N明显增长,但我们还需要进行更为细致的生态研究来证明这一点。这反过来又使人们猜想并寻找N的一个新类别——"失踪的氮"。就像"失踪的碳"一样,"失踪的氮"已经被人类活动固定但是还没有在地球系统中发现①。所有这些似乎都表明,关于 N 的全球生物地球化学循环以及它对我们现代工业社会产生的巨大扰动的响应,还有很多需要研究的。那么人类对全球 N 循环的扰动相比于 BOXES 模拟的结果是更为严重了,还是没有那么严重呢?我们只有通过长时间进行艰巨的工作才能回答这个问题。

表 8.6　大气 N_2O 的收支:我们对全球 N 循环的理解有遗漏吗?

	通量($Tg\ N \cdot year^{-1}$)
(1) 所有已知 N_2O 源之和(即陆地和海洋反硝化和硝化过程排放)	10
(2) 所有已知 N_2O 汇之和(即平流层光化学反应损失)	9
(3) 大气 N_2O 上升速率观测值	3
(4) N_2O "亏损"(即汇+增加量-源)	2

来源:IPCC, *Climate Change* 1994: *Radiative Forcing of Climate Change*, Cambridge Vniversity Press, New York, 1995。

建议阅读

Delwiche, C. C., The Nitrogen Cycle, in *The Biosphere*, W. H. Freeman, San Francisco, 69−80, 1970.

Dentner, F. J., and P. J. Crutzen, A three-dimensional model of the global ammonia cycle, *Journal of Atmospheric Chemistry*, 19, 331−369, 1994.

Galloway, J. N., W. H. Schlesinger, H. Levy, II, A. Michaels, and J. L. Schnoor, Nitrogen fixation: Anthropogenic enhancement—environmental response, *Global Biogeochemical Cycles*, 9, 235−252, 1995.

IPCC, *Climate Change* 1994: *Radiative Forcing of Climate Change*, Cambridge University Press, New York, 1995.

习题

1. 据估计,氨从陆地土壤挥发的全球速率约为每年 100 Tg N,而氨的大气

---

① "失踪的氮"一词似乎最先是由 Dr. James Galloway 及其同事在一篇论文中使用的(Galloway, J. N., W. H. Schlesinger, H. Levy, II, A. Michaels, and J. L. Schnoor, Nitrogen fixation: Anthropogenic enhancement—environmental response, *Global Biogeochemical Cycles*, 9, 235−252, 1995.)。

停留时间约为10天。利用这些信息为全球 N 循环建立一个九储库模型,其中包括图 8.6 所示的八个储库,再加一个大气氨气库。利用 BOXES 模型重复数值试验来探究人类扰动对全球 N 循环的影响。通过比较 NO_y 和 NH_3 的沉降速率来确定人类扰动是如何影响降雨酸度的,特别是这些扰动是增加了还是减小了降水的酸度以及如何随时间变化。人类扰动的哪些方面对酸度的增加影响最大?哪些又对酸度的减少影响最大?

# 第 9 章

综合循环:大气氧的稳定度

> "当氧气含量上升时,耗氧者数量增加,但是过量的氧气是有毒的。氧气过多或者过少都是不好的,需要有一个合适的量。"
>
> J. E. Lovelock, *The Ages of Gaia*, W. W. Norton, London, 1988.

9.1 引　　言

在第 1 章我们讨论了氧气(O_2)通过光合作用的产生和通过呼吸作用的消耗,并以此开始了对全球生物地球化学循环的探究。现在最后一章,我们再次回到大气中 O_2 的循环来结束我们的探究。不过,这次我们将对循环进行更深入的探索。我们的目的就是发展一种可以在几百年到几百万年时间尺度上描述影响大气 O_2 存量变化过程的数值模型。为此,我们需要回顾前面所讨论的每一个主要营养元素的循环,并且以一种新的、更为复杂的方式将它们重建,即可以将这些独立的元素循环耦合成一个全球新陈代谢系统。因此,氧(O)循环是我们对全球生物地球化学循环进行总结的一个合适的题目。

在所有营养元素中,O 的全球生物地球化学循环也许是最为复杂也是最能引起人们兴趣的一个。O 是地球系统中存量最多的元素,大概占地球总质量的 45%。大部分 O 以其 −2 价的形式存在,主要以硅酸盐和金属氧化物的形式存在于岩石圈中,海洋中的水只占一少部分。但是,幸好这不是陆地 O 的唯一价态。我们已经知道,地球大气中约有 20% 是单质氧(O_2),其价态为 0。对于我们这些地球上的呼吸生物来说,我们已经习惯在充足的 O_2 供应下奢侈地呼吸,这看起来似乎没什么特别的,但它的确很特别。至少这是代表地球独特性的一个很重要的例子,因为我们的星球是太阳系中唯一在大气中有不止痕量 O_2 的星球。但是大气中 O_2 的特殊并不仅仅在于它的实际存量,大气中 O_2 含量似乎恰好处于可维持生命的严格界限内。如果 O_2 含量减少很多,那么像我们这样的大型生物将无法存活。但另一方面,如果有大量的多余 O_2,那么四处扩散的野火将会非常常见并可能导致大部分陆地生物圈的毁灭。是什么过程导致并维持大气 O_2 含量处于过多和过少之间的平衡呢?对这些过程的扰动是否会打乱这一平衡?如果是的话,在何种时间尺度上我们将会看到这些扰动对大气 O_2 存量的明显影响?这些是我们在本章所要关注的问题。我们首先来讨论生物圈在 O 循环中扮演的重要角色。

9.2 短时间尺度内的氧循环:生物圈的连接

关于大气 O_2 的任何讨论必定都包括生物圈,因为是生物圈通过光合作用制造了大气中的 O_2

$$CO_2 + H_2O + h\nu \longrightarrow \text{"}CH_2O\text{"} + O_2 \tag{R1.1}$$

并通过呼吸作用和分解作用来去除其中大部分 O_2

$$\text{"}CH_2O\text{"} + O_2 \longrightarrow CO_2 + H_2O \tag{R1.2}$$

光合作用和呼吸作用这两个过程,使得大气中 99% 的 O_2 进行着往复循环。因此,我们尝试建立一个仅基于这两个过程的模型来描述全球 O 循环。图 9.1 就是这样的一个模型。这是一个五储库循环示意图,描述了生物圈对大气 O_2 影响的主要特征。这五个储库为大气 O_2、陆地和海洋生物圈、大气和海洋中的(即溶解的)二氧化碳(CO_2)。图中所示的库存量以及通量数据均来源于我们之前的讨论,具体推导见表 9.1 和表 9.2。观察图 9.1 以及表 9.1 和表 9.2,我们应该注意到以下几点:第一,我们在表示库存量和通量速率时选择摩尔[①]为单位,而不是质量单位。这样做是因为可以利用化学计量方法将一种元素的通量与另一种元素的通量联系起来,而不用考虑其不同的分子量。[比如,从反应 (R1.1) 我们知道,对进入海洋生物圈的每 1 mol CO_2,将会产生 1 mol 的 O_2。因此,对于数值为 3.333 kTmol·年$^{-1}$ C 的 F_A(即海洋生物圈光合作用速率),将会直接产生 3.333 kTmol·年$^{-1}$ 的大气 O_2。]第二,我们没有采用 $F_{i \rightarrow j}$ 和 $k_{i \rightarrow j}$ 这样的标注符号来表示从一个储库到另一个储库的通量。这样的标注符号只适用于线性

---

① 在 O 循环中,我们采用 kTmol 和 kTmol·年$^{-1}$ 来分别表示储库和通量。其中,1 kTmol = 1 kilo-teramole = 1 000 teramoles = 10^{15} mol。

系统,即所有通量都与产生它们的库的大小是线性相关的。我们很快就会看到,O循环中的很多通量与库之间都有更为复杂的关系,因此简单的线性注记就不再适用了。

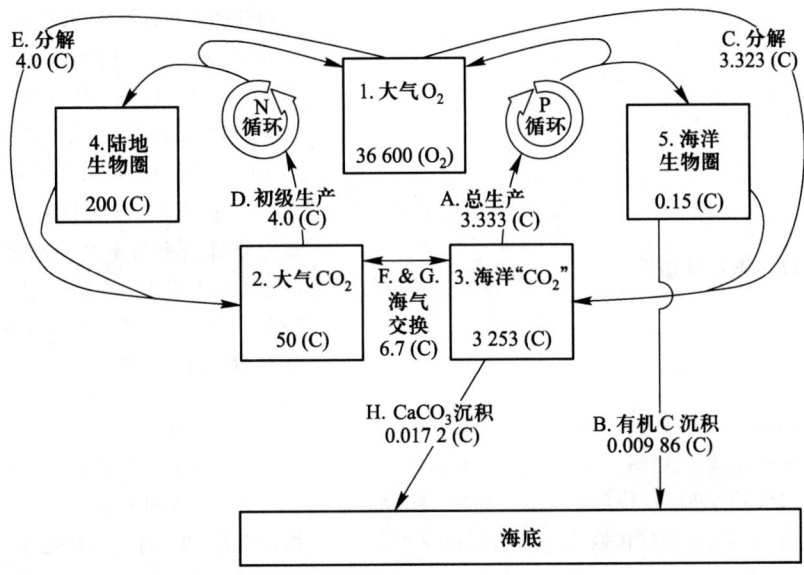

图 9.1　工业革命前全球大气 O_2 循环的生物部分。方框代表库,以 kTmol 为单位,箭头代表通量,以 kTmol·年$^{-1}$ 为单位。用空心箭头表示以化学计量方式与氮(N)和磷(P)循环的耦合。循环的这一部分包括了通过大气循环的 99% 的 O_2,并在百年或者更短的时间尺度上驱动大气 O_2 的变化。(注:1 kTmol=1×10^{15} mol。)

表 9.1　工业化前全球大气氧循环——在较短时间尺度(即 $\tau \sim 100$ 年)上活跃的储库

储库	含量 (kTmol)	备注
(1) 大气$(O_2)_g$	36 600(O_2)	由式(3.9)推导得到,假定大气混合比为 0.21。
(2) 大气 CO_2	50(C)	见第 6 章。
(3) 海洋 CO_2	3 253(C)	表层海洋与深层海洋 C 储库之和。见第 6 章。
(4) 陆地生物圈	200(C)	存活和死亡陆地生物圈 C 储库之和。见第 6 章。
(5) 海洋生物圈	0.15(C)	见第 6 章。

表 9.2　工业化前全球大气 O 循环——在较短时间尺度(即 $\tau \sim 100$ 年)上活跃的通量

通量	速率 (kTmol·年$^{-1}$)	备注
(A) 总生产力(海洋)	3.333(C)	见第 6 章。

续表

通量	速率 (kTmol·年$^{-1}$)	备注
(B) 有机 C 沉积	0.00986(C)	假定沉积在海底的有机 C 总量为下列各项之和:(1) 有机 C 的沉积速率 0.008 33 kTmol C·年$^{-1}$,(2) 黄铁矿(FeS$_2$)的沉积速率 0.000817 kTmol S·年$^{-1}$(即 $F_B = F_J + (15/8)F_I$)。见第 6 章和第 7 章,以及第 9.3 节中的讨论。
(C) 海洋生物圈分解	3.323(C)	指定分解速率为下列两项之差:(1) 海洋总生产力 3.333 kTmol C·年$^{-1}$,(2) 有机 C 沉积速率 0.00986 kTmol C·年$^{-1}$(即 $F_C = F_A - F_B$)。
(D) 初级生产力(陆地)	4.0(C)	见第 6 章。
(E) 分解,陆地生物圈	4.0(C)	见第 6 章。
(F) 大气 CO$_2$ 向海洋传输	6.6667(C)	见第 6 章。
(G) 海洋 CO$_2$ 向大气传输	6.6658(C)	指定海洋 CO$_2$ 向大气传输速率为下列两项之差:(1) CO$_2$ 从大气向海洋传输通量 6.6667 kTmol C·年$^{-1}$,(2) 有机 C 沉积速率 0.0083 kTmol C·年$^{-1}$(即 $F_G = F_F - F_J$)。见第 6 章及第 9.3 节中的讨论。
(H) 碳酸钙(CaCO$_3$)沉积	0.0172(C)	假定 CaCO$_3$ 的总沉积速率为下列两项之和:(1) CaCO$_3$ 的沉积速率 0.01667 kTmoles C·年$^{-1}$,(2) 硫酸钙(CaSO$_4$)的沉积速率 0.00053 kTmoles S·年$^{-1}$(即 $F_H = F_K + F_L$)。见第 6 章和第 7 章,以及第 9.3 节中的讨论。

从图 9.1 中可以看出,在这一层次上,氧循环是相对简单的。每当 C 从大气或海洋 CO$_2$ 库存转移到陆地或海洋生物圈时就会产生 O$_2$,而每当生物圈的 C 回到这两个库中的任意一个时,O$_2$ 就会被消耗去除。考虑到陆地和海洋中光合作用的差别,我们将大气中的 CO$_2$ 和溶解于海洋中的 CO$_2$ 区分开(即储库 2 和储库 3),同时我们加入了这两个库之间的 C 通量。读者可能会注意到,我们通

过把表层和深层海洋中的 CO_2 合并成一个"海洋'CO_2'库"(即库3),以及把存活和死亡的陆地生物圈合并成一个"陆地生物圈"(即库4),从而将循环中的 C 部分简化了。由于我们的陆地生物圈包括存活和死亡的有机物质,我们仅需要考虑陆地生物圈的净初级生产力,因为这是影响陆地有机物长期储存的唯一途径。

图 9.1 所示五储库模型可以基本解释在百年或者更短时间尺度上大气 O_2 发生的变化。但是,它也有一些明显的缺陷。一方面,循环不是闭合的,因此也无法达到稳定状态。有少量的物质稳定地以有机 C 和 $CaCO_3$ 的形式流入海底。如果我们要模拟这一循环,我们会发现最终所有 C 都从大气和海洋流入海底。与此同时,由于海洋生产总量和海洋生物圈消亡量的不平衡,我们还会发现大气 O_2 的些许增加。

另一方面,与 C 和 O_2 库存之间的表观化学计量不平衡有关。如果大气中的 O_2 全部是通过光合作用产生的,那么可以预计大气中 O_2 的摩尔量与地球系统中有机 C(或者相关的还原性物质)的摩尔量应该是平衡的。但是在我们的简单模型中,O_2 的量较海洋和陆地生物圈中有机 C 的量高出几个数量级。对这些缺陷的弥补可以在岩石圈循环中找到,我们在下一节会讨论到。

9.3 长时间尺度上的氧循环:岩石圈的连接

图 9.2 显示了氧循环在短时间尺度的生物圈部分与长时间尺度的岩石圈部分之间的耦合[①]。在这个模型中,氧循环与岩石圈的关联是通过两种途径来实现的,这两种途径都包括了与全球 S 循环的相互作用。第一种途径从有机 C 沉积到海底(即 F_B)开始。一旦沉积到海底,有机 C 就可以直接被沉积,形成有机 C 沉积物(即 F_J),也可以在硫酸盐和三价铁(赤铁矿(Fe_2O_3))存在的条件下被一些无色的细菌通过以下方式形成黄铁矿(FeS_2)沉积物(即 F_I)[②]

$$8SO_4^{2-} + 2(Fe_2O_3)_s + 15"CH_2O" + 16H^+ \longrightarrow 4(FeS_2)_s + 15CO_2 + 23H_2O$$
(R7.4)

注意有机 C 和 FeS_2 沉积物表示的都是还原态物质。因为这些还原态物质最初产生于在光合作用生成 CH_2O 的过程中,这些沉积物的沉积就相当于大气 O_2

[①] 我们所采用的通过 S 循环将氧循环与海洋沉积物和岩石循环耦合在一起的模型参考了 Garrels et al. 的模型,关于该模型的论文于 1976 年发表在 *American Scientist* 上。另一种有趣的方法与 P 有关,于 1996 年发表在 *Science* 上,作者为 Van Cappellen 和 Ingall。

[②] 读者可能会发现,在此回顾一下第 7 章中黄铁矿(FeS_2)和石膏($CaSO_4 \cdot 2H_2O$)沉积物的形成及其对大气 O_2 的可能影响会对本节的理解有所帮助。

的净来源。具体来说,1 mol 有机 C 被沉积就代表了 1 mol O_2 留在大气中,1 mol S 以 FeS_2 的形式被沉积就代表了 15/8 mol 的 O_2 留在大气中。而且,这些 O_2 会一直停留在大气中,直到这些沉积物被带到地表风化。若沉积物为有机 C,具体的风化过程是通过呼吸作用和分解反应(即 F_P)完成的;若沉积物为 FeS_2,则风化过程通过下面的反应(即 F_M)来进行

$$4FeS_2 + 8H_2O + 15O_2 \longrightarrow 2Fe_2O_3 + 8SO_4^{2-} + 16H^+ \quad (R7.5)$$

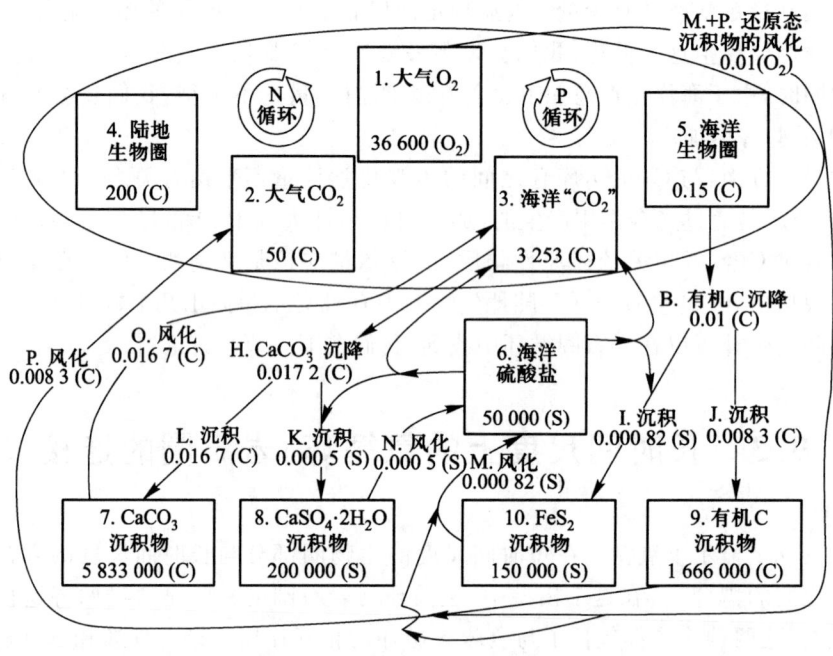

图 9.2 氧循环在短时间尺度的生物圈部分和长时间尺度的岩石圈循环之间的耦合。如图 9.1 所示,方框代表以 kTmol 为单位的库,箭头代表 kTmol·年$^{-1}$ 为单位的流量。该循环的生物圈部分由椭圆内的库 1—5 组成,详见图 9.1。该循环的其余部分只占到大气中每年 O_2 循环的不到 1%,但是却控制了百万年时间尺度上大气 O_2 的变化。

第二种将氧循环和岩石圈连接起来的途径是通过海底 $CaCO_3$ 的下沉(即 F_H)。与有机 C 的下沉相似,下沉到海底的 $CaCO_3$ 可以被直接沉积——在这种情况下,形成方解石(($CaCO_3$)$_S$)沉积物(即 F_L)——或者它可以通过下式与硫酸盐相互作用形成 $CaSO_4·2H_2O$ 沉积物(即 F_K)

$$(CaCO_3)_S + H^+ + 2H_2O + SO_4^{2-} \longrightarrow (CaSO_4·2H_2O)_S + HCO_3^- \quad (R7.7)$$

通过这些过程形成的 C 和 S 沉积物将会一直停留在岩石圈直到它们被带到地表并风化,从而使溶解的 CO_2 和硫酸盐返回海洋,完成 C 和 S 循环。请注意,$CaCO_3$ 和 $CaSO_4·2H_2O$ 沉积物的形成和风化都对大气中的 O_2 没有直接的

影响(见表9.3和表9.4)。然而,由于这些过程可影响海洋CO_2和硫酸盐的含量,而海洋CO_2和硫酸盐是对大气中的O_2有影响的,因此我们需要在全球氧循环模型中考虑到这些过程。

表9.3 工业化前全球大气氧循环——在较长时间尺度(即$\tau \geqslant 10^6$年)上活跃的储库

储库	含量(kT mol)[a]
(6) 海洋硫酸盐(SO_4^{ocean})	50 000(S)
(7) 方解石沉积物$(CaCO_3)_s$	5 833 000(C)
(8) 石膏沉积物$(CaSO_4 \cdot 2H_2O)_s$	200 000(S)
(9) 有机C沉积物$(Org \cdot C)_s$	1 666 000(C)
(10) 黄铁矿沉积物$(FeS_2)_s$	150 000(S)

[a] 储库含量来自第6章和第7章所讨论数据。

表9.4 工业化前全球大气氧循环——在较长时间尺度(即$\tau \geqslant 10^6$年)上活跃的通量

通量	速率[a](kT mol·年$^{-1}$)
(I) $(FeS_2)_s$沉积	0.000 82(S)
(J) $(Org \cdot C)_s$沉积	0.008 33(C)
(K) $(CaSO_4 \cdot 2H_2O)_s$沉积	0.000 53(S)
(L) $(CaCO_3)_s$沉积	0.016 67(C)
(M) $(FeS_2)_s$风化	0.000 82(S)
(N) $(CaSO_4 \cdot 2H_2O)_s$风化	0.000 53(S)
(O) $(CaCO_3)_s$风化	0.016 67(C)
(P) $(Org \cdot C)_s$风化	0.008 33(C)

[a] 通量速率来自第6章和第7章所讨论数据。

9.4 构建氧循环的数学模型

在确定了全球氧循环的组成成分后,现在我们来构建该循环的数学模型。构建模型的第一步就是写下描述循环中每一个储库含量随时间变化速率的微分方程。

9.4.1 微分方程

对于绝大部分微分方程,可以通过对图9.1和图9.2每一个储库流入和流出流量的简单加减得到。例如,大气中O_2库的源为光合作用(即F_A和F_D),汇为还原态沉积物的生物分解(即F_C和F_E)和风化(即F_M和F_P)。因此,我们得到

$$\frac{dC(O_2^{atm})}{dt} = (F_A + F_D) - F_C - F_E - F_M - F_P \tag{9.1}$$

大气中的 CO_2 库与此相似

$$\frac{dC(CO_2^{atm})}{dt} = (F_E + F_G + F_P) - F_D - F_F \qquad (9.2)$$

在处理海洋 CO_2 库时需要小心，因为其中含有 F_I 一项。由于 F_I（通过反应（R7.4）沉积 FeS_2 的速率）是以 S 的摩尔数来表示的，所以我们需要把这个流量乘以 15/8 来得到正确的海洋 CO_2 的释放速率。而通过反应（R7.7）沉积 $CaSO_4 \cdot 2H_2O$ 和释放 CO_2 的速率之间的化学计量比是 $1:1$，F_K 就不需要乘以任何因数。因此

$$\frac{dC(CO_2^{ocean})}{dt} = \left[F_C + F_F + \left(\frac{15}{8}\right) F_I + F_K + F_O \right] - F_A - F_H \qquad (9.3)$$

按照类似的步骤，我们就可以比较容易地得到其余储库的微分方程

$$\frac{dC(\text{陆地生物圈})}{dt} = F_D - F_E \qquad (9.4)$$

$$\frac{dC(\text{海洋生物圈})}{dt} = F_A - F_B - F_C \qquad (9.5)$$

$$\frac{dC(SO_4^{ocean})}{dt} = (F_M + F_N) - F_I - F_K \qquad (9.6)$$

$$\frac{dC(CaCO_3)}{dt} = F_L - F_O \qquad (9.7)$$

$$\frac{dC(CaSO_4 \cdot 2H_2O)}{dt} = F_K - F_N \qquad (9.8)$$

$$\frac{dC(\text{Org} \cdot C)}{dt} = F_J - F_P \qquad (9.9)$$

$$\frac{dC(FeS_2)}{dt} = F_I - F_M \qquad (9.10)$$

9.4.2 流量数学表达式的推导

现在，循环中 10 个库的微分方程都已经写出来了，我们就进入构建模型的第二步：即决定方程（9.1）至方程（9.10）中出现的流量的数学表达式。毫无疑问，这在我们的模型发展中是更有难度、更具挑战性的一步，因为没有一种简单且恰当的方式来表示流量。限制我们的仅仅是我们对基本生物地球化学过程的理解、我们对试验的愿望以及我们处理复杂问题的能力。下面推导得出的表达式只是我们可能寻找的众多路径中的一种。

9.4.2.1 海洋总生产力

当我们开始表示光合作用的速率时，问题的复杂性就陡然上升了。回顾我

们前面发展的每一个全球循环,我们都假设光合作用的速率是与我们当时所处理的特定元素的量是成比例的。现在,由于允许独立的循环之间发生耦合,我们需要更加严格一些。要决定怎样表示海洋中光合作用的速率,我们需要回到第 5 章提出的关于全球 P 循环的一个论点。在第 5 章中我们提到,海洋中 N:P 的比例与海洋生物量中的 N:P 比例很相似。我们推测这是蓝绿藻的作用,因为它固定了刚好足够的 N 用来平衡海洋中的磷酸盐,并由此为海洋生物供应了足够的硝酸盐。如果这是正确的,就意味着海洋中的光合作用最终是受限于磷酸盐的;而这反过来又表示全球 O 循环一定要与全球 P 循环耦合起来。要做到这一点,我们假设海洋光合作用的速率 F_A,与海洋中磷酸盐的量成正比,即

$$F_A = r_A C(PO_4^{ocean}) \quad (kTmol\ C \cdot 年^{-1}) \tag{9.11}$$

式中,r_A 是一个常数,$C(PO_4^{ocean})$ 是海洋中磷酸盐的总量(单位 kTmol P)。

现在我们需要确定常数 F_A 的数值。对工业化前,我们令 $F_A = 3.333\ kTmol\ C \cdot 年^{-1}$(见表 9.1)。由于工业化前海洋磷酸盐的量为 3 kTmol P(见第 5 章),通过代入方程(9.11),我们可以很容易地得到

$$r_A = 1.111\ (年^{-1}) \tag{9.12}$$

9.4.2.2 有机 C 的沉积

对于以还原态 C 或 S 形式下沉到海底并沉积的每 1 mol 有机 C 来说,就会有 1 mol 的 O_2 被留在大气中;而且,这 1 mol 的 O_2 将会一直停留在大气中,直到经过 100 万年的等待后,还原态沉积物返回地球表面。因此,我们选择的有机 C 沉积速率表达式将会对我们的模型运行起到关键的作用。观察显示,O_2 的量对于确定由浮游植物所固定的 C 中未被氧化并沉积在海洋底部的比例是非常重要的。如果 O_2 的供应不受限制,则没有 C 会下沉;而如果没有 O_2 的供应,则所有的 C 都会下沉。通过试验,我们发现在模型中这种关系可以用指数函数来表达,即

$$F_B = F_A \exp[-r_B C(O_2^{atm})] \quad (kTmol\ C \cdot 年^{-1}) \tag{9.13}$$

式中,r_B 是一个常数。现在,令 $F_B = 0.00986\ kTmol\ C \cdot 年^{-1}$,并且假设工业化前 $F_A = 3.333\ kTmol\ C \cdot 年^{-1}$,$C(O_2^{atm}) = 36\ 600\ kTmol$,我们可以通过方程(9.13)得到 r_B

$$r_B = 1.591 \times 10^{-4} \quad (kTmol^{-1}) \tag{9.14}$$

至此,我们得到了有机 C 沉积速率的完整表达式。

9.4.2.3 海洋生物圈的分解

为了确保在工业化前的循环处于稳态,我们要求海洋生物圈的分解速率等于初级生产力与有机 C 沉积速率之间的差。因此

$$F_C = F_A - F_B = F_A\{1 - \exp[-r_B C(O_2^{atm})]\} \qquad (9.15)$$

9.4.2.4 陆地生物圈的净初级生产力

尽管我们假设磷酸盐是海洋光合作用的限制因素,但是这对陆地光合作用来说并不适用,因为大多数未由人类管理的大型陆地生态系统似乎是受到硝酸盐限制的。因此,我们假设陆地初级生产力 F_D 与土壤中硝酸盐的含量 $C(NO_3^{soil})$ 是线性相关的。(注意,在这样处理时,我们将氧循环和余下的最后一种主要营养元素的循环,即 N 循环进行了有效的耦合。)考虑到 CO_2 对陆地生物量的施肥效应,我们还需要用到在第 6 章中讨论过的对大气 CO_2 的弱依赖性,即 β 因子。因此,我们得到 F_D 的表达式如下

$$F_D = r_D C(NO_3^{soil})\left[(1-\beta) + \beta\left(\frac{C(CO_2^{atm})}{50}\right)\right] \quad (\text{kTmol C·年}^{-1}) \quad (9.16)$$

式中,r_D 是一个常数,β 为陆地生产力在 $C(CO_2^{atm})$ 加倍情况下的相对变化量。在我们的标准模型计算中,我们取 $\beta = 0.3$,如同我们在第 6 章用 BOXES 模拟 C 循环时一样。如果我们现在要求在工业化前 $F_D = 4$ kTmol C·年$^{-1}$ [即 $C(NO_3^{soil}) = 0.3$ kTmol N,$C(CO_2^{atm}) = 50$ kTmol C],我们就得到

$$r_D = 13.333 \quad (\text{年}^{-1}) \qquad (9.17)$$

9.4.2.5 陆地生物圈的分解

为了确保循环处于稳态,我们简单地设定

$$F_E = F_D \qquad (9.18)$$

9.4.2.6 大气 CO_2 向海洋的传输

表示从大气 CO_2 向海洋传输流量的最简单方法是它随 $C(CO_2^{atm})$ 呈线性变化。然而,在第 6 章关于 Revelle 因子的讨论中,我们得知这个流量并不与大气 CO_2 呈线性变化,这是由于海洋中碳酸和硼酸的缓冲作用。为了考虑这种缓冲效应,我们必须在 F_F 方程中加入 Revelle 因子

$$F_F = r_F\left[\left(1 - \frac{1}{\varepsilon}\right) + \frac{1}{\varepsilon}\frac{C(CO_2^{atm})}{50}\right] \quad (\text{kTmol C·年}^{-1}) \qquad (9.19)$$

式中,r_F 是一个常数,ε 是 Revelle 因子(在我们的标准模型中等于 10)。为了在 $C(CO_2^{atm}) = 50$ kTmol 时得到 $F_F = 6.667$ kTmol C·年$^{-1}$,需要

$$r_F = 6.6667 \quad (\text{kTmol ·年}^{-1}) \qquad (9.20)$$

9.4.2.7 海洋 CO_2 向大气的传输

在 F_F 的表达式中加入了 Revelle 因子后,我们就可以假设其反过程与海洋 CO_2 (即 $C(CO_2^{ocean})$) 成线性比例,也就是

$$F_G = r_G C(\text{CO}_2^{\text{ocean}}) \tag{9.21}$$

为了使工业化前的循环处于稳态,我们设定

$$F_G = F_F - F_B - F_H \tag{9.22}$$

因此

$$r_G = 0.00204 \quad (\text{年}^{-1}) \tag{9.23}$$

9.4.2.8　$CaCO_3$ 的沉积

假设 $CaCO_3$ 的沉积与 $C(\text{CO}_2^{\text{ocean}})$ 呈线性比例。在此假设及在 $C(\text{CO}_2^{\text{ocean}}) = 3253$ kTmol C 时沉积速率等于 0.0172 kTmol·年$^{-1}$ 的要求下,我们得到

$$F_H = 5.287 \times 10^{-6} C(\text{CO}_2^{\text{ocean}}) \quad (\text{kTmol C·年}^{-1}) \tag{9.24}$$

9.4.2.9　FeS_2 的沉积

假设 FeS_2 的沉积速率与有机 C 的沉积速率和海洋硫酸盐的含量 $C(\text{SO}_4^{\text{ocean}})$ 成正比,即

$$F_I = r_I \left[\frac{8 \text{ mol S}}{15 \text{ mol C}}\right] F_B C(\text{SO}_4^{\text{ocean}}) \quad (\text{kTmol S·年}^{-1}) \tag{9.25}$$

为了使 $F_I = 0.000817$ kTmol S·年$^{-1}$,在 $F_B = 0.00986$ kTmol C·年$^{-1}$ 和 $C(\text{SO}_4^{\text{ocean}}) = 50000$ kTmol S 的情况下,得到

$$r_I = 3.103 \times 10^{-6} \quad (\text{kTmol}^{-1}) \tag{9.26}$$

9.4.2.10　有机 C 的沉积

我们设定有机 C 的沉积速率刚好确保质量转换保持在稳态,因此

$$\begin{aligned}F_J &= F_B - \left[\frac{15 \text{ mol C}}{8 \text{ mol S}}\right] F_I \\ &= F_B[1 - r_I C(\text{SO}_4^{\text{ocean}})] \quad (\text{kTmol C·年}^{-1})\end{aligned} \tag{9.27}$$

9.4.2.11　$CaSO_4·2H_2O$ 和 $(CaCO_3)_s$ 的沉积

在推导 $CaSO_4·2H_2O$ 和 $(CaCO_3)_s$ 的沉积速率时,采用与 FeS_2 和有机 C 沉积速率一样的推导方法。在这里,假设 $CaSO_4·2H_2O$ 的沉积速率与海洋中 $CaCO_3$ 的总沉积速率和硫酸盐成正比。假设 $(CaCO_3)_s$ 的沉积速率为 $CaCO_3$ 总沉积速率和 $CaSO_4·2H_2O$ 沉积速率之差。因此

$$F_K = r_K F_H C(\text{SO}_4^{\text{ocean}}) \quad (\text{kTmol S·年}^{-1}) \tag{9.28}$$

以及

$$F_L = F_H - F_K = F_H[1 - r_K C(\text{SO}_4^{\text{ocean}})] \quad (\text{kTmol C·年}^{-1}) \tag{9.29}$$

令 F_K 和 F_L 为工业化前的数值,我们可以得到

$$r_K = 6.187 \times 10^{-7} \quad (kTmol^{-1}) \tag{9.30}$$

9.4.2.12 风化速率

假设 FeS_2、有机 C、$CaSO_4 \cdot 2H_2O$ 和 $(CaCO_3)_s$ 这四种沉积物的风化速率均与各自的含量成正比。那么

$$F_M = 5.440 \times 10^{-9} C(FeS_2) \quad (kTmol\ S \cdot 年^{-1}) \tag{9.31}$$

$$F_N = 2.665 \times 10^{-9} C(CaSO_4 \cdot 2H_2O) \quad (kTmol\ S \cdot 年^{-1}) \tag{9.32}$$

$$F_O = 2.863 \times 10^{-9} C(CaCO_3) \quad (kTmol\ C \cdot 年^{-1}) \tag{9.33}$$

$$F_P = 5.018 \times 10^{-9} C(Org \cdot C) \quad (kTmol\ C \cdot 年^{-1}) \tag{9.34}$$

9.4.3 方程求解

将方程(9.11)至方程(9.34)代入到方程(9.1)至方程(9.10)中,就得到由10个互相耦合的一阶微分方程组成的封闭系统。这些微分方程模拟的是全球 O 循环10个储库库存量随时间的变化。然而,要真正求解出这些库存量随时间的变化关系,必须将系统中的微分方程进行积分。遗憾的是,由于前面定义的很多流量并不符合我们在第4章中首次引入的简单线性公式,因此我们不能用 BOXES 来进行积分。幸运的是,我们还可以利用很多其他的数学技巧来解决问题。接下来,我们就来介绍利用模型进行的3个数值试验,这3个试验采用我们在微机上发展的简单数值方案[①]。

9.5 数值试验1:再论二叠纪时期石膏沉积的加强

在第7章,我们实施了一个数值试验来模拟为期约50万年的二叠纪时期,这段时期的特征是 $CaSO_4 \cdot 2H_2O$ 沉积速率的增加和 FeS_2 沉积速率的降低。在利用 BOXES 模拟全球 S 循环的非耦合线性模型时,我们计算出在50万年间 S 沉积速率的改变会导致 20 000 kTmol 的 S 从 FeS_2 沉积物储库转入 $CaSO_4 \cdot 2H_2O$ 沉积物储库。由于每埋葬 1 mol 的黄铁矿就意味着要有 15/8 mol 的大气 O_2 源,20 000 kTmol 的 S 从还原态沉积物储库转移到氧化态沉积物储库,实际上将从大气中去除约 40 000 kTmol 的 O_2。所以我们在第7章得到的

---

① 本章未像前几个循环那样给出我们所使用的数值积分模型,而是将氧循环方程系统积分的计算程序编写留作课后练习。J. C. G. Walker 在其《地球科学中的数学方法》(*Numerical Methods in the Earth Sciences*, Cambridge University Press, 1993)一书中给出了许多有用的程序,可供一般读者使用。我们发现,如果采用足够小的时间步长以减小误差,那么基本上任意一个积分方案都可用于我们的方程系统。在这里适用的一般规则是:数学积分方案越粗糙,积分步长就要越小。

结果就是，如果没有其他补偿途径，在二叠纪发生的 S 沉积速率的改变会最终将整个大气 O_2 库存清空，因为大气 O_2 库存仅有 36 600 kTmol。但是，化石记录表明这种情况并未发生。我们现在就用全球 O 循环的新耦合模型来重复这个试验，看看我们是否能为二叠纪期间大气 O_2 的状况找到一个更为合理的解释。

9.5.1 试验设置

在第 7 章中详细描述过，我们的试验保持总的 S 沉积速率不变（0.001 35 kTmol·年$^{-1}$），但是将现有的 FeS_2 对 $CaSO_4·2H_2O$ 的相对速率 1.5：1 改为扰动后的 1：3。要想利用我们现有的方程系统来完成这个改变，我们需要(1) 将 r_1 从其标准值 $3.103×10^{-6}$ kTmol^{-1} 减少到 $1.283×10^{-6}$ kTmol^{-1}；(2) 将 r_K 从 $6.187×10^{-7}$ kTmol^{-1} 增加到 $1.174×10^{-6}$ kTmol^{-1}；(3) 利用表 9.1 和表 9.3 中的库存值对模型进行初始化；(4) 将方程系统模拟积分 50 万年。

9.5.2 试验结果

图 9.3 所示为 50 万年间 4 个沉积物储库以及大气 O_2 库各自总量的累积变化模拟结果。正如我们在第 7 章使用 BOXES 进行该数值试验时所发现的，改变 $CaSO_4·2H_2O$ 和 FeS_2 沉积的相对速率可导致大约 20 000 kTmol 的 S 在这 50 万年模拟结束时从还原态 FeS_2 沉积物进入氧化态 $CaSO_4·2H_2O$ 沉积物（比较

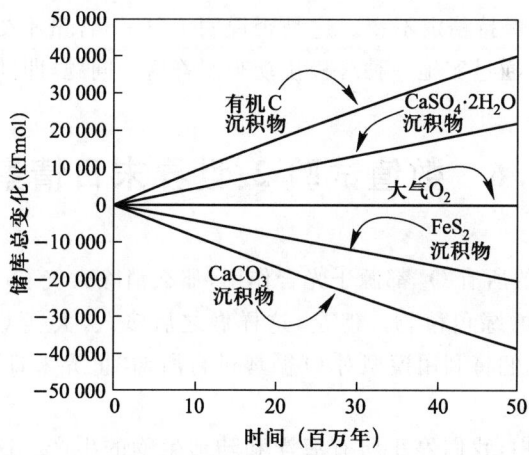

图 9.3 在假定 FeS_2 和 $CaSO_4·2H_2O$ 沉积相对速率为 1：3 的条件下，有机 C 沉积物、$CaSO_4·2H_2O$ 沉积物、大气 O_2、FeS_2 沉积物和 $CaCO_3$ 沉积物储库库存随时间的累积变化。我们发现还原态 S 沉积速率的降低，可以通过化学计量等量的还原态 C 沉积速率的增加来弥补。最终的结果就是：大气 O_2 没有显著的变化。

图7.8和图9.3)。但是,尽管S沉积物储库发生如此大的变化,大气O_2在我们现有模型模拟下却基本保持不变。考虑到S循环和O循环间的简单线性关系,出现这样的结果似乎令人难以置信。如果FeS_2沉积物的沉积代表了大气O_2的源,而$CaSO_4 \cdot 2H_2O$沉积物的沉积并不如此,那么在这两种沉积物沉积速率发生如此大改变时,为什么没有对O_2产生影响呢?这需要在组成O循环的元素相互作用中寻找答案。首先,我们来看看在试验中C沉积物发生了什么变化。

图9.3中所示结果表明,含C沉积物储库和含S沉积物储库的库存量都发生了明显的变化。在C沉积物储库中,还原态沉积物(即有机C)的沉积速率增加,氧化态沉积物(即$CaCO_3$)的沉积速率减少。当然,这种情况的发生是因为在反应(R7.4)和反应(R7.7)中C被S替换,并形成了FeS_2和$CaSO_4 \cdot 2H_2O$沉积物。FeS_2沉积总速率降低20 000 kTmol S使得$15/8 \times 20\,000$(约40 000)kTmol的海底有机C作为还原C沉积物被沉积。有机C沉积物沉积的增加导致等量$CaCO_3$沉积物沉积的减少,这样就可保持海洋/大气系统的C平衡。尽管20 000 kTmol S从FeS_2沉积物转移到$CaSO_4 \cdot 2H_2O$沉积物会去除大气中40 000 kTmol O_2,但是40 000 kTmol C从$(CaCO_3)_s$转移到有机C沉积物也会使大气增加等量的O_2。结果就是大气O_2含量没有净变化。

因此,我们的数值试验揭示了O循环中一个非常强有力的反馈机制,即通过用一种等量的但是在沉积速率上有反向变化的还原态沉积物来弥补另一种还原态沉积物的沉积速率变化。尽管系统受到了一个看似强大且长期的扰动,但是大气O_2还是保持稳定不变。这是否说明大气O_2含量不受任何扰动影响?在下一节,我们将通过实施一种终极扰动来回答这个问题,即世界末日!

9.6 数值试验2:世界末日情景

既然大气中的所有O_2都源于光合作用,那么消除大气O_2的最好方法就是杀死世界上所有的绿色植物。但是,这样做之后多久,大气O_2可以被消耗殆尽?在这一节,我们将利用模型对O循环进行所谓"世界末日"情景模拟,来探索这一问题的答案。

在试验设置中,我们停止所有海洋和陆地生物的生产。这很容易做到,只需要将这两个过程的通量系数设定为0,即

$$r_A = r_D = 0 \tag{9.35}$$

然后,按照表9.1和表9.3中的数值来设定初始库存,再将方程系统积分。

由此产生的生物圈、大气O_2及大气和海洋CO_2库分别在模拟开始的150年

及 4 万年期间的变化,如图 9.4 和图 9.5 所示。在我们意料之中的是,终止所有光合作用导致了生物圈的快速消亡。海洋生物圈的消失发生在第一年(这段时期太短,无法在图 9.4 中标出),陆地生物圈的消失发生在大约第 150 年。

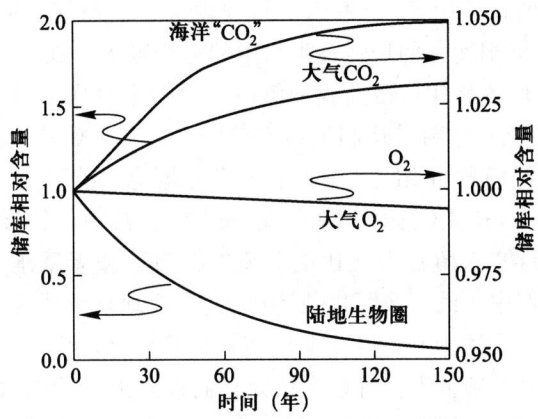

图 9.4　停止所有光合作用后的 150 年期间,陆地生物圈、大气 O_2、大气和海洋 CO_2 储库库存的相对变化。注意海洋生物在第一年内完全消亡,但在此处无法标出。尽管模型预测在 150 年内生物圈几乎会完全消亡,但是在此期间损失的大气 O_2 小于总库存的 1%。

由于生物圈的含 C 量与大气 O_2 库存量相比太小了,生物圈的消亡只消耗了不足大气 O_2 的 1%。如图 9.5 所示,大气 O_2 在生物圈消亡后,通过与 FeS_2 和有机 C 沉积物的风化反应继续减少,但是速率很低。由于岩石圈循环的时间尺度很长,大气 O_2 储库全部消耗殆尽需要大约 4 万年的时间。

这个结果是十分惊人的。因为将还原态物质沉积在岩石圈深处,地球系统赋予了大气 O_2 库存十分强大的稳定性。尽管大灾难可以导致大气 O_2 的消耗殆尽,但这也需要花费几百万年的时间。这就好像地球在遇到突发灾害时,为自己及其居民提供了一个 4 百万年的"宽限期"。

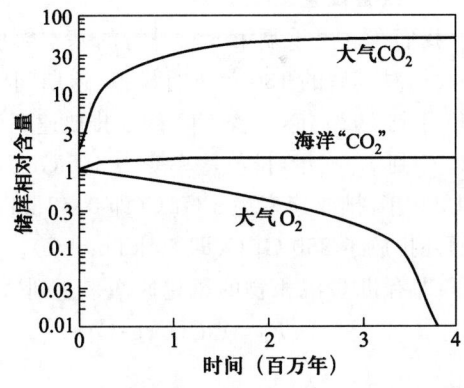

图 9.5　在所有绿色植物毁灭以及所有光合作用停止之后的 4 百万年间,大气 O_2 及大气和海洋 CO_2 库存的相对变化。在第一个 150 年内生物消亡之后(见图 9.4),由于岩石圈循环而被带到地表的还原态沉积物发生风化,大气 O_2 会缓慢减少。大气 O_2 全部消失估计需要大约 400 万年。

9.7 数值试验3:利用氧循环来寻找"失踪的碳"

在前两个数值试验中,我们考虑了两种颇为遥远而深奥的情景:二叠纪时期 $CaSO_4 \cdot 2H_2O$ 沉积速率的增强及生物圈的完全毁灭。在这一节,我们将说明对全球 O 循环的理解是如何帮助我们解决一个非常真实并且现存的环境问题的,即对每年通过化石燃料燃烧和生物质燃烧进入大气 C 的去向进行确认。

在第 6 章,我们曾介绍过"失踪的碳"的概念。自工业革命以来,约有 350 Gt[①] C(即 29 kTmol C)因人类活动进入大气。其中,只有约 44% 停留在大气中。其余的(所谓"未留存大气比例")显然被海洋或者陆地生物圈吸收。这些未留存大气比例中大约一半可以找到碳汇,海洋地球化学家可以解释海洋在过去 100 年里吸收了约 100 Gt C(即 8 kTmol C)。"失踪的碳"指的是余下的 100 Gt C。它们去了哪里呢?有些人认为它们被陆地生物圈吸收了。(这是我们在第 6 章用"准非线性"BOXES 模型模拟 C 循环得到的解释,其中 $\beta=0.3$,$\varepsilon=10$。)但是许多陆地生态学家认为,并没有确凿的证据能够证明陆地生物圈存在如此大量的增长。另一方面,一些人相信失踪的 C 进入了海洋。但是,很多海洋地球化学家认为,海洋并没有吸收那么多 CO_2 的能力。我们来看一看 O 循环模型是否可以为这个难题提供一点启发。

9.7.1 试验设置

我们在这里重复第 6 章进行的基本数值试验。从工业革命前的 1860 年开始,我们对其后的 130 年进行模拟,这期间的人类 CO_2 排放分 3 步递增:(1) 从 1860 年到 1920 年,人类 CO_2 的年排放速率为 1 Gt C(即 0.08 kTmol C)。(2) 从 1920 年到 1960 年,排放速率变为 3.5 Gt C(即 0.29 kTmol C)。(3) 从 1960 年到 1990 年,排放速率为 5 Gt C(即 0.42 kTmol C)。这样,在过去的 130 年时间里额外排放了 350 Gt C(即 29 kTmol C)。与第 6 章一样,在模型中我们通过调整 F_P 即有机 C 沉积物的风化速率来达到这个目的

$$F_P = r_P C(\text{Org} \cdot C) \quad (\text{kTmol C} \cdot \text{年}^{-1}) \qquad (9.36)$$

其中

$$\begin{aligned} r_P &= 5.5 \times 10^{-8} \text{年}^{-1}, &\quad \text{当 } 0 < t < 60 \\ r_P &= 1.8 \times 10^{-7} \text{年}^{-1}, &\quad \text{当 } 60 < t < 100 \\ r_P &= 2.55 \times 10^{-7} \text{年}^{-1}, &\quad \text{当 } 100 < t < 130 \end{aligned} \qquad (9.37)$$

---

① 1 Gt = 1×10^9 t = 1×10^{15} g。

但是，在这里我们并不是只进行一个模拟，而是分别进行两个相互独立的模拟。在模拟 1 中，我们使用标准模型中的参数，$\beta=0.3,\varepsilon=10$。在模拟 2 中，我们假设 $\beta=0.0,\varepsilon=5$。（注意我们设定 $\beta=0.0$，即去除了 CO_2 的施肥作用，从而阻止任何过剩的 CO_2 进入生物圈。另一方面，将 ε 减少到 5，增强了海洋对 CO_2 的吸收。可以看到，两个模拟得到"失踪的碳"的两种不同情景：在模拟 1 中失踪的 C 进入生物圈，模拟 2 中失踪的 C 最终进入海洋。）

9.7.2 试验结果

两个模拟的最终结果如图 9.6、图 9.7 和图 9.8 所示。图 9.6 给出了模拟 1 和模拟 2 计算得到的大气 CO_2 库存量，我们将这些结果与"准非线性"BOXES 模型以及观测值进行比较。有意思的是，这三种模型方法产生的结果十分类似，并且与观测 CO_2 浓度值都十分吻合。因此我们可以得到结论，"准非线性"模型、模拟 1 和模拟 2 都可以对人类排放影响下的大气 CO_2 演化进行合理准确的描述，并预测得到约 44% 的留存大气比例。现在，我们来看看这两个模拟对非留存大气比例去向的预测。

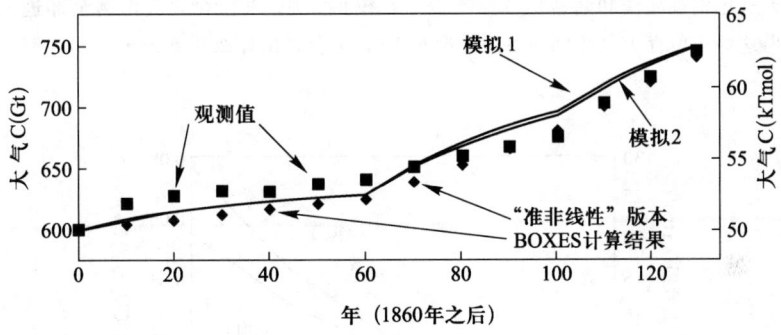

图 9.6　自 1860 年以来大气 CO_2 库存量随时间的变化，已知人类活动向大气排放了共 350 Gt C。图中所示是我们的模型对氧循环进行的模拟 1 和模拟 2，以及第 6 章"准非线性"版本 BOXES 模型的结果。图中同时显示了根据大气 CO_2 观测值推测的库存量。所有四种方法的结果都吻合得很好。

图 9.7 所示为两个模拟预测的过量排放的 CO_2 随时间的变化。根据图 9.6 所示的结果，这两个模拟得出大气中过剩 C 的总量相同是在意料之中的，到 1990 年大气中过剩 C 累计略少于 10 kTmol。但是，模拟 1 预测其余的过剩 C 进入海洋和陆地生物圈的量大致相同，而模拟 2 预测这些 C 全部进入了海洋。因此，这两个模拟是模拟失踪 C 去向的不同模型；在模拟 1 中失踪的 C 进入陆地生物圈，而在模拟 2 中却进入海洋。

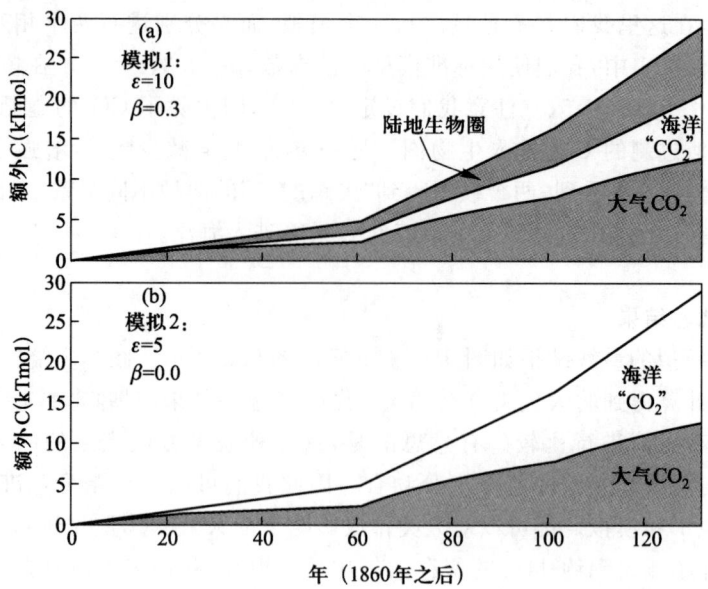

图 9.7 人类活动排放进入大气过剩 CO_2 的累积去向：(a) 模拟 1；(b) 模拟 2。在模拟 1 中，未留存大气比例被海洋和陆地生物圈平分。在模拟 2 中，未留存大气比例全部进入海洋。你能猜出这些未留存大气比例的不同模型对大气 O_2 会做出什么预测么？

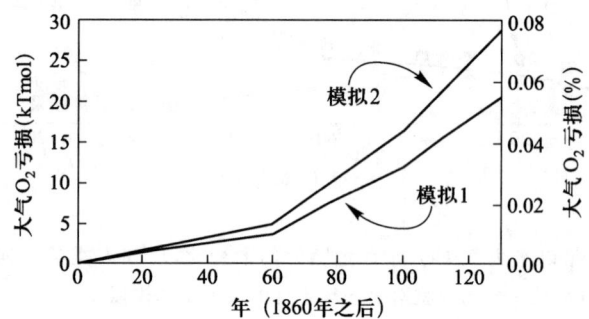

图 9.8 模拟 1 和模拟 2 预测的由于人类排放 CO_2 而导致的大气 O_2 下降。结果表明高敏和精密的大气 O_2 测量可帮助确定失踪的 C 是进入了海洋（模拟 2）还是陆地生物圈（模拟 1）。

　　有趣的是，如图 9.8 所示，这两个模拟预测大气 O_2 库所受到的影响也不同。因为陆地生物圈吸收的过剩 CO_2 可以产生大气 O_2，海洋吸收却不能，所以模拟 1 预测的大气 O_2 的减少量相比于模拟 2 小了很多。虽然大气 O_2 受到的影响相对总 O_2 库存来说是非常小的（小于 0.1%），但是这两个模拟却不是没有差异的。数年期间对大气 O_2 高精度的测量可以帮助我们了解失踪 C 的去向①。一旦这个问题得到解决,我们就应该可以更好地预测未来 CO_2 排放的影响,以及未来几十年大气 CO_2 的发展变化。

9.8 结 论

氧循环向我们呈现了一个复杂但是奇妙的生命支持系统,那就是我们的地球。通过元素循环间的耦合,地球已经逐渐成为了一个十分稳定的系统。生物地球化学家们从中学到了很重要而深奥的一点:地球是通过复杂的、相互作用的机制和循环进行运转的。简单模型忽略了这些相互作用及耦合,所做出的预测可能是一个稳定性远远低于我们生活的真实地球的系统。

我们从这个结论中可以得到的启发是,我们的模型毕竟只考虑了 5 种主要营养元素(P、C、S、N 和 O)的循环,只是地球系统的一个粗略简化,并且无疑遗漏了一些重要的反馈过程。其他痕量元素(比如 Fe、Si、Hg、Mn、Mg)毫无疑问在地球的生物地球化学过程中有其各自的作用。我们强烈鼓励读者考虑这些元素的循环以及它们在不断变化的全球环境里所起的作用。

另外,因为地球系统的复杂和相互作用的本质,对系统中一个部分的扰动很有可能对其他的部分也产生影响。只有对这些相互作用及其影响有一个完整而量化的了解,我们才能理解并最终预测这些扰动的发生及规模。然后,就像医生通过病人的一系列血液测试得到实验室诊断一样,我们也可以诊断地球系统变化的趋势,甚至为这个生病的星球提出治疗方案。

建议阅读

Garrels, R. M., A. Lerman, and F. T. Mackenzie, Controls of atmospheric O_2 and CO_2: Past, present and future, *American Scientist*, 64, 306–315, 1976.

Keeling, R. F., and R. Shertz, Seasonal and international variations in atmospheric oxygen and implications for the global carbon cycle. *Nature*, 358, 723–727, 1992.

Van Cappellen, P., and E. D. Ingall, Redox stabilization of the atmosphere

---

① 事实上,现在似乎具备了这样的测量能力,而且科学家们已经开始应用该技术来解决这一重要的问题。例如,参见 Keeling, R. F., and R. Shertz, Seasonal and international variations in atmospheric oxygen and implications for the global carbon cycle. *Nature*, 358, 723–727, 1992。

and oceans by phosphorus-limited marine productivity, *Science*, 271, 493-496, 1996.

Walker, J. C. G., Stability of atmospheric O_2, *American Journal of Science*, 274, 193-214, 1974.

习题

1. 大气中所有 O_2 都是在 CO_2 还原成为有机 C 的同时生成的。我们因此有望在大气 O_2 总量和地球系统中还原 C 之间发现化学计量关系上的平衡。但是，图 9.1 和图 9.3 并没有显示出这一平衡。大气中有 36 600 kTmol 的 O_2 而在沉积物中有 1 600 000 kTmol 的还原 C。大气氧气发生了什么？为什么没有都停留在大气中呢？

2. 20 世纪 90 年代早期对于地球温室气体(包括 CO_2)来说是一个不平常的时期。虽然人类活动被认为每年以 CO_2 形式向大气排放的 C 量达到 8 Gt，但是 20 世纪 90 年代早期的大约 2 年间大气 CO_2 浓度基本保持不变。换句话说，在此期间排放的 CO_2 停留在大气中比例为 0，所有排放的 CO_2 都被海洋和/或陆地生物圈吸收。问题是：到底是海洋吸收还是陆地吸收呢？假设你有这段时期之前、之中和之后的大气样本，你是否能设计一个试验，包括测量这些样本中 O_2 的浓度，来确定究竟是哪个库吸收了这些 CO_2？如果要得到一个明确的答案，你的试验精度需要多高？大气中是否还有其他自然过程会影响空气样本中的 O_2 含量，进而影响你的试验？

附录　平衡常数(25 ℃)

A.1　$H_2O-H_2-O_2$ 系统中的平衡反应

平衡反应	$\log K°$
$H^+ + OH^- \rightleftharpoons H_2O$	14.00
$H^+ + e^- \rightleftharpoons \frac{1}{2}H_2(g)$	0.00
$H^+ + e^- + \frac{1}{4}O_2(g) \rightleftharpoons \frac{1}{2}H_2O$	20.78

A.2　CO_2-H_2O 系统中的平衡反应

平衡反应	$\log K°$
$CO_2(g) + H_2O \rightleftharpoons H_2CO_3°$	−1.46
$H_2CO_3° \rightleftharpoons H^+ + HCO_3^-$	−6.36
$HCO_3^- \rightleftharpoons H^+ + CO_3^{2-}$	−10.33
$CO_2(g) + H_2O \rightleftharpoons H^+ + HCO_3^-$	−7.82
$CO_2(g) + H_2O \rightleftharpoons 2H^+ + CO_3^{2-}$	−18.15
$CaCO_3(方解石) + 2H^+ \rightleftharpoons Ca^{2+} + CO_2(g) + H_2O$	9.74

A.3　其他含碳(C)物质的平衡反应

平衡反应	$\log K°$
$C_6H_{12}O_6°(葡萄糖) + 6H_2O \rightleftharpoons 6CO_2(g) + 24e^- + 24H^+$	5.03
$C_6H_{12}O_6°(葡萄糖) \rightleftharpoons 6CO(g) + 12e^- + 12H^+$	−16.06
$C_6H_{12}O_6°(葡萄糖) \rightleftharpoons 3CH_3COO^- + 3H^+$	33.94
$C_6H_{12}O_6°(葡萄糖) \rightleftharpoons 6C(石墨) + 6H_2O$	89.11
$C_6H_{12}O_6°(葡萄糖) + 24e^- + 24H^+ \rightleftharpoons 6CH_4(g) + 6H_2O$	142.51
$CO(g) + H_2O \rightleftharpoons CO_2(g) + 2e^- + 2H^+$	3.51
$CH_3COO^- + 2H_2O \rightleftharpoons 2CO_2(g) + 8e^- + 7H^+$	−9.64
$C(石墨) + 2H_2O \rightleftharpoons CO_2(g) + 4e^- + 4H^+$	−14.01
$CH_4(g) + 2H_2O \rightleftharpoons CO_2(g) + 8e^- + 8H^+$	−22.91
$CO(g) + 6e^- + 6H^+ \rightleftharpoons CH_4(g) + H_2O$	26.43

$$CH_3COO^- + 8e^- + 9H^+ \rightleftharpoons 2CH_4(g) + 2H_2O \qquad 36.19$$

$$C(石墨) + 4e^- + 4H^+ \rightleftharpoons CH_4(g) \qquad 8.90$$

A.4 含氮(N)物质的平衡反应

平衡反应	$\log K°$
$NO_3^- \rightleftharpoons NO_3(g) + e^-$	-39.87
$NO_3^- + H^+ \rightleftharpoons \frac{1}{2}N_2O_5(g) + \frac{1}{2}H_2O$	-9.08
$NO_3^- + 2H^+ + e^- \rightleftharpoons NO_2(g) + H_2O$	13.03
$NO_3^- + 2H^+ + 2e^- \rightleftharpoons NO_2^- + H_2O$	28.64
$NO_3^- + 4H^+ + 3e^- \rightleftharpoons NO(g) + 2H_2O$	48.41
$NO_3^- + 5H^+ + 4e^- \rightleftharpoons \frac{1}{2}N_2O° + \frac{5}{2}H_2O$	75.52
$NO_3^- + 6H^+ + 5e^- \rightleftharpoons \frac{1}{2}N_2(g) + 3H_2O$	105.15
$NO_3^- + 10H^+ + 8e^- \rightleftharpoons NH_4^+ + 3H_2O$	119.07
$NO_2(g) \rightleftharpoons \frac{1}{2}N_2O_4(g)$	0.42
$HNO_2° \rightleftharpoons H^+ + NO_2^-$	-3.15
$NO(g) \rightleftharpoons NO°$	-2.73
$N_2O(g) \rightleftharpoons N_2O°$	0.54
$NH_3(g) \rightleftharpoons NH_3°$	1.76
$NH_3° + H^+ \rightleftharpoons NH_4^+$	9.28

A.5 含硫(S)物质的平衡反应

平衡反应	$\log K°$
$SO_4^{2-} + 2H^+ \rightleftharpoons SO_3(g) + H_2O$	-23.87
$SO_4^{2-} + 2e^- + 2H^+ \rightleftharpoons SO_3^{2-}(g) + H_2O$	-3.73
$SO_4^{2-} + 2e^- + 4H^+ \rightleftharpoons SO_2(g) + 2H_2O$	5.04
$SO_4^{2-} + 2e^- + 4H^+ \rightleftharpoons SO_2° + 2H_2O$	5.35
$SO_4^{2-} + 6e^- + 8H^+ \rightleftharpoons S_8 + 4H_2O$	35.78
$SO_4^{2-} + 7e^- + 8H^+ \rightleftharpoons \frac{1}{2}S_2^{2-} + 4H_2O$	28.54
$SO_4^{2-} + 8e^- + 8H^+ \rightleftharpoons S^{2-} + 4H_2O$	20.74
$H_2SO_4° \rightleftharpoons H^+ + HSO_4^-$	1.98
$HSO_4^- \rightleftharpoons H^+ + SO_4^{2-}$	-1.98
$H_2SO_3° \rightleftharpoons H^+ + HSO_3^-$	-1.91

平衡反应	$\log K^\circ$
$HSO_3^- \rightleftharpoons H^+ + SO_3^{2-}$	-7.18
$H_2S(g) \rightleftharpoons H_2S^\circ$	-0.99
$H_2S^\circ \rightleftharpoons H^+ + HS^-$	-7.02
$HS^- \rightleftharpoons H^+ + S^{2-}$	-12.90
$\alpha\text{-}FeS(硫铁矿) \rightleftharpoons Fe^{2+} + S^{2-}$	-16.21
$FeS_2(黄铁矿) \rightleftharpoons Fe^{2+} + S_2^{2-}$	-26.93
$CaSO_4 \cdot 2H_2O(石膏) \rightleftharpoons Ca^{2+} + SO_4^{2-} + 2H_2O$	-4.64

A.6 含磷(P)物质的平衡反应

平衡反应	$\log K^\circ$
$H_3PO_4 \rightleftharpoons H^+ + H_2PO_4^-$	-2.12
$H_2PO_4^- \rightleftharpoons H^+ + HPO_4^{2-}$	-7.21
$HPO_4^{2-} \rightleftharpoons H^+ + PO_4^{3-}$	-12.67
$H_3PO_3 \rightleftharpoons H^+ + H_2PO_3^-$	2.00
$H_2PO_3^- \rightleftharpoons H^+ + HPO_3^{2-}$	6.59
$H_3PO_4 + 2H^+ + 2e^- \rightleftharpoons H_3PO_3 + 2H_2O$	-9.49
$H_3PO_3 + 3H^+ + 3e^- \rightleftharpoons P + 3H_2O$	-51.36
$P + 3H^+ + 3e^- \rightleftharpoons PH_3$	-2.03

A.7 含铁(Fe)矿物质与复合物的平衡反应

平衡反应	$\log K^\circ$
$Fe(OH)_3(无定形) + 3H^+ \rightleftharpoons Fe^{3+} + 3H_2O$	3.54
$\frac{1}{2}\alpha\text{-}Fe_2O_3(赤铁矿) + 3H^+ \rightleftharpoons Fe^{3+} + \frac{3}{2}H_2O$	0.09
$\alpha\text{-}FeOOH(针铁矿) + 3H^+ \rightleftharpoons Fe^{3+} + 2H_2O$	-0.02
$Fe^{3+} + H_2O \rightleftharpoons FeOH^{2+} + H^+$	-2.19
$Fe^{3+} + 2H_2O \rightleftharpoons Fe(OH)_2^+ + 2H^+$	-5.69
$Fe^{3+} + 3H_2O \rightleftharpoons Fe(OH)_3^\circ + 3H^+$	-13.09
$Fe^{3+} + 4H_2O \rightleftharpoons Fe(OH)_4^- + 4H^+$	-21.59
$2Fe^{3+} + 2H_2O \rightleftharpoons Fe_2(OH)_2^{4+} + 2H^+$	-2.90
$Fe^{3+} + H_2PO_4^- \rightleftharpoons FeH_2PO_4^{2+}$	5.43
$Fe^{3+} + H_2PO_4^- \rightleftharpoons FeHPO_4^+ + H^+$	3.71
$Fe(c) \rightleftharpoons Fe^{2+} + 2e^-$	15.98
$Fe^{3+} + e^- \rightleftharpoons Fe^{2+}$	13.04
$Fe_3O_4(磁铁矿) + 8H^+ \rightleftharpoons 3Fe^{3+} + e^- + 4H_2O$	-3.42
$FeO(c) + 2H^+ \rightleftharpoons Fe^{2+} + H_2O$	13.48

$Fe(OH)_2(c) + 2H^+ \rightleftharpoons Fe^{2+} + 2H_2O$	12.90
$FeCO_3(菱铁矿) + 2H^+ \rightleftharpoons Fe^{2+} + CO_2(g) + H_2O$	7.92
$Fe_2SiO_4(铁橄榄石) + 4H^+ \rightleftharpoons 2Fe^{2+} + H_4SiO_4^o$	19.76
$Fe^{2+} + H_2O \rightleftharpoons FeOH^+ + H^+$	−6.74
$Fe^{2+} + 2H_2O \rightleftharpoons Fe(OH)_2^o + 2H^+$	−16.04
$Fe^{2+} + 3H_2O \rightleftharpoons Fe(OH)_3^- + 3H^+$	−31.99
$Fe^{2+} + 4H_2O \rightleftharpoons Fe(OH)_4^{2-} + 4H^+$	−46.38
$3Fe^{2+} + 4H_2O \rightleftharpoons Fe_3(OH)_4^{2+} + 4H^+$	−45.39
$Fe^{2+} + H_2PO_4^- \rightleftharpoons FeH_2PO_4^+$	2.70
$Fe^{2+} + H_2PO_4^- \rightleftharpoons FeHPO_4^o + H^+$	−3.60
$Fe^{2+} + SO_4^{2-} \rightleftharpoons FeSO_4^o$	2.20

来源：Lindsay, W. L., *Chemical Equilibria in Soils*, John Wiley, New York, 1979.

专 业 术 语

β因子。描述生物圈净生产力因大气 CO_2 浓度增加而相对增强的因子。

δ函数。自变量为 0 时,函数等于 1;但自变量为其他数值时,函数都等于 0。这样的函数被称为 δ 函数。

Brønsted 酸碱定义。酸是质子的贡献者;碱是质子的接收者。

Coriolis 效应。由于在旋转的参考系中观察物体而产生的表观力。在地球上,在北半球 Coriolis 力使投射物或气流向右运动,在南半球向左运动。

Gibbs 自由能。一种热力学函数,其定义为 $G = H - TS$,其中 H 为焓,T 为热力学温度,S 为熵。该函数用于确立常温常压下反应的化学平衡条件(G 为最小值)。

Henry 定律常数。气体的分压与其在水溶液中平衡浓度之间的比值。

Redfield 比值。浮游植物中 C∶N∶P 的近似比例(106∶16∶1)。

Revelle 因子。描述海洋中总溶解 C 浓度的相对变化与大气 CO_2 的相对变化之间关系的因子。

氨的挥发作用。铵离子以气态氨的形式从土壤或天然水体中向大气的传输。

氨的同化作用。光合作用中,氨(或者铵离子)被植物吸收的过程。

氨化。有机质降解产生氨或者铵化合物的过程,尤其是在细菌的作用下。

氨基酸。含有一个氨基(—NH_2)和一个羧基(—COOH)的化合物。

氨基乙酸。蛋白质水解产生的一种有甜味的结晶氨基酸 $C_2H_5NO_2$。

板块构造学说。板块构造学说认为地壳分为不同的板块,板块之间的相对运动速率很缓慢,板块的运动是由岩流圈中缓慢的对流造成的。板块沿着主要的裂缝(如洋中脊)分离,形成新的地壳。别处的板块则(像深海海沟那样)互相重叠或者(像沿着 San Andreas 断层那样)彼此滑过。

变质的。与变质作用或岩石成分变化有关的——具体地说,由压力、热和水导致的显著变化,结果产生更紧密的、结晶程度更高的状况。

表层海洋净生产速率(NSOP)。表层海洋内浮游植物生产的有机碳下沉到深层海洋的速率。

表层海洋总生成速率(GSOP)。表层海洋中浮游植物通过光合作用同化碳的速率。

冰冻圈。水圈中的冰冻部分(如极地冰盖)。

沉积的。下沉到液体(如海洋)底部的物质。

初级生产。在光合生物的生长和繁殖过程中,有机分子的合成与储存。

催化破坏循环。在反应中某种化学物质受到破坏的催化循环。

催化循环。重复的连续化学反应,由于某种物质的参与,反应的速率得到了增强,而该物质在反应结束后未发生化学上的变化。

大陆边缘。洋盆的三个主要部分之一,是直接毗邻大陆的区域,包括大陆架、大陆坡和大陆隆。

大陆架、大陆坡和大陆隆。海面下较浅处不同宽度的平原,形成了以陡坡与海洋深渊相接的大陆边界。

大陆漂移。位于地球深处黏性区域之上的大陆的缓慢移动。

大气环流。(气候学上的)风的平均状况。

蛋白质。自然发生的、任意多的由C、H、N和O元素构成的氨基酸的极度复杂组合。蛋白质是所有生命细胞的重要组成成分,由植物用原材料合成,并以单独的氨基酸形式被动物同化。

地球系统。由地球大气圈、水圈、岩石圈和生物圈构成的系统。

地震波。由于岩石圈的振动和运动而产生的在岩石圈内传播的波。

递减率。气象参数(常指温度)随高度增加而降低的速率。

电负性。元素吸引电子的趋势。

对流层。大气圈中的一层,高度从地表到对流层顶,即 10~12 km。对流层的一般特点是随着高度、云和活跃对流的增加,温度下降。

对流层顶。对流层和平流层之间的过渡区域。

多元酸。含有多个酸性质子的物质。

二磷酸腺苷(ADP)。ATP 的水解产物(即 $ATP + H_2O \rightleftharpoons ADP + PO_4^{3-}$)。

反硝化。硝酸盐或亚硝酸盐被还原并转化为氮气(N_2)和氧化亚氮(N_2O)的过程。反硝化过程通常是由细菌完成的。

反应系数。与平衡常数一样的函数。但是,采用的是反应物的一组浓度(不一定是平衡浓度)。

泛古陆。在板块构造活动最后将大陆分开前,存在单一大陆结构,称为泛古陆。

放能反应。总 Gibbs 自由能降低的反应。

放热反应。释放出热量的反应。

非生物固氮。大气中氮气(N_2)通过非生物过程(即不是由微生物或植物完成的过程)转化为植物可以利用的形式(铵离子)。

分解代谢。生物体内复杂生物分子分解时释放能量的破坏性代谢。

分离型板块边界。远离彼此的两个岩石圈板块间的边界。

风化。改变裸露岩石的颜色、质地、组成或形状的气象学与环境化学作用,最终会导致岩石的物理分裂和化学分解。

风生环流。海洋表面的水体运动,主要由大气风在海洋表面的摩擦力驱动。

氟磷灰石。磷酸盐岩石的一种主要成分。其中,一个 F 原子取代了羟磷灰石中的 OH 基团。(见羟磷灰石定义。)

浮游植物。被动漂浮在水体中,或者只能虚弱游动的植物体,一般都较小,可以利用辐射能合成生物量。

辐射强迫。辐射能对地球表面的净加热。

盖娅假说(Gaia Hypothesis)。在该假说中,生物圈能够改变和/或稳定环境,使其自身规模或效率最大化。

共轭碱。酸释放质子后形成的物质。

共轭酸。碱接收质子后形成的物质。

共生。不同的两种生物之间的紧密结合或联合。

构造学。有关地壳的变形,或者导致这种变形的力,以及所产生的形状的科学。

固氮酶。在 N_2 还原成氨的过程中起催化作用的一种酶。

固氮者。可以固定 N 的任何土壤和海洋生物。

固定氮(N)。含 N 分子中,N 原子不与另一个 N 原子结合,因而可以被自养生物直接利用。

光合自养生物(光合自养的)。利用辐射(光)能来生成有机物的自养生物。

光合作用。在辐射能和光作用下,合成化合物的过程;尤其是在光照下植物含叶绿素的组织中碳水化合物的生成过程。

光化学反应。有关原子、分子或离子与辐射能相互作用的化学反应。

光解。由辐射作用引起的化学分解。

光稳态。在化学活性辐射条件下的化学稳态。

硅铝质。由富含硅(Si)和铝(Al)的轻质岩石构成,一般位于地球的外层。

海底扩张。由于板块边界沿洋中脊的分离而导致海底的表观运动或扩张。

海底平顶山。平顶的海山;曾经是火山,被认为通过波动磨成了平顶,之后由于地壳下沉而沉入水下。

海山。海面下,位于深海海底上的山。

海洋上涌。将深层海水带到表层或混合层的过程。

合成代谢(同化作用)。将简单分子合成复杂生物分子的所有新陈代谢反应。

河流径流。由于河流汇入海洋,水和溶解物质及颗粒物从陆地向海洋的迁移。

核苷酸。由一个核糖或脱氧核糖与一个嘌呤或嘧啶碱和一个磷酸基团结合构成的化合物,是 RNA 和 DNA 的基本构成单元。

核酸。细胞核中,由一个糖或糖衍生物,磷酸和一个碱构成的酸(RNA 或 DNA)。

呼吸作用。呼吸作用是一种物理和化学过程。在呼吸作用中,生物供给细胞和组织新陈代谢所需要的 O_2,并释放产能反应生成的 CO_2。

化学计量反应。化学反应,可能是由一系列基元反应构成的,也可能不是。

化学能。储存在化学键中的能量。

化学热力学。研究热和其他形式能量,以及各种相关物理量(如温度、压力、密度等)变化的科学。

化学异养生物。能够消化分解有机物并从中获取新陈代谢所需能量的生物体(如人类)。

化学自养生物。能够氧化无机化合物以获得能量进行其生命过程的细菌。

还原剂。将其他物质还原,本身被氧化的物质。

还原作用。物质获得电子的过程。

活度。与溶液中物质浓度成正比的一个量。要使质量作用定律严谨,则必须应用活度。

火成的。与岩浆侵入或喷出(即火山活动)有关的,由岩浆侵入或喷出(即火山活动)导致的,或者表明岩浆侵入或喷出(即火山活动)的,都称为火成的。火成岩是由熔岩固化形成的。

基元反应。反应机制中的单一步骤。

极性共价键。共用电子的非离子型化学键。

甲烷笼形包合物。甲烷(CH_4)的一种准冰冻形式,其中 CH_4 气体被捕获在水的晶格内。常出现在海洋深处。

价态(化合价)。对单原子离子来说,价态为离子所带的电荷。对共价键原子来说,将共用电子对指定给电负性较强的原子,这样计算得到的电荷即为价态。价态只是一种形式,是用来计算氧化还原反应中得失电子的一种有用的手段。

兼性厌氧细菌。有无自由氧气(O_2)都可生长的细菌。

净初级生产速率。陆地上总初级生产速率(即绿色植物的 C 同化)与植物因呼吸作用而损失 C 的速率之差。

聚合型板块边界。发生聚合的两个岩石圈板块间的边界。

均质大气高度(标高)。静力学大气中压强下降速率的一种量度。

空循环。反应物在后续的反应中均以生成物的形式再生,总的来说,没有化学物质的净消耗或净生成,这样的化学反应循环称为空循环。

矿化。有机物向无机形式的转变。

蓝绿藻。拥有蓝绿色叶绿素的一类水藻。

离子键。一种电价键。是带相反电荷离子之间形成的化学键。

磷化氢。一种无色、有毒、易燃的气体,分子式为 PH_3。

磷酸酯。磷酸与醇反应所产生的化合物。一般情况下,水分子被消去。

留存大气比例。人类活动排放到大气的二氧化碳(CO_2)中,留存在大气中的比例。

硫酸盐还原细菌。利用硫酸盐作为氧化剂进行有机物新陈代谢的细菌。硫酸盐同时被还原成硫化物。

馏分。使元素的相对同位素含量增加或降低的过程。

氯磷灰石。磷酸盐岩石的一种成分,其中氯(Cl)原子取代了羟磷灰石中的羟基(OH)基团。

镁铁质。由富含镁(Mg)和铁(Fe)的矿物质构成,常表现为暗色。

排气。地球内部的挥发性物质被传输到大气的过程。

平流层。大气圈中的一层,高度从对流层顶(8~15 km)到约 50 km。平流层的特点是混合不均匀,光化学反应活跃。

平流层顶。在平流层和中间层之间的过渡区域。

普适(通用)气体常数。理想气体定律($PV=nRT$)中的比例常数。R 的数值与 P 和 V 的单位有关。如果 P 的单位为 atm[①],V 的单位为 L,那么 $R=0.082057$ L·atm·mol^{-1}·K^{-1}。

气候敏感参数。将地表辐射强迫变化与所导致的地表平均温度变化联系起来的参数。

气体常数。见普适气体常数。

羟磷灰石。以矿物形式出现的一种复杂的钙磷酸盐[$Ca_5(PO_4)_3OH$],是构成脊椎骨骼的主要元素。

[①] 1 atm=1.01325×10^5 Pa。

全球的。关于整个世界的。

热层。大气圈中的一层,高度从地表以上约50英里延伸到外太空。热层的特点是随着高度的增加,温度稳定上升。

热力学。研究热与能量机械作用的物理学。

溶度积。形成沉淀的两种溶质的活度乘积,是平衡常数。

溶剂效应。溶质离子或分子与溶剂分子之间的化学或物理学上的相互作用。

三磷酸腺苷(ATP)。细胞中的主要能量储存分子。在构成ATP分子尾部的3个磷酸根基团键中储存了大量的能量。一旦水解,储存的能量释放出来,并用来驱动生物化学过程。

三磷酸盐。含有三个磷酸根基团的盐或酸。是由正磷酸的复杂酸酐演变而来的。

山脊。一系列山或山脉。常表现为沿着分离型板块边界的洋底中细长的高地。

深层海洋。海洋中位于混合层之下的部分。

生成自由能。化学系统做有用功的能力的一种度量。

生物地球化学循环。元素在地球各圈层中的各种循环。

生物固氮。生物(即微生物或植物)将大气中的N_2转化为植物可利用形式(铵离子)的过程。

生物圈。地球系统中有生命部分的总和。

失踪的汇。CO_2未留存大气的部分中,未计算在海洋吸收和生物圈吸收的那部分C。

施肥效应。在大气CO_2浓度升高时,植物可提高其净生产力的趋势。

水圈。地球外面包围的水,包括水体(和大气中的水蒸气)。

水相物质。在水溶液中以溶解态溶质形式存在的物质。

酸度。酸性的性质或状态。

酸雾。主要由人为排放的污染物(如SO_2)造成的pH低于自然雨水(5.0~5.6)的雾水。

酸雨。主要由人为排放的污染物(如SO_2)造成的pH低于自然雨水(5.0~5.6)的降水。

肽。由两种或更多种氨基酸产生的酰胺,其中一个酸的氨基与另一个酸的羧基相连。通常由蛋白质部分水解产生。

肽键。在肽的链接中C原子和N原子之间的化学键。

同化硝酸盐的还原。硝酸盐还原成铵,之后在光合作用中被植物同化。

湍流层顶。从湍流混合到分子扩散之间的过渡区域。

尾矿。采矿工作的副产品,遗留在矿山地点风化。

温室气体。吸收行星(即红外)辐射的气体。

温室效应。由于温室气体吸收行星辐射并将其中一部分再次辐射回行星表面而导致地球表面和低层大气温度的上升。

温盐环流。与温度和盐度综合效应有关的水的环流。

温跃层。在热分层的水体中,温跃层将上层温暖较轻的富氧区与下层较冷较重的贫氧区分隔开;在温跃层,深度每增加1 m,温度就下降至少1℃。

无色细菌。能够还原硫酸盐以获取能量产生有机物的一类无色的化学自养微生物。

线粒体。特别用于获取食物分子能量并将其储存在ATP中的细胞器。

线性的。与直线有关的,或类似直线的;即一维的。

硝化。铵离子被氧化为亚硝酸根和硝酸根的过程。

硝化菌。在亚硝酸根离子转化为硝酸根离子的过程中,起催化作用的细菌。

硝化作用细菌。进行硝化作用的细菌。

笑气。氧化亚氮(N_2O)。

新陈代谢的。与新陈代谢有关的,或基于新陈代谢的(见新陈代谢过程)。

新陈代谢过程。活性细胞中化学变化的总和。为维持生命的过程和活动提供能量,同时新的物质被同化。

亚硝化单胞菌。在铵离子转化为亚硝酸根离子的过程中,起催化作用的细菌。

岩流圈。位于相对刚性岩石圈之下的固体地球部分。一般认为,岩流圈是没有应变的水平面。岩流圈是最大弹性出现的地方,且火成岩岩浆是在这里开始形成的。

岩石圈。天体(如地球)中位于岩流圈以上的固体部分。具体来说,固体地球的外层部分,其厚度常被认为达 50 英里[①]之多。

岩石循环。在海底形成的沉积物,由于板块运动而被带到地表,在地表会发生风化和侵蚀。物质的这种循环,称为岩石循环。

洋中脊。洋盆的三个主要部分之一,是海面下山地地形的中间地带,其特点是轴向的裂缝。一般沿着分离型板块边界出现。

氧化还原。有关氧化和还原的过程。

氧化还原半反应。获得一个或多个电子,物质由氧化形式转化为还原形式的反应。

氧化还原平衡。在氧化剂和还原剂之间的平衡,与电子的转移有关。

氧化剂。将其他物质氧化,本身被还原的物质。

氧化作用。原子、离子或分子失去一个或多个电子的过程。

叶绿体。包含叶绿素的色素体,是光合作用和淀粉生成的场所。

异养作用。通过摄入食物来获取细胞活动能量的新陈代谢过程,这些食物包括完整或部分的自养生物或其他异养食物,以及它们所产生的废物。

营养元素。自养生物用来产生原生质并进行其新陈代谢过程的元素。

有机聚合物。有机分子聚合所产生的化合物或化合物的混合物,主要由重复性的结构单元构成。

(元素的)标准状态。元素在 25 ℃、1 个大气压下的最稳定形式。根据定义,纯固体或纯液体是元素的标准状态。气体的标准状态是其压强为 1 个大气压。溶液中物质的标准状态是其浓度为 1.00 M[②]。标准状态温度可以是任意温度,但是在热力学函数中标准状态温度为 25℃。

增强的温室效应。由于一种或多种温室气体(即吸收行星辐射并将其再次辐射回地表的气体)的浓度增加而导致行星表面温度的上升进一步增强。

真光层。水体内的最上层。这里有足够光线穿透,可以满足绿色植物生长需要。

正磷酸盐。含有磷酸根的化合物(即磷酸的盐或酯)。

中间层。大气层中的一层,从平流层顶到约 50 英里高度处。

中间层层顶。中间层和热层之间的过渡区域。

---

① 1 英里=1.609 344 km。

② 1 M=1 mol·L^{-1}。

中性雨或降水。pH 为 5.6 的雨或降水(即与大气 CO_2 达到平衡的 pH)。

周期。重复进行的一系列事件或现象之间的时间间隔。

状态变量。具有确定状态的系统的性质。如果系统的状态发生变化,状态函数的变化值仅与系统的初始状态和结束状态有关,而与系统变化的途径无关。

紫色和绿色硫细菌。通过氧化硫化氢(H_2S)来合成有机质的一类化学自养细菌。

自养作用(自养)。从无机物质合成有机物质的新陈代谢过程(如光合作用)。

总初级生产速率。陆地上绿色植物通过光合作用同化碳的速率。

索　引

β 因子　　117,120,123,172

A

ADP　　89,91
Alfred Wegener　　48
Anderson, T. L.　　125,139
Andreae, M. O.　　139
Antoine Lavoisier　　145
ATP　　5,89,91
氨(NH_3)　　51
氨基酸　　5,142,143
氨基乙酸　　142
氨同化作用　　146

B

Bolin, B.　　67,123
Brand, H.　　88
Braswell, B. H.　　123
板块边界　　48,49
板块的移动　　48
板块构造学说　　47,48
板岩　　47
半胱氨酸　　5,125,142
北大西洋深层水　　42
贝类化石　　46
变质岩　　47
标高　　55
标准状态　　11,12
表层海洋　　41—44,49,63—65,93—96,
　　100—103,111,112,119,132,165
表层海洋净生产力　　64,66
表层海洋总生产力　　64,66,96

冰冻圈　　39
冰期　　103
丙氨酸　　142
波段　　54,105

C

$(CaCO_3)_s$　　173,174,176
C　　5,104
$C_6H_{12}O_6$　　58,60,108,109
Ca　　24
$Ca_5(PO_4)_3OH$　　91
$CaCO_3$　　167
$CaSO_4 \cdot 2H_2O$　　125,130,173—175
CH_2O　　2—4,60—62,108,127,130,167
CH_4　　25,58,107—109
CH_4 细菌　　58
Chameides, W. L.　　52,67,149
Charlson, R. J.　　125,139
Crutzen, P. J.　　161
CO_2　　108
$CO_2 - H_2O - Ca$ 系统　　17
CO_2 施肥效应　　120
Coriolis 效应　　41
C—C 键　　104
C 被 S 替换　　176
C 的 pe-pH 稳定边界　　109
C 和 S 循环　　158,168
C 循环　　3,63,105,122,132,137,172
层顶　　54
沉积　　47—49,63,66,92,97,131—136,
　　153,156,166,167,171,173,175
沉积岩　　47,49,129,134

臭氧(O_3)	51, 150	电负性	24, 28
初级反应	3	电荷守恒	19
初级生产力	44, 66, 166, 171, 172	电化学势	28
初级生产率	63	电子化合反应	27
纯水	20	电子活度	27
催化循环	151	电子亲和力	26, 28

凋落物 63
豆科植物耕种 158

D

对流层 54, 105, 107, 148, 151
对流层 O_3 107
多肽链 142
多元酸 13, 15, 16
惰性气体 52, 53

Davis, D. D. 52, 67, 149
Deevey, E. S. 40
Delwiche, C. C. 161
Dentner, F. J. 161
DNA 5, 91, 143
Duce 102
大陆边缘 41
大陆架 41, 44
大陆隆 41
大陆坡 41
大气 CO_2 22, 69, 105, 165, 179
大气 CO_2 向海洋传输 172
大气的气体常数 54
大气的演变 58
大气的组成 51
大气分子量 54
大气环流 56
大气圈 39, 63, 91, 108, 119, 143, 148
大气湍流 56
大气压力定律 55
大气中 C 储量 112
大洋中脊 48, 49
蛋氨酸 142
蛋白质 5, 60, 61, 89, 142, 143, 147
氮(N) 42, 141
氮的氧化还原性质 143
氮循环 141, 145, 153
氮氧化物气体 146, 148, 150
地壳 39, 46, 47, 53, 94, 95, 154
地幔 39, 46−48, 93
地震 48

E

二叠纪时期石膏沉积物增加 133
二甲基硫(CH_3SCH_3) 52, 128, 140
二磷酸腺苷 89
二硫化碳(CS_2) 52
二氧化硫(SO_2) 52, 128
二氧化碳(CO_2) 1, 2, 17, 51

F

Ferrel 环流 56
FeS_2 129, 175
Fischer, R. B. 36
发酵菌 58
法拉第(Faraday)常数 28
反硝化 148, 153, 155, 156, 160, 161
反硝化菌 58
反应平衡常数 10, 26, 90, 125
方法限制 100
方解石($CaCO_3$) 47, 130, 168, 169
放热反应 1, 10, 12, 153
放射虫 47
非生物固氮 146, 148, 155, 157, 158
分解代谢 57
分解作用 63, 92, 118, 147, 164
丰度 62, 93, 141

风化　　2,45,92,128,168
风驱动　　41
封闭循环　　2,3,73,74
弗兰克菌　　146
浮游植物　　2,42,43,61,64,96,131,171
俯冲　　48,49
腐殖质　　57,61,63,66,143

G

Garrels, R. M.　　41
Gibbs 自由能　　9-12
Graham　　102
钙(Ca)　　17,42
盖娅假说　　4
干湿沉降　　128,132,138,149-152,157
橄榄石　　46
根瘤菌　　146
工业革命　　69,105,121,149,150,153,157-160,165,178
共轭碱　　13,15,16,27,90,142
共轭酸　　13,142
共价键　　24
共生菌　　146
古地磁测量　　48
固氮　　92,146,157
固氮酶　　146
光合自养生物　　58
光合作用　　1-4,17,42-44,88,120,169-172
光化学反应　　148,150,161
光化学烟雾　　149
光稳态　　151
硅　　46
硅藻　　47
过氧化氢(H_2O_2)　　52,150
过氧羟基(HO_2)　　52,151

H

H　　5
H_2CO_3　　25
H_2O 的 pe-pH 稳定性图　　31
H_2S　　25,30,33,58,125,127,128
H_2SO_4　　30,129,138
Hadley 环流　　56
Henry 定律系数　　17
Hildebrand, F. B.　　87
Hobbs, P. V.　　36
Hunt, C.　　7,41
Hutchinson, G. E.　　67
海底扩张　　48,49
海脊　　41
海盆　　41,48
海山　　41
海洋/大气系统　　176
海洋 CO_2　　165,169,170,172,176
海洋 CO_2 向大气的传输　　172
海洋 pH　　22,115
海洋表层　　41,43,44
海洋沉积物　　18,46,65,97,129,143
海洋的温度　　41
海洋底部　　40,41,46,171
海洋硫酸盐　　169,173
海洋年龄　　46,49
海洋上升　　44
海洋生物　　61-63,92-94,96,100-103,128,132,140,153,171,177
海洋生物圈　　61,66-68,94,154,164-167,171,177
海洋温度　　42
焓　　9,10,12
合成代谢　　57
河流径流　　43,44,46,65,132,156
核酸　　91
黑硅石　　47
痕量气体　　51-53,149
厚度　　39,65
呼吸系统　　109
呼吸作用　　1-4,58,63,111,118,129,

153,163,164,168
花岗岩 47
化肥生产 157,158
化石燃料 59,69,105,110,124,136—139,146,152,157,158
化学计量反应式 127,153
化学能 1,4,9,10,58,127
化学异养生物 58,60,61
化学自养生物 58
还原 24,28,128,135,145,147,153
还原剂 27,28,58
还原态 S 沉积物 131—134,137
缓冲作用 23,116,172
黄铁矿(FeS_2) 167
混合时间 57,66,152
活度 10—12,17,27,30,31,53
火成岩 47
火山 48,49,52,132
火山岛弧 49
火星 49,53

I

Ingall, E. D. 181
IPCC 105,107

J

Jahnke, R. A. 102
James Lovelock 4
积聚 58,129
甲烷(CH_4) 51
甲烷笼形包合物 108
甲烷细菌 58
钾(K) 42
兼性厌氧细菌 153
碱度 116
降水 46,65,128,149,160,162
金星 53
净初级生产力 63,64,66,155,167,172
净初级生产率 63

静力学方程 55
矩阵符号 81,83
聚合过程 62
绝对零度 53

K

Kasting, J. F. 49,67
Keeling, R. F. 181
Koblentz-Mishke 44
K 矩阵 82,112—114,133,137,157
开放循环 2
颗粒物铵盐(NH_4^+) 51
颗粒物磷酸盐(PO_4^{3-}) 52
颗粒物硫酸盐(SO_4^{2-}) 52
颗粒物硝酸盐(NO_3^-) 51
可开采 P 94,99,100
矿化 43,92,96,112,147,155
矿物质 18,47,48,61,91,129

L

Langner, J. 139
Lasaga, A. C. 87
Lawrence, M. 139
Leicester, H. M. 145
Lerman 102,134
Levi, P. 88
Likens, G. E. 67
Lovelock, J. E. 7
蓝绿菌 92
蓝绿藻 92,146,171
离子键 24
两极形式 142
两性物质 13
磷(P) 43,88,124
磷化氢(PH_3) 90
磷灰石 91,97
磷循环 88,91,92,97,165
磷酸及其共轭碱 90
留存大气比例 112,119,120,179

硫(S) 42,124,129
硫酸(H_2SO_4) 13,20
硫酸盐还原菌 58,127
硫系统的 pe-pH 稳定性图 32
硫循环 124,126,128,131
陆地生物 61,93-95,100,120,128,176
陆地生物圈 61,94,117-121,132,154-156,177-180
陆地土壤 93-95,155,156,160,161
陆地植物 60,61
铝(Al) 46
绿色植物 1,17,43,58-60,89,94,118,127,141,176
氯(Cl) 42

M

Mackenzie, F. T. 41
Mahan, B. H. 36
McDuff, R. E. 125,113
Moore, B., III 123
Mopper, K. 44
Morgan, J. J. 37
煤炭 61,124,129,138
镁(Mg) 42
密度 39,42,43,53-55,95
敏感性 105
敏感性-β 因子 117
敏感性-Revelle 因子 115
木质素 60,61,63

N

N 5
N_2O 25,107,143,147-150,152-156,158-161
Nernst 方程 28
NH_3 25,62,143,148,149,152,157,162
NO_3^- 25,143,144
N:P 值
N 的 pe-pH 稳定性图 144

N 的氧化还原性质 142
N 循环 144,147,150,152-162,172
N 与 P 的化学计量关系 92
钠(Na) 42
南极底层水 42
能量平衡 107
能量守恒 3,9
年龄 46
黏土 45
镍(Ni) 46

O

O 5
O_2 24
O_3 37,148,151
O—O 128
O 和 C 循环 131
O 循环 164,165,171,172,174-176,178

P

P 5
P_4 90
Parkes, R. J. 57
pe-pH 图 33,35,90,108,125,144
Penner, J. E. 139
Periodic Table 88
Peters, D. G. 8
Pierrou, U. 103
PO_4^{3-} 26,89-91
Pollack, J. B. 49,67
P 和 C 循环 132
P 循环 93,97-100,110,132,171
盘古大陆 48
硼酸 116,172
平衡常数 10,17,22,28,90,116,144
平流层 54,148,149,151
平流层 O_3 107,149,151,160
葡萄糖 58,60-62,109

普适气体常数　　54

Q

气候　　51,57,103,121,138,149,160
气候效应　　138
气体常数　　11
气压　　53
羟基(OH)　　52,128
侵入　　133
氢(H)　　42
氢氧磷灰石($Ca_5(PO_4)_3OH$)　　91
全球变暖　　69,105,122,149
全球温度　　105

R

Redfield 比值　　61-63
Revelle 因子　　115-118,172
RNA　　91,143
Roger Revelle　　115
桡脚类动物　　61
热层　　54
人类干扰　　99
人类活动　　51,110,136,157,178,182
人为的扰动　　131
人为排放 CO_2　　112-114,119
溶度积　　17
溶剂化效应　　11
溶解　　17,36,43,95,111,128,135,143,164
溶液相物质　　11

S

S　　5
Sagan, C.　　7
Sarmiento, J. L.　　123
Schelle, K. W.　　88
Schlesinger, W. H.　　46,67
Seinfeld, J.　　149
Shertz, R.　　180,181
Siegenthaler, U.　　123
Stryer, L.　　123
Stumm, W.　　37
Swanson, C. P.　　67
S 的 pe-pH 稳定性图　　33,126
S 循环　　128,131-133,136,140,145,167,174,176
叁键　　142
三磷酸腺苷　　5,89
森林砍伐　　105,112,113,120
山脉　　49
珊瑚礁　　47
熵　　9-12
上升流　　44,63,64
深层海洋　　41-44,63-65,93,95-97,102,103,110-112,119,121,132,165
深度　　41-44,65
生命系统的演变　　58
生物地球化学过程　　2,64,69,70,86,125,170,181
生物地球化学循环　　1-5,8,12,13,15-18,26,32,38,39,41,50,57-60,62-64,69-73,78-80,85-88,90-93,97,100,102,105,109,122,127,131,138-140,145,146,153,154,157,158,160,161,163
生物地球化学循环的数学描述　　69,102
生物地球化学意义　　25
生物固氮　　145,146,155-158
生物合成　　57,58,89,124
生物圈　　4,17,39,40,49-51,57,60-64,88,108,111,122,125,132,142,153,157,164,166-168,176-179
生物圈的连接　　164
生物圈的组成　　60
生物体　　57,91,109,124,141,145-147
生物有机体　　5,88
生物组织　　5
失踪的碳汇　　119,120
施肥效应　　118

石膏($CaSO_4 \cdot 2H_2O$) 47,130,135,174
时间尺度 43,48,50,57,64,117,122,135,151,159,163−165,167−169,177
世界末日情景 176
水(H_2O) 1,17
水的 pe-pH 稳定性图 31
水循环 38,46
水蒸气 51
死亡的海洋生物库存 111
酸的分解 13,18,27
酸度 6,13,15,20,27,30,149,160,162
酸和碱的布朗斯特(Brønsted)定义 13
酸−碱反应 13,27,36
酸−碱平衡 12,27,30,33,35
酸雾 20
酸性中和 149
酸雨 20,149
随机动能 53
羧基(COOH) 142

T

Taylor, K. E. 139
Toon, O. B. 49,67
Turekian, K. K. 67
太阳辐射 51,107,138
太阳辐射能量 4
肽键 142
泰勒(Taylor)展开式 54
碳(C) 42
碳的氧化还原性质 107
碳水化合物 1,3,5,60,61,89
碳酸(H_2CO_3) 13
碳酸钙($CaCO_3$) 18
碳酸及其共轭碱 108,115
碳酸盐矿物质($CaCO_3$) 108
碳循环 104,119
特征向量 82−85
特征值 82−85,98,99,125
特征值和特征向量解法 79

铁(Fe) 43,46,129
同位素 53,133,135
同位素馏分 135,136
透光层 42,43,63
湍流层顶 56
湍流混合 55−57
脱气 58

V

Van Cappellen, P. 103,181

W

Walker, J. C. G. 39,67,182
Warneck, P. 149
Watkins, D. S. 87
Wayne, R. P. 149
Weeks, M. E. 145
Whittaker, R. H. 67
Wigley, T. M. L. 139
Woodward, F. I. 123
威德尔海 42
微分方程 69,73,79,169,174
尾矿 129
温度 42,53
温度递减率 54
温室效应 57,69,105,107,120
温盐环流 42
温跃层 41,42
稳定状态循环 131
稳态 72,73,77−79,97−101,103,110,114,119,126,155,156,160,171−173
无定形状态 90
无色细菌 129
无水石膏($CaSO_4$) 47
物理性质 41,53
物种比例 15

X

吸热反应 10,12

稀有气体　　53
细菌　　58,61,146,153,167
线性箱式模型　　70,71,86
硝化　　147,148,156,160,161
硝化细菌　　147
笑气　　148
新陈代谢　　2,57,89,141,147,153,163
玄武岩　　47,48
循环时间　　65,66,151

Y

压强　　53−55
亚磷酸及其共轭碱　　90
亚稳态边界　　35,108,109,125,126,144
氩(Ar)　　51,52,53
岩浆　　47,48
岩流圈　　48
岩石圈　　39,40,46−50,52,53,57,64,65,69,70,91,92,108,111,125,143,148,157,163,167,168,177
岩石循环　　49,50,52,53,63
岩盐(NaCl)　　47
盐度　　42
盐沼　　127
颜色实验　　44
氧(O)　　1,42
氧化　　2,24,109,111,128−130,134,149−151,153,171
氧化还原　　5,26−28,36,90,125,138
氧化还原半反应　　26−28,30,33,36,108,144
氧化还原平衡　　27,31,33
氧化还原性质　　23,89,90,144
氧化剂　　27,28,59,109,127
氧化态　　26
氧化态S沉积物　　131−134,137
氧化亚氮(N_2O)　　52
氧硫化碳(OCS)　　52
氧气(O_2)　　1,2,51

氧循环　　165−169,177,179,181
叶绿素　　42,43
页岩　　47
一氧化碳(CO)　　51,108,150
异养　　57,58,63
异养生物　　58,63
营养元素　　5,42−44,49,52,58,61,64,124,141,156,160,163,172,181
营养元素循环　　43,49,64
油母岩质　　61
有机化合物　　3,57,89,109,125,129,149,150
淤泥　　45,49
雨水　　20,44,91,149
元素的百分比丰度　　40
云水　　20,91

Z

藻类　　61
蒸发　　17,45−47,65,128
脂类　　60,61
质量(浓度)作用原理　　10
质量　　3,39,40,42,46,50,51,53−55,57,64−68,93−95,135,141,163,173
中间层　　54
中性降水　　20
中性雨　　20
重力　　9,54−56
转移常数　　70,71
状态变量　　53
准非线性　　113,114,118−122,179
准非线性模型　　118,119,179
紫/绿细菌　　58
紫色和绿色硫细菌　　127
自发反应　　12
自养　　57,58,109
自养生物　　58,61,145,146
总初级生产力　　63,64,66
总初级生产率　　63,111

译 后 记

我国一些高等院校相继成立了全球变化与地球系统科学相关的学科和研究中心，同时招收相关专业的硕士和博士研究生。因此，教材建设就成为了一项必须面对的任务。尽管我国学者与科研管理人员翻译、编译和撰写了一系列的著作和论文，但大都不太合适用作高等学校教材。在"生物地球化学循环"这一专业性很强的交叉领域，就更缺乏合适的教材了。在短时间内编写出一本好的教科书具有一定的难度，翻译国外现有的教材无疑是一条捷径。出于这样的考虑，我们翻译了本书，旨在为高等学校的学生提供一本生物地球化学循环教科书，以计算机交互的方式研究全球变化与地球系统科学。

本书较为全面系统、由浅入深地带领学生从生物地球化学循环的角度，分析和解决全球变化与地球系统科学的问题。学生可利用书中所述程序（需要者请致信译者索取 jingzhang@bnu.edu.cn），重复书中或自行进行地球系统元素循环模拟。每一章都辅以注释专栏、习题（第1章除外）和课外读物的推荐书目或文献。本书是目前较为适合我国高等院校有关专业学生的教科书，也是广大全球变化与地球系统科学相关领域科研工作者和中学地理教师的有益读物。

本人在大学本科和硕士研究生学习期间，专业背景分别是化学和环境化学。在中国环境科学研究院工作期间，从事的也是大气环境化学方面的科研工作。虽然对"全球变化"一词有所耳闻，但是从未对其进行深入的了解和研究，更不用说"生物地球化学循环"了。首次接触"生物地球化学循环"这一领域，是在美国佐治亚理工学院地球与大气科学系攻读博士学位期间。当时，我的指导老师是美国国家科学院院士 William L. Chameides，即原书作者之一。2001年春，我选修了专业课"生物地球化学循环"，授课者即为原书的两位作者。通过该课程的学习，在文献查询、数据处理和科学问题的提出与解决等方面都受到了严格的训练。

本人2004年底受聘于北京师范大学地理学与遥感科学学院。按照学校的要求，教师需要为本科生和研究生开设课程。考虑到全球变化问题的重要性和紧迫性，决定开设研究生专业课程"生物地球化学循环"，本书则作为该课程的主要参考书。自2005年起，本人在北京师范大学为地学专业研究生讲授"生物地球化学循环"已6年。本书在北京师范大学应用之初，只是为方便学生阅读进行了翻译，其中白晓辉（第3、4章）、严晓丹（第6、7、8、9章）和张晶副教授（第1、2和5章）分别翻译了书中的部分章节。之后，张晶对书中所有图表说明文字进行了翻译。

2011年初，在戴永久教授和徐冠华院士的鼓励下，本人又拾起之前的书稿，从头开始对译稿进行了逐字逐句的比对和修改。王丽莉对书后索引进行了比对。戴永久教授帮助联系了高等教育出版社的李冰祥编审，商谈出版事宜。徐冠华院士为本书撰写了中文版序言。在此，对他们的辛勤劳动和付出致以诚挚的感谢。

本书的翻译工作得到国家外国专家局和教育部共同资助项目"高等学校学科创新引智计划（111）"的资助。同时感谢高等教育出版社的李冰祥、柳丽丽和陈正雄编辑以及他们的团队成员们在本书出版过程中付出的辛勤劳动，他们的支持和帮助加快了本书的出版进度，为本书的早日面世做出了积极贡献。

张晶

2012年1月于北京师范大学

郑重声明

高等教育出版社依法对本书享有专有出版权。任何未经许可的复制、销售行为均违反《中华人民共和国著作权法》，其行为人将承担相应的民事责任和行政责任；构成犯罪的，将被依法追究刑事责任。为了维护市场秩序，保护读者的合法权益，避免读者误用盗版书造成不良后果，我社将配合行政执法部门和司法机关对违法犯罪的单位和个人进行严厉打击。社会各界人士如发现上述侵权行为，希望及时举报，本社将奖励举报有功人员。

反盗版举报电话　　（010）58581897　58582371　58581879
反盗版举报传真　　（010）82086060
反盗版举报邮箱　　dd@hep.com.cn
通信地址　　北京市西城区德外大街4号　高等教育出版社法务部
邮政编码　　100120

图字：01-2011-6999 号

Copyright © 1997 by Oxford University Press, Inc.
BIOGEOCHEMICAL CYCLES: A COMPUTER-INTERACTIVE STUDY OF EARTH SYSTEM SCIENCE AND GLOBAL CHANGE, FIRST EDITION was originally published in English in 1997. This translation is published by arrangement with Oxford University Press.
本书 BIOGEOCHEMICAL CYCLES: A COMPUTER-INTERACTIVE STUDY OF EARTH SYSTEM SCIENCE AND GLOBAL CHANGE, FIRST EDITION 英文原版于 1997 年出版。本书翻译版由牛津大学出版社授权出版。

图书在版编目（CIP）数据

生物地球化学循环——计算机交互式研究地球系统科学与全球变化 /（美）席明之（Chameides, W. L.），（美）珀杜（Perdue, E. M.）著；张晶译. -- 北京：高等教育出版社，2012.3

书名原文：Biogeochemical Cycles: A Computer-Interactive Study of Earth System Science and Global Change

ISBN 978-7-04-034340-3

Ⅰ. ①生… Ⅱ. ①席… ②珀… ③张… Ⅲ. ①生物地球化学－地球化学循环－研究 Ⅳ. ①P593

中国版本图书馆 CIP 数据核字（2012）第 008246 号

策划编辑	柳丽丽	责任编辑	马明敏 柳丽丽	封面设计	张 楠	版式设计	马敬茹
插图绘制	郝 林	责任校对	王 雨	责任印制	张福涛		

出版发行	高等教育出版社	咨询电话	400-810-0598
社　　址	北京市西城区德外大街4号	网　　址	http://www.hep.edu.cn
邮政编码	100120		http://www.hep.com.cn
印　　刷	北京七色印务有限公司	网上订购	http://www.landraco.com
开　　本	787mm×1092mm 1/16		http://www.landraco.com.cn
印　　张	13.75	版　　次	2012年3月第1版
字　　数	260千字	印　　次	2012年3月第1次印刷
购书热线	010-58581118	定　　价	39.00元

本书如有缺页、倒页、脱页等质量问题，请到所购图书销售部门联系调换
版权所有　侵权必究
物 料 号　34340-00